广联达 **BIM** 造价实训系列教程

BIM 建筑工程 计量与计价实训 （广西版）

BIM Jianzhu Gongcheng
Jiliang yu Jijia Shixun

主 编 程 莉 张玲玲
副主编 周慧玲 曾秋宁

重庆大学出版社

内容简介

本书分建筑工程计量和建筑工程计价上、下两篇。上篇详细介绍了如何识图，如何从清单定额和平法图集角度进行分析，确定算什么，如何算的问题；然后讲解了如何应用广联达 BIM 土建计量平台 GTJ 软件完成工程量的计算。下篇主要介绍了如何运用广联达云计价平台 GCCP 完成工程量清单计价的全过程并提供了报表实例。通过本书的学习，学生可以正确地掌握算量流程、组价流程和软件应用方法，并能够独立完成工程量计算和清单计价。

本书可作为高等职业教育和应用型本科工程造价专业的实训教材，也可以作为建筑工程技术、工程管理等专业的教学参考用书以及岗位技能培训教材或自学用书。

图书在版编目（CIP）数据

BIM 建筑工程计量与计价实训：广西版/ 程莉，张

玲玲主编. -- 重庆：重庆大学出版社，2021.8

广联达 BIM 造价实训系列教程

ISBN 978-7-5689-2942-4

Ⅰ.①B… Ⅱ.①程…②张… Ⅲ.①建筑工程—计量—教材②建筑造价—教材 Ⅳ.①TU723.32

中国版本图书馆 CIP 数据核字（2021）第 168696 号

BIM 建筑工程计量与计价实训

（广西版）

主 编 程 莉 张玲玲

副主编 周慧玲 曾秋宁

策划编辑：林青山 刘颖果

责任编辑：姜 凤 版式设计：林青山

责任校对：王 倩 责任印制：赵 晟

*

重庆大学出版社出版发行

出版人：饶帮华

社址：重庆市沙坪坝区大学城西路 21 号

邮编：401331

电话：（023）88617190 88617185（中小学）

传真：（023）88617186 88617166

网址：http://www.cqup.com.cn

邮箱：fxk@ cqup.com.cn（营销中心）

全国新华书店经销

重庆五洲海斯特印务有限公司印刷

*

开本：889mm×1194mm 1/16 印张：24.5 字数：726 千

2021 年 8 月第 1 版 2021 年 8 月第 1 次印刷

印数：1—2 000

ISBN 978-7-5689-2942-4 定价：59.00 元

出版说明

随着科学技术日新月异的发展,近两年"云、大、移、智"等技术深刻影响到社会的方方面面,数字建筑时代已悄然到来。建筑业传统建造模式已不再适应可持续发展的要求,迫切需要利用以信息技术为代表的现代科技手段,实现中国建筑产业转型升级与跨越式发展。在国家政策倡导下,积极探索基于信息化技术的现代建筑业的新材料、新工艺、新技术发展模式已成大势所趋。中国建筑产业转型升级就是以互联化、集成化、数据化、智能化的信息化手段为有效支撑,通过技术创新与管理创新,带动企业与人员能力的提升,最终实现建造过程、运营过程、建筑及基础设施产品三方面的升级。数字建筑集成了人员、流程、数据、技术和业务系统,管理建筑物从规划、设计开始到施工、运维的全生命周期。数字时代,建筑将呈现数字化、在线化、智能化的"三化"新特性,建筑全生命周期也呈现出全过程、全要素、全参与方的"三全"新特征。

在工程造价领域,住房和城乡建设部于 2017 年发布《工程造价事业发展"十三五"规划》,提出要加强对市场价格信息、造价指标指数、工程案例信息等各类型、各专业造价信息的综合开发利用。提出利用"云+大数据"技术丰富多元化信息服务种类,培育全过程工程咨询,建立健全合作机制,促进多元化平台良性发展。提出了大力推进 BIM 技术在工程造价事业中的应用,大力发展以 BIM、大数据、云计算为代表的先进技术,从而提升信息服务能力,构建信息服务体系。造价改革顶层设计为工程造价领域指明了以数据为核心的发展方向,也为数字化指明了方向。

为了顺应新时代、新建筑、新教育的趋势,广联达科技股份有限公司(以下简称"广联达公司")联合国内各大院校,组织编写新版《广联达 BIM 工程造价实训系列教程》,以帮助院校培养建筑行业的新型人才。新版教材编制框架分为 7 个部分,具体如下:

①图纸分析:解决识图的问题。

②任务分析:从清单、定额两个方面进行分析,解决本工程要算什么以及如何算的问题。

③如何应用软件进行计算。

④本阶段的实战任务。

⑤工程实战分析。

⑥练习与思考。

⑦知识拓展。

新版教材、配套资源以及授课模式讲解如下:

1.系列教材及配套资源

本系列教材包含案例图集《1 号办公楼施工图(含土建和安装)》和分地区版的《BIM 建筑工程计量与计价实训》。为了方便教师开展教学,与目前新清单、新定额、16G 平法相配套,切实提高教学质量,按照新的内容全面更新实训教学配套资源,具体教学资源如下:

①BIM 建筑工程计量与计价实训教学指南。

②BIM 建筑工程计量与计价实训授课 PPT。

③BIM 建筑工程计量与计价实训教学参考视频。

④BIM 建筑工程计量与计价实训阶段参考答案。

2.教学软件

①广联达 BIM 土建计量平台 GTJ。

②广联达云计价平台 GCCP。

③广联达测评认证考试平台:学生提交土建工程/计价工程成果后自动评分,出具评分报告,并自动汇总全班成绩,老师可快速掌握学生作答提交的数据和学习情况。

以上所列除教材以外的资料,由广联达公司以课程的方式提供。

3.教学授课模式

在授课方式上,建议老师采用"团建八步教学法"(以下简称"八步教学法")模式进行教学,充分合理、有效利用课程资料包的所有内容,高效完成教学任务,提升课堂教学效果。何为团建?团建就是将班级学生按照成绩优劣等情况合理地搭配分成若干组,有效地形成若干个团队,形成共同学习、相互帮助的小团队。同时,老师引导各个团队形成不同的班级管理职能小组(学习小组、纪律小组、服务小组、娱乐小组等)。授课时,老师组织引导各职能小组发挥作用,帮助老师有效管理课堂和自主组织学习。本授课方法主要以组建团队为主导,以团建的形式培养学生自我组织学习、自我管理的能力,形成团队意识、竞争意识。在实训过程中,所有学生以小组团队的身份出现。老师按照"八步教学法"的步骤,首先对整个实训工程案例进行切片式阶段任务设计,每个阶段任务利用"八步教学法"合理贯穿实施。整个课程利用我们提供的教学资料包进行教学,备、教、练、考、评一体化课堂设计,老师主要扮演组织者、引导者的角色,学生作为实训学习的主体发挥主要作用,实训效果在学生身上得到充分体现。

"八步教学法"授课的操作流程如下：

第一步,明确任务:本堂课的任务是什么？该任务的前提条件是在什么？确定该任务的计算范围(哪些项目需要计算？哪些项目不需要计算？)。

第二步,识图与业务分析(结合案例图纸):以团队的方式进行图纸及任务分析,找出各任务中涉及构件的关键参数及图纸说明,从定额、清单两个角度进行业务分析,确定算什么,如何算。

第三步,观看视频与上机演示:老师可以播放完整的案例操作以及业务讲解视频,也可以自行根据需要自行上机演示操作,主要是明确本阶段的软件应用的重要功能、操作上机的重点及难点。

第四步,任务实战:老师根据布置的任务,规定完成任务的时间;团队学生自己动手操作,配合老师的辅导,在规定时间内完成阶段任务。学生在规定时间内完成任务后,提交个人成果至考试平台自动评分,得出个人成绩;老师在考试平台直接查看学生的提交情况和成绩汇总。

第五步,组内对量:评分完毕后,团队学生根据每个人的成绩,在小组内利用对量软件进行对量,讨论完成对量问题,如找问题、查错误、优劣搭配、自我提升。老师要求每个小组最终出具一份能代表小组实力的结果文件。

第六步,小组 PK:每个小组上交最终成功文件后,老师再次使用评分软件进行评分,测出各个小组的成绩优劣,通过小组成绩刺激小组的团队意识以及学习动力。

第七步,二次对量:老师下发标准答案,学生再次利用对量软件与标准答案进行结果对比,从而找出错误点加以改正。

第八步,总结及拓展:学生小组及个人总结;老师针对本堂课的情况进行总结及知识拓展,最终共同完成本堂课的教学任务。

随着高校对实训教学的深入开展,广联达教育事业部造价组联合全国高校资深专业教师,倾力打造完美的造价实训课堂。

本书由广联达公司负责组织制订编写思路及大纲,广西建设职业技术学院程莉、广联达公司张玲玲担任主编,广西建设职业技术学院周慧玲、广西建设职业技术学院曾秋宁担任副主编;广西建设职业技术学院莫智莉参编。具体编写分工如下:广西建设职业技术学院曾秋宁,负责编写第 1 章、第 3 章;广西建设职业技术学院程莉负责编写第 1.6 章、第 2 章、第 4—7 章、第 13 章、第 14 章(14.1—14.3 节)、第 15 章;广西建设职业技术学院周慧玲负责编写第 8 章、第 14 章(14.4—14.6 节);广西建设职业技术学院莫智莉负责编写第 3 章清单定额规则部分、第 9—12 章、第 14 章(14.7、14.8 节);张玲玲负责绪论、第 16 章的编写。

本系列教材在编写过程中,虽然经过反复斟酌和校对,但由于时间紧迫、编者能力有限,书中难免存在不足之处,诚望广大读者提出宝贵意见,以便再版时修改完善。

张玲玲

2020 年 7 月于北京

目录
CONTENTS

0 绪 论

1)BIM 给造价行业带来的优势

(1)提高工程量的准确性

从理论上讲,从工程图纸上得出的工程量是一个唯一确定的数值,然而不同的造价人员由于受各自的专业知识水平所限,他们对图纸的理解不同,最后会得到不同的数据。利用 BIM 技术计算工程量,主要是运用三维图形算量软件中的建模法和数据导入法进行。建模法是在计算机中绘制建筑物基础、墙、柱、梁、板、楼梯等构件模型图,然后软件根据设置的清单和定额工程量计算规则,充分利用几何数学的原理自动计算工程量。计算时以楼层为单位元,在计算机界面中输入相关构件数据,建立整栋楼层基础、墙、柱、梁、板、楼梯等的建筑模型,根据建好的模型进行工程量计算。数据导入法是将工程图纸的 CAD 电子文档直接导入三维图形算量软件,软件会智能识别工程设计图中的各种建筑结构构件,快速虚拟出仿真建筑,结合对构件属性的定义,以及对构件进行转化就能准确计算出工程量。这两种基于 BIM 技术计算工程量的方法,不仅可以减少造价人员对经验的依赖,同时还可以使工程量的计算更加准确真实。BIM 的 5D 模型可以为整个项目的各个时期的造价管理提供精确依据,再通过模型获得施工各个时期甚至任意时间段的工程量,大大降低了造价人员的计算量,极大地提高了工程量的准确性。

(2)提升工程结算效率

工程结算中一个比较麻烦的问题就是核对工程量。尤其对单价合同而言,在单价确定的情况下,工程量对合同总价的影响甚大,因此核对工程量就显得尤为重要。钢筋、模板、混凝土、脚手架等在工程中被大量采用的材料,都是造价工程师核对工程量的要点,需要耗费大量的时间和精力。BIM 技术引入后,承包商利用 BIM 模型对该施工阶段的工程量进行一定的修改及深化,并将其包含在竣工资料里提交给业主,经过设计单位审核后,作为竣工图的一个最主要组成部分转交给咨询公司进行竣工结算,施工单位和咨询公司基于这个 BIM 模型导出的工程量是一致的。这就意味着承包商在提交竣工模型的同时也提交了工程量,设计单位在审核模型的同时就已经审核了工程量。也就是说,只要是项目参与人员,无论是咨询单位、设计单位,还是施工单位或业主,所有获得这个 BIM 模型的人,得到的工程量都是一样的,从而大大提高了工程结算的效率。

(3)提高核心竞争力

造价人员是否会被 BIM 技术所取代呢? 其实不然,只要造价人员积极了解 BIM 技术给造价行业带来的变革,积极提升自身的能力,就不会被取代。

当然,如果造价人员的核心竞争力仅体现在对数字、计算等简单重复的工作,那么软件的高度自动化计算一定会取代造价人员。相反,如果造价人员能够掌握一些软件很难取代的知识,比如精通清单、定额、项目管理等,BIM 软件还将成为提高造价人员专业能力的好帮手。因此,BIM 技术的引入和普及发展,不过是淘汰专业技术能力差的从业人员。算量是基础,软件只是减少了工作强度,这样会让造价人员的工作不再局限于算量这一小部分,而是上升到对整个项目的全面掌握,例如全过程造价管理、项目管理、精通合同、施工技术、法律法规等,掌握这些能显著提高造价人员核心竞争力的专业能力,将会为造价人员带来更好的职业发展。

2) BIM 在全过程造价管理中的应用

（1）BIM 在投资决策阶段的应用

投资决策阶段是建设项目最关键的一个阶段，它对项目工程造价的影响高达 70%～90%，利用 BIM 技术，可以通过相关的造价信息以及 BIM 数据模型来比较精确地预估不可预见费用，减少风险，从而更加准确地确定投资估算。在进行多方案比选时，还可通过 BIM 技术进行方案的造价对比，选择更合理的方案。

（2）BIM 在设计阶段的应用

设计阶段对整个项目工程造价管理有着十分重要的影响。通过 BIM 模型的信息交流平台，各参与方可以在早期介入建设工程中。在设计阶段使用的主要措施是限额设计，通过它可以对工程变更进行合理控制，确保总投资不增加。完成建设工程设计图纸后，将图纸内的构成要素通过 BIM 数据库与相应的造价信息相关联，从而实现限额设计的目标。

在设计交底和图纸审查时，通过 BIM 技术，可以将与图纸相关的各个内容汇总到 BIM 平台进行审核。利用 BIM 的可视化模拟功能，进行建造模拟、碰撞检查，减少设计失误，降低因设计错误或设计冲突导致的工程变更，实现设计方案在经济和技术上的最优。

（3）BIM 在招投标阶段的应用

BIM 技术的推广与应用，极大地提高了招投标管理的精细化程度和管理水平。招标单位通过 BIM 模型可以准确计算出招标所需的工程量，编制招标文件，最大限度地减少施工阶段因工程量问题产生的纠纷。投标单位的经济标是基于较为准确的模型工程量清单基础上制订的，同时可以利用 BIM 模型进一步完善施工组织设计，进行重大施工方案预演，做出较为优质的技术标，从而在投标时能够综合有效地制订本单位的投标策略，提高中标率。

（4）BIM 在施工阶段的应用

在进度款支付时，往往会因为数据难以统一而花费大量的时间和精力，利用 BIM 技术中的 5D 模型可以直观地反映不同建设时间点的工程量完成情况，并及时进行调整。BIM 还可以将招投标文件、工程量清单、进度审核预算等进行汇总，便于成本测算和工程款的支付。另外，利用 BIM 技术的虚拟碰撞检查，可以在施工前发现并解决碰撞问题，有效地减少变更次数，从而有利于控制工程成本，加快工程进度。

（5）BIM 在竣工验收阶段的应用

传统模式下的竣工验收阶段，造价人员需要核对工程量，重新整理资料，计算细化到柱、梁，由于造价人员的经验水平和计算逻辑不尽相同，所以在对量过程中经常产生争议。BIM 模型可将前几个阶段的量价信息进行汇总，真实完整地记录建设全过程发生的各项数据，提高工程结算效率并更好地控制建造成本。

3) BIM 对建设工程全过程造价管理模式带来的改变

（1）建设工程项目采购模式的选择变化

建设工程全过程造价管理作为建设工程项目管理的一部分，其能否顺利开展和实施与建设工程项目采购模式（承发包模式）是密切相关的。目前，在我国建设工程领域应用最为广泛的采购模式是 DBB 模式，即设计—招标—施工模式。在 DBB 模式下应用 BIM 技术，可为设计单位提供更好的设计软件和工具，增强设计效果，但是由于缺乏各阶段、各参与方之间的共同协作，BIM 技术作为信息共享平台的作用和价值将难以实现，BIM 技术在全过程造价管理中的应用价值将被大大削弱。

相对于 DBB 模式，在我国目前的建设工程市场环境下，DB 模式（设计—施工模式）更加有利于 BIM 的实施。在 DB 模式下，总承包商从项目开始到项目结束都承担着总的管理及协调工作，有利于 BIM 在全过程造价管理中的实施，但是该模式下也存在着业主过于依赖总承包商的风险。

（2）工作方式的变化

传统的建设工程全过程造价管理是从建设工程项目投资决策开始，到竣工验收直至试运行投产为止，对所有的建设阶段进行全方位、全面的造价控制和管理，其工作方式多为业主主导，具体由一家造价咨询单位承担全过程的造价管理工作。这种工作方式能够有效避免多头管理，利于明确职责与风险，使全过程造价管理工作系地开展与实施。但在这种工作方式下，项目参建各方无法有效融入造价管理全过程。

在基于 BIM 的全过程造价管理体系下，全过程造价管理工作不再仅仅是造价咨询单位的职责，甚至不是由其承担主要职责。项目各参与方在早期便介入项目中，共同进行全过程造价管理，工作方式不再是传统的由造价咨询单位与各个参与方之间的"点对点"的形式，而是各个参与方之间的造价信息都聚集在 BIM 信息共享平台上，组成信息"面"。因此，工作方式变成造价咨询单位、各个项目参与方与 BIM 平台之间的"点对面"的形式，信息的交流从"点"升级为"面"，信息传递更为及时、准确，造价管理的工作效率也更高。

（3）组织架构的变化

传统的建设工程全过程造价管理的工作组织架构较为简单，负责全过程造价管理的造价咨询单位是组织架构中的主导，各参与方之间的造价管理人员配合造价咨询单位完成全过程造价管理工作。

在基于 BIM 的建设工程全过程造价管理体系下，各参与方最理想的组织架构应该是类似于集成项目交付（Integrated Project Delivery，IPD）模式下的组织架构，即由各参与方抽调具备基于 BIM 技术能力的造价管理人员，组建基于 BIM 的造价管理工作小组（该工作小组不再以造价咨询单位为主导，甚至可以不再需要造价咨询单位的参与）。这个基于 BIM 的造价管理工作小组以业主为主导，从建设工程项目投资决策阶段开始，到项目竣工验收直至试运行投产为止，贯穿建设工程的所有阶段，涉及所有项目参与方，承担建设工程全过程的造价管理工作。这种组织架构有利于 BIM 信息流的集成与共享，有利于各阶段之间、各参与方之间造价管理工作的协调与合作，有利于建设工程全过程造价管理工作的开展与实施。

国外大量成功的实践案例证明，只有找到适合 BIM 特点的项目采购模式、工作方式、组织架构，才能更好地发挥 BIM 的应用价值，才能更好地促进基于 BIM 的建设工程全过程造价管理体系的实施。

4）将 BIM 应用于建设工程全过程造价管理的障碍

（1）具备基于 BIM 的造价管理能力的专业人才缺乏

基于 BIM 的建设工程全过程造价管理，要求造价管理人员在早期便参与到建设工程项目中来，参与决策、设计、招投标、施工、竣工验收等全过程，从技术、经济的角度出发，在精通造价管理知识的基础上，熟知 BIM 应用技术，制订基于 BIM 的造价管理措施及方法，能够通过 BIM 进行各项造价管理工作的实施，与各参与方之间进行信息共享、组织协调等工作，这对造价管理人员的素质要求更为严格。显然，在我国目前的建筑业环境中，既懂 BIM 技术，又精通造价管理的人才十分缺乏，这些都不利于我国 BIM 技术的应用及推广。

（2）基于 BIM 的建设工程全过程造价管理应用模式障碍

BIM 意味着一种全新的行业模式，而传统的工程承发包模式并不足以支持 BIM 的实施，因此需要一种新的适应 BIM 特征的建设工程项目承发包模式。目前应用最为广泛的 BIM 应用模式是 IPD 模式，即把建设单位、设计单位、施工单位及材料设备供应商等集合在一起，各方基于 BIM 进行有效合作，优化建设工程的各个阶段，减少浪费，实现建设工程效益最大化，进而促进基于 BIM 的全过程造价管理的顺利实施。IPD 模式在建设工程中收到了很好的效果，然而即使在国外，也是通过长期的摸索，最终形成了相应的制度及合约模板，才使得 IPD 模式的推广应用成为可能。将 BIM 技术引入我国建筑业中，IPD 是一个很好的可供借鉴的应用模式，然而由于我国当前的建筑工程市场仍不成熟，相应的制度仍不完善，与国外的应用环境差别较大，因此，IPD 模式在我国的应用及推广也会面临很多问题。

上篇

建筑工程计量

1 算量基础知识

通过本章的学习,你将能够:
(1)掌握软件算量的基本原理;
(2)掌握软件算量的操作流程;
(3)掌握软件绘图学习的重点;
(4)能够正确识读建筑施工图和结构施工图。

1.1 软件算量的基本原理

通过本节的学习,你将能够:
掌握软件算量的基本原理。

建筑工程量的计算是一项工作量大且繁重的工作,工程量计算的算量工具也随着信息化技术的发展,经历了算盘、计算器、计算机表格、计算机建模几个阶段,如图 1.1 所示,现在我们采用的就是通过建筑模型进行工程量的计算。

目前,建筑设计输出的图纸绝大多数是采用二维设计,提供建筑的平、立、剖面图纸,对建筑物进行表达。而建模算量则是将建筑平、立、剖面图结合,建立建筑的空间模型。模型的正确建立可以准确地表达各类构件之间的空间位置关系,土建算量软件则按计算规则计算各类构件的工程量,构件之间的扣减关系则根据模型由程序内置的扣减规则进行处理,从而准确计算出各类构件的工程量。为方便工程量的调用,将工程量以代码的方式提供,在套用清单与定额时可以直接套用,如图 1.2 所示。

图 1.1   图 1.2

使用土建算量软件进行工程量计算,已经从手工计算的大量书写与计算转化为建立建筑模型。但无论用手工算量还是软件算量,都有一个基本的要求,那就是知道算什么,如何算。知道算什么,是做好算量工作的第一步,也就是业务关,手工算量、软件算量只是采用了不同的手段而已。

软件算量的重点:一是快速地按照图纸的要求,建立建筑模型;二是将算出来的工程量和工程量清单与定额进行关联;三是掌握特殊构件的处理及灵活应用。

1.2 软件算量操作

通过本节的学习,你将能够:

描述软件算量的基本操作流程。

在进行实际工程的绘制和计算时。GTJ 相对以往的 GCL 与 GGJ 来说,在操作上有很多相同的地方,但在流程上,更有逻辑性,也更简便。其大体流程如图 1.3 所示。

图 1.3

1)分析图纸

拿到图纸后应先分析图纸,熟悉工程建筑结构图纸说明,正确识读图纸。

2)新建工程/打开文件

启动软件后,会出现新建工程的界面,用鼠标左键单击即可,如果已有工程文件,单击打开文件即可,详细步骤见"2.1　新建工程"部分内容。

3)工程设置

工程设置包括基本设置、土建设置和钢筋设置三大部分。在基本设置中可以进行工程信息和楼层设置;在土建设置中可以进行计算设置和计算规则设置;在钢筋设置中可以进行计算设置、比重设置、弯钩设置、损耗设置和弯曲调整值设置。

4)建立模型

建立模型有两种方式:一种是通过 CAD 识别;另一种是通过手工绘制。CAD 识别包括识别构件和识别图元。手工绘制包括定义属性、套用做法及绘制图元。在建模过程中,可以通过建立轴网→建立构件→设置属性/做法套用→绘制构件完成建模。轴网的创建可以为整个模型的创建确定基准,建立构件包括柱、墙、门窗洞、梁、板、楼梯、装修、土方、基础等构件的创建。每新创建出的构件需要设置属性,并进行做法套用,包括清单和定额项的套用。最后,在绘图区域将构件绘制到相应的位置即可完成建模。

5)云检查

模型绘制好后可以进行云检查,软件会从业务方面检查构件图元之间的逻辑关系。

6)汇总计算

云检查无误后,进行汇总计算,计算钢筋和土建工程量。

7)查量

汇总计算后,查看钢筋和土建工程量,包括查看钢筋三维显示、钢筋及土建工程量的计算式。

8)查看报表

最后是查看报表,包括钢筋报表和土建报表。

【说明】

在进行构件绘制时,针对不同的结构类型,采用不同的绘制顺序,一般为:

剪力墙结构:剪力墙→门窗洞→暗柱/端柱→暗梁/连梁。

框架结构:柱→梁→板→砌体墙部分。

砖混结构:砖墙→门窗洞→构造柱→圈梁。

软件做工程的处理流程一般为:先地上、后地下:首层→二层→三层→……→顶层→基础层。

先主体、后零星:柱→梁→板→基础→楼梯→零星构件。

1.3 软件绘图学习的重点——点、线、面的绘制

通过本节的学习,你将能够:

掌握软件绘图的重点。

GTJ 主要是通过绘图建立模型的方式来进行工程量的计算,构件图元的绘制是软件使用中的重要部分。对绘图方式的了解是学习软件算量的基础,下面概括介绍软件中构件的图元形式和常用的绘制方法。

1)构件图元的分类

工程实际中的构件按照图元形状可分为点状构件、线状构件和面状构件。

①点状构件包括柱、门窗洞口、独立基础、桩、桩承台等。

②线状构件包括梁、墙、条基等。

③面状构件包括现浇板、筏板等。

不同形状的构件,有不同的绘制方法。下面主要介绍一些最常用的"点"画法和"直线"画法。

2)"点"画法和"直线"画法

(1)"点"画法

"点"画法适用于点状构件(如柱)和部分面状构件(如现浇板),其操作方法如下:

①在"构件工具条"中选择一种已经定义的构件,如 KZ-1,如图 1.4 所示。

| 首层 | ▾ | 柱 | ▾ | 柱 | ▾ | KZ-1 | ▾ | □ 旋转点 角度 0 | 不偏移 ▾ | X = 0 | ⏶⏷ mm Y = 0 | ⏶⏷ mm |

图 1.4

②在"建模"选项卡下的"绘图"面板中选择"点",如图1.5所示。

图1.5

③在绘图区,用鼠标左键单击一点作为构件的插入点,完成绘制。

(2)"直线"画法

"直线"画法主要用于线状构件(如梁和墙),当需要绘制一条或多条连续直线时,可以采用绘制"直线"的方式,其操作方法如下:

①在"构件工具条"中选择一种已经定义好的构件,如墙QTQ-1。

②在"建模"选项卡下的"绘图"面板中选择"直线",如图1.6所示。

图1.6

③用鼠标点取第一点,再点取第二点即可画出一道墙,再点取第三点,就可以在第二点和第三点之间画出第二道墙,以此类推。这种画法是系统默认的画法。当需要在连续画的中间从一点直接跳到一个不连续的地方时,请单击鼠标右键临时中断,然后再到新的轴线交点上继续点取第一点开始连续画图,如图1.7所示。

图1.7

1.4 建筑施工图

通过本节的学习,你将能够:

(1)熟悉建筑设计总说明的主要内容;

(2)熟悉建筑施工图及其详图的重要信息。

对于房屋建筑土建施工图纸,大多数分为建筑施工图和结构施工图。建筑施工图纸大多由总平面布置图、建筑设计说明、各层平面图、立面图、剖面图、节点详图、楼梯详图等组成。下面就这些分类结合《1号办公楼施工图(含土建和安装)》分别对其功能、特点逐一介绍。

1)总平面布置图

(1)概念

建筑总平面布置图表明新建房屋所在基础有关范围内的总体布置,它反映新建、拟建、原有和拆除的房屋、构筑物等的位置和朝向,室外场地、道路、绿化等的布置,地形、地貌、标高等以及原有环境的关系和邻界情况等。建筑总平面图也是房屋及其他设施施工的定位、土方施工以及绘制水、暖、电等管线总平面图和施工总平面图的依据。

(2)对编制工程预算的作用

①结合拟建建筑物位置,确定塔吊的位置及数量。

②结合场地总平面位置情况,考虑是否存在二次搬运。

③结合拟建工程与原有建筑物的位置关系,考虑土方支护、放坡、土方堆放调配等问题。

④结合拟建工程构件之间的关系,综合考虑建筑物的共有构件等问题。

2)建筑设计说明

(1)概念

建筑设计说明是对拟建建筑物的总体说明。

(2)包含的主要内容

①建筑施工图目录。

②设计依据:设计所依据的标准、规范、规定、文件等。

③工程概况:内容一般应包括建筑名称、建设地点、建设单位、建筑面积、建筑基底面积、建筑工程等级、设计使用年限、建筑层数和建筑高度、防火设计建筑分类和耐火等级、人防工程防护等级、屋面防水等级、地下室防水等级、抗震设防烈度等,以及能反映建筑规模的主要技术经济指标,如住宅的套型和套数(包括每套的建筑面积、使用面积、阳台建筑面积,房间的使用面积可在平面图中标注)、旅馆的客房间数和床位数、医院的门诊人次和住院部的床位数、车库的停车泊位数等。

④建筑物定位及设计标高、高度。

⑤图例。

⑥用料说明和室内外装修。

⑦对采用新技术、新材料的做法说明及对特殊建筑造型和必要建筑构造的说明。

⑧门窗表及门窗性能(防火、隔声、防护、抗风压、保温、空气渗透、雨水渗透等)、用料、颜色、玻璃、五金件等的设计要求。

⑨幕墙工程(包括玻璃、金属、石材等)及特殊的屋面工程(包括金属、玻璃、膜结构等)的性能及制作要求,平面图、预埋件安装图等,以及防火、安全、隔声构造。

⑩电梯(自动扶梯)选择及性能说明(功能、载重量、速度、停站数、提升高度等)。

⑪墙体及楼板预留孔洞需封堵时的封堵方式说明。

⑫其他需要说明的问题。

3)各层平面图

在窗台上边用一个水平剖切面将房子水平剖开,移去上半部分、从上向下透视它的下半部分,可看到房子的四周外墙和墙上的门窗、内墙和墙上的门,以及房子周围的散水、台阶等。将看到的部分都画出来,并注上尺寸,就是平面图。

4)立面图

从建筑的正面看,将可看到的建筑正立面形状、门窗、外墙裙、台阶、散水、挑檐等都画出来,即形成建筑立面图。

5）剖面图

剖面图的作用是对无法在平面图及立面图上表述清楚的局部剖切，以表述清楚建筑内部的构造，从而补充说明平面图、立面图所不能显示的建筑物内部信息。

6）楼梯详图

楼梯详图由楼梯剖面图、平面图组成。由于平面图、立面图只能显示楼梯的位置，而无法清楚显示楼梯的走向、踏步、标高、栏杆等细部信息，因此设计中一般把楼梯用详图表达。

7）节点详图表示方法

为了补充说明建筑物细部的构造，从建筑物的平面图、立面图中特意引出需要说明的部位，对相应部位作进一步详细描述就构成了节点详图。下面就节点详图的表示方法作简要说明。

①被索引的详图在同一张图纸内，如图1.8所示。

图 1.8

②被索引的详图不在同一张图纸内，如图1.9所示。

图 1.9

③被索引的详图参见图集，如图1.10所示。

图 1.10

④索引的剖视详图在同一张图纸内，如图1.11所示。

图 1.11

⑤索引的剖视详图不在同一张图纸内，如图1.12所示。

图 1.12

1.5 结构施工图

通过本节的学习，你将能够：

（1）熟悉设计总说明的主要内容；

（2）熟悉结构施工图及其详图的重要信息。

结构施工图纸一般包括图纸目录、结构设计总说明、基础平面图及其详图、墙柱定位图、各层结构平面图（模板图、板配筋图、梁配筋图）、墙柱配筋图及其留洞图、楼梯及其他构筑物详图（水池、坡道、电梯机房、挡土墙等）。

对造价工作者来讲，结构施工图主要是计算混凝土、模板、钢筋等工程量，进而计算其造价，而为了计算这些工程量，还需要了解建筑物的钢筋配置、摆放信息，需要了解建筑物的基础及其垫层、墙、梁、板、柱、楼梯等的混凝土强度等级、截面尺寸、高度、长度、厚度、位置等信息，预算角度也需要着重从这些方面加以详细阅读。下面结合《1 号办公楼施工图（含土建和安装）》分别对其功能、特点逐一介绍。

1）结构设计总说明

（1）主要内容

①工程概况：建筑物的位置、面积、层数、结构抗震类别、设防烈度、抗震等级、建筑物合理使用年限等。

②工程地质情况：土质情况、地下水位等。

③设计依据。

④结构材料类型、规格、强度等级等。

⑤分类说明建筑物各部位设计要点、构造及注意事项等。

⑥需要说明的隐蔽部位的构造详图，如后浇带加强、洞口加强筋、锚拉筋、预埋件等。

⑦重要部位图例等。

（2）编制预算时需注意的问题

①建筑物抗震等级、设防烈度、檐高、结构类型等信息，作为钢筋搭接、锚固的计算依据。

②土质情况，作为针对土方工程组价的依据。

③地下水位情况，考虑是否需要采取降排水措施。

④混凝土强度等级、保护层等信息，作为查套定额、计算钢筋的依据。

⑤钢筋接头的设置要求，作为计算钢筋的依据。

⑥砌体构造要求，包括构造柱、圈梁的设置位置及配筋、过梁的参考图集、砌体加固钢筋的设置要求或参考图集，作为计算圈梁、构造柱、过梁的工程量及钢筋量的依据。

⑦砌体的材质及砌筑砂浆要求，作为套砌体定额的依据。

⑧其他文字性要求或详图，有时不在结构平面图纸中画出，但应计算其工程量，举例如下：

a.现浇板分布钢筋；

b.施工缝止水带；

c.次梁加筋、吊筋；

d.洞口加强筋；

e.后浇带加强钢筋等。

2）桩基平面图

编制预算时需注意的问题：

①桩基类型,结合"结构总说明"中的地质情况,考虑施工方法及相应定额子目。

②桩基钢筋详图,是否存在铁件,用来准确计算桩基钢筋及铁件工程量。

③桩顶标高,用来考虑挖桩间土方等因素。

④桩长。

⑤桩与基础的连接详图,考虑是否存在凿截桩头情况。

⑥其他计算桩基需要考虑的问题。

3）基础平面图及其详图

编制预算时需注意的问题：

①基础类型是什么? 决定查套的子目。例如,需要注意去判断是有梁式条基还是无梁式条基?

②基础详图情况,帮助理解基础构造,特别注意基础标高、厚度、形状等信息,了解在基础上生根的柱、墙等构件的标高及插筋情况。

③注意基础平面图及详图的设计说明,有些内容是不画在平面图上的,而是以文字的形式表现。

4）柱子平面布置图及柱表

编制预算时需注意的问题：

①对照柱子位置信息(b 边、h 边的偏心情况）及梁、板、建筑平面图柱的位置,从而理解柱子作为支座类构件的准确位置,为以后计算梁、墙、板等工程量做准备。

②柱子不同标高部位的配筋及截面信息（常以柱表或平面标注的形式出现）。

③特别注意柱子生根部位及高度截止信息,为理解柱子高度信息做准备。

5）梁平面布置图

编制预算时需注意的问题：

①结合剪力墙平面布置图、柱平面布置图、板平面布置图综合理解梁的位置信息。

②结合柱子位置,理解梁跨的信息,进一步理解主梁、次梁的概念及在计算工程量过程中的次序。

③注意图纸说明,捕捉关于次梁加筋、吊筋、构造钢筋的文字说明信息,防止漏项。

6）板平面布置图

编制预算时需注意的问题：

①结合图纸说明,阅读不同板厚的位置信息。

②结合图纸说明,理解受力筋范围信息。

③结合图纸说明,理解负弯矩钢筋的范围及其分布筋信息。

④仔细阅读图纸说明,捕捉关于洞口加强筋、阳角加筋、温度筋等信息,防止漏项。

7）楼梯结构详图

编制预算时需注意的问题：

①结合建筑平面图,了解不同楼梯的位置。

②结合建筑立面图、剖面图,理解楼梯的使用性能（举例:1#楼梯仅从首层通至3层,2#楼梯从负1层可以通往18层等）。

③结合建筑楼梯详图及楼层的层高、标高等信息,理解不同踏步板的数量、休息平台、平台的标高及尺寸。

④结合图纸说明及相应踏步板的钢筋信息,理解楼梯钢筋的布置状况,注意分布筋的特殊要求。

⑤结合详图及位置,阅读梯板厚度、宽度及长度,平台厚度及面积,楼梯井宽度等信息,为计算楼梯实际混凝土体积做准备。

1.6 图纸修订说明

鉴于建筑装饰部分工程做法存在地域性差异,且对工程造价影响较大,现将本工程图纸设计中的工程做法部分,根据广西常见做法进行修订如下:

1)墙体做法

①外墙:均为 240 mm 陶粒混凝土空心砌块及 50 mm 厚聚苯颗粒保温层。

②内墙:均为 190 mm 陶粒混凝土空心砌块。

③屋顶女儿墙:采用 240 mm 多孔页岩砖墙。

④墙体砌筑砂浆:均采用 M5 水泥砂浆砌筑。

⑤内墙不同材料交接处挂直径 0.5 mm 镀锌铁丝网 300 mm 宽(网眼 25 mm×25 mm),钢钉双向中距 300 mm。

2)室外装修做法(表 1.1)

表 1.1　室外装饰做法表

部位	用料及做法	备注
屋面 1	(1)4 mm 厚 SBS 防水卷材(自带保护层)一道 (2)20 mm 厚 1∶3 水泥砂浆找平层 (3)干铺聚苯乙烯板厚 50 mm (4)1∶8 水泥珍珠岩找坡最薄处 30 mm 厚或结构找坡 (5)钢筋混凝土屋面板	不上人屋面
外墙 1	(1)15 mm 厚 1∶3 水泥砂浆 (2)刷素水泥浆一遍 (3)4~5 mm 厚 1∶1 水泥砂浆加水重 20%建筑胶镶贴 (4)8~10 mm 厚 200 mm×300 mm 陶瓷面砖,白水泥浆擦缝	
外墙 2	(1)30 mm 厚 1∶2.5 水泥砂浆、分层灌浆 (2)20~30 mm 厚花岗岩石板(背面用双股 16 号钢丝绑扎与墙面固定)水泥浆擦缝	
外墙 3	(1)12 mm 厚 1∶3 水泥砂浆 (2)8 mm 厚 1∶2.5 水泥砂浆木抹槎平 (3)喷或滚刷底涂料一遍 (4)喷或滚刷涂料两遍	
外墙 4	铝合金玻璃单元式幕墙(双层真空 6 mm+12 mm+6 mm)	
外墙 5	(1)12 mm 厚 1∶3 水泥砂浆 (2)8 mm 厚 1∶2.5 水泥砂浆木抹槎平	女儿墙内侧

部位	用料及做法	备注
散水	(1)60 mm 厚 C15 混凝土撒 1:1 水泥砂子,压实赶光 (2)150 mm 厚 3:7 灰土垫层,宽出面层 300 mm (3)素土夯实向外坡 4%	
台阶	(1)20 mm 厚花岗岩面层,稀水泥浆擦缝 (2)撒素水泥面 (3)30 mm 厚 1:3 干硬性水泥砂浆结合层,向外坡 1% (4)水泥浆一道 (5)100 mm 厚 C15 混凝土 (6)300 mm 厚 3:7 灰土垫层分两层夯实 (7)素土夯实	
外墙 1(外侧)	(1)刷素水泥浆一遍(内掺水重 3%~5% 白乳胶) (2)胶粉聚苯颗粒保温砂浆(在保温砂浆浆面层内满挂直径 0.5 mm 镀锌铁丝网:网眼 25 mm×25 mm) (3)4 mm 厚耐碱玻纤网布抗裂砂浆,内掺 5% JX-Ⅱ 防水剂 (4)15 mm 厚专用抹灰砂浆,分两次抹灰 (5)刷素水泥浆一遍 (6)4~5 mm 厚 1:1 水泥砂浆加水重 20% 建筑胶镶贴 (7)8~10 mm 厚 200 mm×300 mm 陶瓷面砖,白水泥浆擦缝	
外墙 3(外侧)	(1)刷素水泥浆一遍(内掺水重 3%~5% 白乳胶) (2)胶粉聚苯颗粒保温砂浆(在保温砂浆浆面层内满挂直径 0.5 mm 镀锌铁丝网:网眼 25 mm×25 mm) (3)4 mm 厚耐碱玻纤网布抗裂砂浆,内掺 5% JX-Ⅱ 防水剂 (4)12 mm 厚专用抹灰砂浆,分两次抹灰 (5)8 mm 厚 1:2.5 水泥砂浆 (6)喷或滚刷底涂料一遍 (7)喷或滚刷涂料两遍	
外墙 2	(1)刷素水泥浆一遍(内掺水重 3%~5% 白乳胶) (2)胶粉聚苯颗粒保温砂浆(在保温砂浆浆面层内满挂直径 0.5 mm 镀锌铁丝网:网眼 25 mm×25 mm) (3)4 mm 厚耐碱玻纤网布抗裂砂浆,内掺 5% JX-Ⅱ 防水剂 (4)12 mm 厚专用抹灰砂浆,分两次抹灰 (5)8 mm 厚 1:2.5 水泥砂浆 (6)30 mm 厚 1:2.5 水泥砂浆、分层灌浆 (7)20~30 mm 厚花岗岩石板(背面用双股 16 号钢丝绑扎与墙面固定)水泥浆擦缝	

3) 室内装修设计(表 1.2、表 1.3)

表 1.2　室内装修一览表

	房间名称	楼面	踢脚/墙裙	内墙面	顶棚	备注
地下一层	排烟机房	楼面 4	踢脚 3	内墙 1	天棚 1	
	楼梯间	楼面 3	踢脚 2	内墙 1	天棚 1	
	走廊	楼面 3	踢脚 2	内墙 1	吊顶 1(高 3200 mm)	
	办公室	楼面 1	踢脚 1	内墙 1	吊顶 1(高 3300 mm)	
	餐厅	楼面 3	踢脚 2	内墙 1	吊顶 1(高 3300 mm)	
	卫生间	楼面 2	—	内墙 2	吊顶 2(高 3300 mm)	
一层	大堂	楼面 3	墙裙 1	内墙 1	吊顶 1(高 3200 mm)	一、吊顶高度指某层的结构标高到吊顶底的高度 二、窗台板按原设计图说明不变
	楼梯间	楼面 3	踢脚 2	内墙 1	天棚 1	
	走廊	楼面 3	踢脚 2	内墙 1	吊顶 1(高 3200 mm)	
	办公室 1	楼面 1	踢脚 1	内墙 1	吊顶 1(高 3300 mm)	
	办公室 2(含阳台)	楼面 4	踢脚 3	内墙 1	天棚 1	
	卫生间	楼面 2	—	内墙 2	吊顶 2(高 3300 mm)	
二至三层	楼梯间	楼面 3	踢脚 2	内墙 1	天棚 1	
	公共休息大厅	楼面 3	踢脚 2	内墙 1	吊顶 1(高 2900 mm)	
	走廊	楼面 3	踢脚 2	内墙 1	吊顶 1(高 2900 mm)	
	办公室 1	楼面 1	踢脚 1	内墙 1	天棚 1	
	办公室 2(含阳台)	楼面 4	踢脚 3	内墙 1	天棚 1	
	卫生间	楼面 2	—	内墙 2	吊顶 2(高 2900 mm)	
四层	楼梯间	楼面 3	踢脚 2	内墙 1	天棚 1	
	公共休息大厅	楼面 3	踢脚 2	内墙 1	天棚 1	
	走廊	楼面 3	踢脚 2	内墙 1	天棚 1	
	办公室 1	楼面 1	踢脚 1	内墙 1	天棚 1	
	办公室 2(含阳台)	楼面 4	踢脚 3	内墙 1	天棚 1	
	卫生间	楼面 2	—	内墙 2	天棚 1	

表 1.3　室内装修做法一览表

部位	用料及做法
楼面 1	(1)8~10 mm 厚 600 mm×600 mm 陶瓷地砖铺实拍平,水泥浆擦缝 (2)20 mm 厚 1:4 干硬性水泥砂浆 (3)素水泥浆结合层一遍

部位	用料及做法
楼面2	(1)8~10 mm 厚 400 mm×400 mm 防滑砖砖铺实拍平,水泥浆擦缝 (2)20 mm 厚 1:4 干硬性水泥砂浆 (3)1.2 mm 厚聚合物水泥防水涂料,四周沿墙上翻 150 mm (4)刷冷底子油一遍 (5)最薄处 30 mm 厚 C20 细石混凝土找坡层抹平
楼面3	(1)20 mm 厚大理石铺实拍平,水泥浆擦缝 (2)30 mm 厚 1:4 干硬性水泥砂浆结合层 (3)素水泥浆结合层一遍
楼面4	(1)20 mm 厚 1:2 水泥砂浆抹面压光 (2)素水泥浆结合层一道
踢脚1	(1)17 mm 厚 1:3 水泥砂浆 (2)3~4 mm 厚 1:1 水泥砂浆加水重 20%建筑胶镶贴 (3)8~10 mm 厚面砖,水泥浆擦缝 (4)高度:100 mm
踢脚2	(1)15 mm 厚 1:3 水泥砂浆 (2)5~6 mm 厚 1:1 水泥砂浆加水重 20%建筑胶镶贴 (3)10 mm 厚大理石板 (4)高度:100 mm
踢脚3	(1)15 mm 厚 1:3 水泥砂浆 (2)10 mm 厚 1:2 水泥抹面砂浆压光 (3)高度:100 mm
墙裙1	(1)15 mm 厚 1:3 水泥砂浆 (2)刷素水泥浆一遍 (3)4~5 mm 厚 1:1 水泥砂浆加水重 20%建筑胶镶贴 (4)10 mm 厚大理石,白水泥浆擦缝 (5)高度:1200 mm
内墙面1	(1)15 mm 厚 1:1:6 水泥石灰砂浆 (2)5 mm 厚 1:0.5:3 水泥石灰砂浆 (3)刮双飞粉腻子两遍 (4)刷白色乳胶漆两遍
内墙面2	(1)15 mm 厚 1:3 水泥砂浆 (2)刷素水泥浆一遍 (3)4~5 mm 厚 1:1 水泥砂浆加水重 20%建筑胶镶贴 (4)4~5 mm 厚 300 mm×300 mm 釉面砖,白水泥浆擦缝
天棚1	(1)钢筋混凝土板底面清理干净 (2)5 mm 厚 1:1:4 水泥石灰砂浆 (3)5 mm 厚 1:0.5:3 水泥石灰砂浆 (4)刮双飞粉腻子两遍 (5)刷白色乳胶漆两遍

续表

部位	用料及做法
吊顶1	(1)0.8~1.0 mm 厚铝合金条板面层 (2)条板轻钢龙骨 TG45×48(或 50×26),中距≤1200 mm (3)U 形轻钢大龙骨[38×12×1.2,中距≤1200 mm,与钢筋吊杆固定 (4)φ6 钢筋吊杆,双向中距≤1200 mm,与板底预埋吊环固 (5)现浇混凝土板底预留 φ10 钢筋吊环,双向中距≤1200 mm(预制板可在板缝内预留吊环)
吊顶2	(1)12 mm 厚矿棉吸声板用专用黏结剂粘贴 (2)9.5 mm 厚纸面石膏板(3000 mm×1200 mm)用自攻螺丝固定,中距≤200 mm (3)U 形轻钢横撑龙骨 U27×60×0.63,中距 1200 mm (4)U 形轻钢中龙骨 U27×60×0.63,中距等于板材 1/3 宽度 (5)φ8 螺栓吊杆,双向中距≤1200 mm,与钢筋吊环固定 (6)现浇混凝土板底预留 φ10 钢筋吊环,双向中距≤1200 mm
散水	(1)60 mm 厚 C15 混凝土撒1:1水泥砂子,压实赶光 (2)150 mm 厚3:7灰土垫层,宽出面层 300 mm (3)素土夯实向外坡 4%
台阶	(1)20 mm 厚花岗岩面层,稀水泥浆擦缝 (2)撒素水泥面 (3)30 mm 厚1:3干硬性水泥砂浆结合层,向外坡 1% (4)水泥浆一道 (5)100 mm 厚 C15 混凝土 (6)300 mm 厚3:7灰土垫层分两层夯实 (7)素土夯实
楼梯栏杆扶手	竖条式不锈钢扶手栏杆 (1)做法采用 11ZJ401 W/12 15/37 (2)不锈钢材质:201

2 建筑工程量计算准备工作

通过本章的学习,你将能够:

(1)正确选择清单与定额规则,以及相应的清单库和定额库;

(2)正确选择钢筋规则;

(3)正确设置室内外高差,输入工程信息;

(4)正确定义楼层及统一设置各类构件混凝土强度等级;

(5)正确进行工程计算设置;

(6)按图纸定义绘制轴网。

2.1 新建工程

通过本节的学习,你将能够:

(1)正确选择清单与定额规则,以及相应的清单库和定额库;

(2)正确选择钢筋规则;

(3)区分做法模式。

一、任务说明

根据《1 号办公楼施工图(含土建和安装)》,在软件中完成新建工程的各项设置。

二、任务分析

①清单与定额规则及相应的清单库和定额库都是做什么用的?

②清单规则和定额规则如何选择?

③钢筋规则如何选择?

三、任务实施

1)分析图纸

在新建工程前,应先分析图纸中的"结构设计总说明(一)"。"四、本工程设计遵循的标准、规范和规程"中第 6 条《混凝土结构施工图平面整体表示方法制图规则和构造详图》16G101—1,2,3,软件算量要依照此规定。

2)新建工程

①在分析图纸、了解工程的基本概况之后,启动软件,进入软件界面"新建工程",如图 2.1 所示。

②鼠标左键单击界面上的"新建工程",进入新建工程界面,输入各项工程信息。

图 2.1

工程名称:按工程图纸名称输入,保存时会作为默认的文件名。本工程名称输入为"1 号办公楼 A"。

计算规则:如图 2.2 所示。

平法规则:选择"16 系平法规则"。

单击"创建工程",即可完成工程的新建。

图 2.2

四、任务结果

任务结果如图 2.2 所示。

2.2 工程设置

通过本节的学习,你将能够:

(1)正确进行工程信息输入;

(2)正确进行工程计算设置。

一、任务说明

根据《1 号办公楼施工图(含土建和安装)》,在软件中完成新建工程的各项设置。

二、任务分析

①软件中新建工程的各项设置都有哪些?

②如何查询室外地坪标高的设置?

三、任务实施

创建工程后,进入软件界面,如图 2.3 所示,分别对基本设置、土建设置、钢筋设置进行修改。

图 2.3

1)基本设置

首先对基本设置中的工程信息进行修改,单击"工程信息",出现如图 2.4 所示界面。

	属性名称	属性值
1	工程概况:	
2	工程名称:	1号办公楼(广西版)
3	项目所在地:	
4	详细地址:	
5	建筑类型:	居住建筑
6	建筑用途:	住宅
7	地上层数(层):	
8	地下层数(层):	
9	裙房层数:	
10	建筑面积(m²):	(3101.897)
11	地上面积(m²):	(2485.673)
12	地下面积(m²):	(616.224)
13	人防工程:	无人防
14	檐高(m):	14.85
15	结构类型:	框架结构
16	基础形式:	筏形基础
17	建筑结构等级参数:	
18	抗震设防类别:	
19	抗震等级:	三级抗震
20	地震参数:	
21	设防烈度:	7
22	基本地震加速度(g):	
23	设计地震分组:	

图 2.4

蓝色字体部分需要填写,黑色字体所示信息只起标识作用,可以不填,不影响计算结果。

由图纸结施-01(1)可知:结构类型为框架结构;抗震设防烈度为 7 度;框架抗震等级为三级。

由图纸建施-09 可知:室外地坪相对±0.000 标高为−0.45 m。

檐高:14.85 m(设计室外地坪到屋面板板顶的高度为 14.4 m+0.45 m=14.85 m)。

【注意】

①常规的抗震等级由结构类型、设防烈度、檐高 3 项确定。

②若设计中已知抗震等级,可直接填写抗震等级,不必填写结构类型、设防烈度、檐高 3 项。

填写信息,如图 2.5 所示。

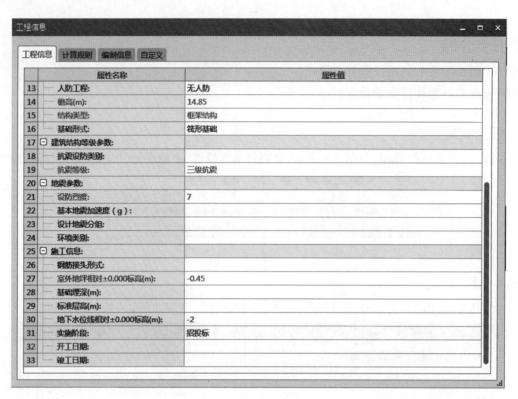

图 2.5

2) 土建设置

土建规则在前面"创建工程"时已选择,此处不需要修改。

3) 钢筋设置

①"计算设置"修改,如图 2.6 所示。

图 2.6

a.修改梁计算设置:结施-05中说明"4.主次梁交接处,主梁内次梁两侧按右图各附加3组箍筋,间距50 mm,直径同主梁箍筋"。

单击"框架梁",修改"26.次梁两侧共增加箍筋数量为6",如图2.7所示,单击"非框架梁",作同样的修改。

图 2.7

b.修改板计算设置:结施-01(2)左上角(7)板内分布钢筋,除注明者外,见表2.1。

表2.1　板内分布钢筋

楼板厚度(mm)	≤110	120~160
分布钢筋配置	φ6@200	φ8@200

单击"板",修改"3.分布钢筋配置"为"同一板厚的分布筋相同",如图2.8所示,单击"确定"按钮即可。

查看各层板结构施工图,"跨板受力筋标注长度位置"为"支座外边线","板中间支座负筋标注是否含支座"为"否","单边标注支座负筋标注长度位置"为"支座内边线",修改后如图2.9所示。

②"搭接设置"修改。结施-01(1)中,"八、钢筋混凝土结构构造　2.钢筋接头形式及要求　(1)框架梁、框架柱当受力钢筋直径≥16 mm时,采用直螺纹机械连接,接头性能等级为一级;当受力钢筋直径<16 mm时,可采用绑扎搭接"。单击并修改"搭接设置",如图2.10所示。

钢筋定尺长度默认值与定额的计算规则取值相同,不修改。

③比重设置修改:单击比重设置,进入"比重设置"界面。将直径为6.5 mm的钢筋比重复制到直径为6 mm的钢筋比重中,如图2.11所示。

图 2.8

20	跨中板带下部受力筋伸入支座的长度	max(ha/2,12*d)
21	跨中板带上部受力筋伸入支座的长度	0.6*Lab+15*d
22	柱上板带受力筋根数计算方式	向上取整+1
23	跨中板带受力筋根数计算方式	向上取整+1
24	柱上板带/板带暗梁的箍筋起始位置	距柱边50 mm
25	柱上板带/板带暗梁的箍筋加密长度	3*h
26	跨板受力筋标注长度位置	支座外边线
27	柱上板带暗梁部位是否扣除平行板带筋	是
28	☐ 负筋	
29	单标注负筋锚入支座的长度	能直锚就直锚,否则按公式计算:ha-bhc+15*d
30	板中间支座负筋标注是否含支座	否
31	单边标注支座负筋标注长度位置	支座内边线

左侧栏目:板、基础、基础主梁/承台梁、基础次梁、砌体结构、其他

图 2.9

计算设置

计算规则　节点设置　箍筋设置　搭接设置　箍筋公式

	钢筋直径范围	连接形式								墙柱垂直筋定尺	其余钢筋定尺
		基础	框架梁	非框架梁	柱	板	墙水平筋	墙垂直筋	其它		
1	☐ HPB235,HPB300										
2	— 3~10	绑扎	绑扎	绑扎	绑扎	绑扎	绑扎	绑扎	绑扎	12000	12000
3	— 12~14	绑扎	绑扎	绑扎	绑扎	绑扎	绑扎	绑扎	绑扎	9000	9000
4	— 16~22	直螺纹连接	直螺纹连接	直螺纹连接	直螺纹连接	直螺纹连接	直螺纹连接	电渣压力焊	电渣压力焊	9000	9000
5	— 25~32	套管挤压	直螺纹连接	套管挤压	直螺纹连接	套管挤压	套管挤压	套管挤压	套管挤压	9000	9000
6	☐ HRB335,HRB335E,HRBF335,HRBF335E										
7	— 3~10	绑扎	绑扎	绑扎	绑扎	绑扎	绑扎	绑扎	绑扎	12000	12000
8	— 12~14	绑扎	绑扎	绑扎	绑扎	绑扎	绑扎	绑扎	绑扎	9000	9000
9	— 16~22	直螺纹连接	直螺纹连接	直螺纹连接	直螺纹连接	直螺纹连接	直螺纹连接	电渣压力焊	电渣压力焊	9000	9000
10	— 25~50	套管挤压	直螺纹连接	套管挤压	直螺纹连接	套管挤压	套管挤压	套管挤压	套管挤压	9000	9000
11	☐ HRB400,HRB400E,HRBF400,HRBF400E,RR...										
12	— 3~10	绑扎	绑扎	绑扎	绑扎	绑扎	绑扎	绑扎	绑扎	12000	12000
13	— 12~14	绑扎	绑扎	绑扎	绑扎	绑扎	绑扎	绑扎	绑扎	9000	9000
14	— 16~22	直螺纹连接	直螺纹连接	直螺纹连接	直螺纹连接	直螺纹连接	直螺纹连接	电渣压力焊	电渣压力焊	9000	9000
15	— 25~50	套管挤压	直螺纹连接	套管挤压	直螺纹连接	套管挤压	套管挤压	套管挤压	套管挤压	9000	9000
16	☐ 冷轧带肋钢筋										
17	— 4~10	绑扎	绑扎	绑扎	绑扎	绑扎	绑扎	绑扎	绑扎	12000	12000
18	— 10.5~12	绑扎	绑扎	绑扎	绑扎	绑扎	绑扎	绑扎	绑扎	9000	9000
19	☐ 冷轧扭钢筋										
20	— 6.5~10	绑扎	绑扎	绑扎	绑扎	绑扎	绑扎	绑扎	绑扎	12000	12000
21	— 12~14	绑扎	绑扎	绑扎	绑扎	绑扎	绑扎	绑扎	绑扎	9000	9000

图 2.10

图 2.11

> **【注意】**
> 市面上直径 6 mm 的钢筋较少,一般采用直径 6.5 mm 的钢筋。

其余不需要修改。

四、任务结果

见以上各图。

2.3 新建楼层

通过本节的学习,你将能够:
(1)定义楼层;
(2)定义各类构件混凝土强度等级设置。

一、任务说明

根据《1 号办公楼施工图(含土建和安装)》,在软件中完成新建工程的楼层设置。

二、任务分析

①软件中新建工程的楼层应如何设置?
②如何对楼层进行添加或删除?
③各层对混凝土强度等级、砂浆标号的设置,对哪些计算有影响?
④工程楼层的设置应依据建筑标高还是结构标高? 区别是什么?
⑤基础层的标高应如何设置?

三、任务实施

1)分析图纸

层高的确定按照《1 号办公楼施工图(含土建和安装)》结施-05 中"结构层楼面标高表"建立,见表 2.2。

表 2.2 结构层楼面标高表

楼层	层底标高(m)	层高(m)
屋顶	14.4	
4	11.05	3.35
3	7.45	3.6
2	3.85	3.6
1	-0.05	3.9
-1	-3.95	3.9

2)建立楼层

(1)单击楼层设置(图 2.12)

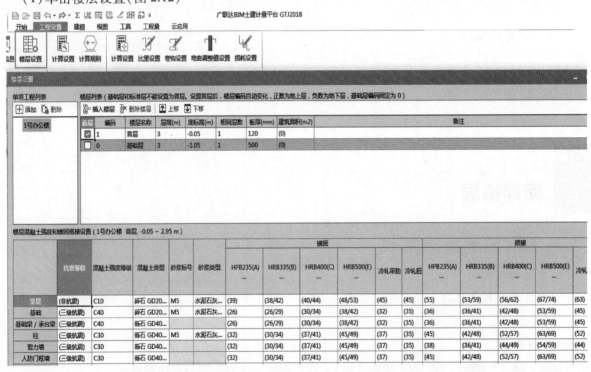

图 2.12

将鼠标定位在首层,单击"插入楼层",则插入地上楼层。鼠标定位在基础层,单击"插入楼层",则插入地下室。按照楼层表修改层高。

①软件默认给出首层和基础层。

②首层的结构底标高输入为-0.05 m,层高输入为 3.9 m,板厚本层最常用的为 120 mm。用鼠标左键选择首层所在的行,单击"插入楼层",添加第 2 层,2 层高输入为 3.6 m,最常用的板厚为 120 mm。

③按照建立 2 层同样的方法,建立 3 层和 4 层,3 层层高为 3.6 m,4 层层高为 3.35 m。

④单击基础层,插入楼层,地下一层的层高为 3.9 m。

⑤根据结施-03,5—5 得知,基础底标高为-6.3 m,故设基础层层高为 2.35 m。

⑥根据建施-12,1—1 剖面图得知,屋面层层高为 0.9 m。修改层高后,如图 2.13 所示。

(2)混凝土强度等级及保护层厚度修改

在结施-01(1)"七、主要结构材料"的"2.混凝土"中,混凝土强度等级见表 2.3。

图 2.13

表 2.3 混凝土强度等级

混凝土所在部位	混凝土强度等级	备注
基础垫层	C15	
独立基础、地梁	C30	
基础层~屋面主体结构:墙、柱、梁、板、楼梯	C30	
其余各结构构件:构造柱、过梁、圈梁等	C25	

在结施-01(1)"八、钢筋混凝土结构构造"中,主筋的混凝土保护层厚为:基础钢筋:40 mm;梁:20 mm;柱:25 mm;板:15 mm。

【注意】

各部分钢筋的混凝土保护层厚度同时应满足不小于主筋直径的要求。

混凝土强度等级、砂浆类型、保护层厚度分别修改,如图 2.14 所示。

图 2.14

在建施-01、结施-01(1)中提到砌块墙体、砖墙都为 M5 水泥砂浆砌筑,修改砂浆标号为 M5,砂浆类型为水泥砂浆。保护层依据结施-01(1)说明依次修改即可。首层修改完成后,单击左下角"复制到其他楼层",如图 2.15 所示。

	抗震等级	混凝土强度等级	混凝土类型	砂浆标号	砂浆类型	锚固						搭接						保
						HPB235(A)···	HRB335(B)···	HRB400(C)···	HRB500(E)···	冷轧带肋	冷轧扭	HPB235(A)···	HRB335(B)···	HRB400(C)···	HRB500(E)···	冷轧带肋	冷轧扭	
垫层	(非抗震)	C15	碎石 GD20...	M5	水泥石灰...	(39)	(38/42)	(40/44)	(48/53)	(45)	(45)	(55)	(53/59)	(56/62)	(67/74)	(63)	(63)	(2
基础	(三级抗震)	C30	碎石 GD20...	M5	水泥石灰...	(32)	(30/34)	(37/41)	(45/49)	(37)	(35)	(45)	(42/48)	(52/57)	(63/69)	(52)	(49)	(4
基础梁/承台梁	(三级抗震)	C30	砾石 GD40...			(32)	(30/34)	(37/41)	(45/49)	(37)	(35)	(45)	(42/48)	(52/57)	(63/69)	(52)	(49)	(1
柱	(三级抗震)	C30	砾石 GD40...	M5	水泥石灰...	(32)	(30/34)	(37/41)	(45/49)	(37)	(35)	(45)	(42/48)	(52/57)	(63/69)	(52)	(49)	25
剪力墙	(三级抗震)	C30	砾石 GD40...			(32)	(30/34)	(37/41)	(45/49)	(37)	(38)	(38)	(36/41)	(44/49)	(54/59)	(44)	(42)	(1
人防门框墙	(三级抗震)	C30	砾石 GD40...			(32)	(30/34)	(37/41)	(45/49)	(37)	(35)	(45)	(42/48)	(52/57)	(63/69)	(52)	(49)	(1
墙柱	(三级抗震)	C30	砾石 GD40...			(32)	(30/34)	(37/41)	(45/49)	(37)	(35)	(45)	(42/48)	(52/57)	(63/69)	(52)	(49)	(2
墙梁	(三级抗震)	C30	砾石 GD40...			(32)	(30/34)	(37/41)	(45/49)	(37)	(35)	(45)	(42/48)	(52/57)	(63/69)	(52)	(49)	(2
框架梁	(三级抗震)	C30	砾石 GD40...			(32)	(30/34)	(37/41)	(45/49)	(37)	(35)	(45)	(42/48)	(52/57)	(63/69)	(52)	(49)	(2
非框架梁	(非抗震)	C30	砾石 GD40...			(30)	(29/32)	(35/39)	(43/47)	(35)	(35)	(42)	(41/45)	(49/55)	(60/66)	(49)	(49)	(2
现浇板	(非抗震)	C30	砾石 GD40...			(30)	(29/32)	(35/39)	(43/47)	(35)	(35)	(42)	(41/45)	(49/55)	(60/66)	(49)	(49)	(1
楼梯	(非抗震)	C30	砾石 GD40...			(30)	(29/32)	(35/39)	(43/47)	(35)	(35)	(42)	(41/45)	(49/55)	(60/66)	(49)	(49)	(2

基本锚固设置　复制到其他楼层　恢复默认值(D)　导入钢筋设置　导出钢筋设置

图 2.15

选择其他所有楼层,单击"确定"按钮即可,如图 2.16 所示。

图 2.16

四、任务结果

完成楼层设置,如图 2.17 所示。

图 2.17

2.4 建立轴网

通过本节的学习,你将能够:
(1)按图纸定义轴网;
(2)对轴网二次编辑。

一、任务说明

根据《1号办公楼施工图(含土建和安装)》,在软件中完成轴网建立。

二、任务分析

①建施与结施图中采用什么图的轴网最全面?
②轴网中上下开间、左右进深如何确定?

三、任务实施

1)建立轴网

楼层建立完毕后,切换到"绘图输入"界面。先建立轴网。施工时用放线来定位建筑物的位置,使用软件做工程时则是用轴网来定位构件的位置。

(1)分析图纸

由建施-03可知,该工程的轴网是简单的正交轴网,上下开间的轴距相同,左右进深的轴距也都相同。

(2)轴网的定义

①切换到绘图输入界面之后,选择导航树中的"轴线"→"轴网",单击右键,选择"定义"按钮,将软件切换到轴网的定义界面。

②单击"新建"按钮,选择"新建正交轴网",新建"轴网-1"。

③输入"下开间",在"常用值"下面的列表中选择要输入的轴距,双击鼠标即添加到轴距中;或者在添加按钮下的输入框中输入相应的轴网间距,单击"添加"按钮或回车即可;按照图纸从左到右的顺序,"下开间"依次输入3300,6000,6000,7200,6000,6000,3300;因为上下开间轴距相同,所以上开间可以不输入轴距。

④切换到"左进深"的输入界面,按照图纸从下到上的顺序,依次输入左进深的轴距为2500,4700,2100,6900。修改轴号分别为Ⓐ,Ⓐ/A,Ⓑ,Ⓒ,Ⓓ。因为左右进深的轴距相同,所以右进深可以不输入轴距。

⑤可以看到,右侧的轴网图显示区域已经显示了定义的轴网,轴网定义完成。

2)轴网的绘制

(1)绘制轴网

①轴网定义完毕后,单击"绘图"按钮,切换到绘图界面。

②弹出"请输入角度"对话框,提示用户输入定义轴网需要旋转的角度。本工程轴网为水平竖直方向的正交轴网,旋转角度按软件默认输入"0"即可,如图2.18所示。

③单击"确定"按钮,绘图区显示轴网,这样就完成了对本工程轴网的

图2.18

定义和绘制。

如果要将右进深、上开间轴号和轴距显示出来,在绘图区域,右键单击"修改轴号位置",按鼠标左键拉框选择所有轴线,按右键确定。选择"两端标注",然后单击"确定"按钮即可,如图 2.19 所示。

图 2.19

(2)轴网的其他功能

①设置插入点:用于轴网拼接,可以任意设置插入点(不在轴线交点处或在整个轴网外都可以设置)。

②修改轴号和轴距:当检查到已经绘制的轴网有错误时,可以直接修改。

③软件提供了辅助轴线,用于构件辅轴定位。辅轴在任意图层都可以直接添加。辅轴主要有两点、平行、点角、圆弧。

四、任务结果

完成轴网,如图 2.20 所示。

图 2.20

五、总结拓展

①新建工程中,主要确定工程名称、计算规则以及做法模式。蓝色字体的参数值影响工程量计算值,

按照图纸输入,其他信息只起标识作用。

②首层标记在楼层列表中的首层列,可以选择某一层作为首层。勾选后,该层作为首层,相邻楼层的编码自动变化,基础层的编码不变。

③底标高是指各层的结构底标高;软件中只允许修改首层的底标高,其他层底标高自动按层高反算。

④相同板厚是软件给的默认值,可以按工程图纸中最常用的板厚设置;在绘图输入新建板时,会自动默认取这里设置的数值。

⑤可以按照结构设计总说明对应构件选择混凝土强度等级和类型。对修改的强度等级和类型,软件会以反色显示。在首层输入相应的数值完毕后,可以使用右下角的"复制到其他楼层"命令,把首层的数值复制到参数相同的楼层。各个楼层的强度等级、保护层厚度设置完成后,就完成了对工程楼层的建立,可以进入"绘图输入"进行建模计算。

⑥有关轴网的编辑、辅助轴线的详细操作,请查阅"帮助"菜单中的文字帮助→绘图输入→轴线。

⑦建立轴网时,输入轴距的两种方法:常用的数值可以直接双击,常用值中没有的数据直接添加即可。

⑧当上下开间或者左右进深的轴距不一样时(即错轴),可以使用轴号自动生成功能将轴号排序。

⑨比较常用的建立辅助轴线的功能:二点辅轴(直接选择两个点绘制辅助轴线)、平行辅轴(建立平行于任意一条轴线的辅助轴线)、圆弧辅轴(可以通过选择3个点绘制辅助轴线)。

⑩在任何界面下都可以添加辅轴。轴网绘制完成后,就进入"绘图输入"部分。"绘图输入"部分可以按照后面章节的流程进行。

3 首层工程量计算

通过本章的学习,你将能够:
(1)定义柱、墙、板、梁、门窗、楼梯等构件;
(2)绘制柱、墙、梁、板、门窗、楼梯等图元;
(3)掌握飘窗、过梁在 GTJ 软件中的处理方法。
(4)掌握暗柱、连梁在 GTJ 软件中的处理方法。

3.1 首层柱工程量计算

通过本节的学习,你将能够:
(1)依据定额和清单确定柱的分类和工程量计算规则;
(2)依据平法、定额和清单确定柱的钢筋的类型及工程量计算规则;
(3)应用造价软件定义各种柱(如矩形柱、圆形柱、参数化柱、异形柱)的属性并套用做法;
(4)能够应用造价软件绘制本层柱图元;
(5)统计并核查本层柱的个数、土建及钢筋工程量。

一、任务说明
①完成首层各种柱的定义、做法套用及图元绘制。
②汇总计算,统计本层柱的土建及钢筋工程量。

二、任务分析
①各种柱在计量时的主要尺寸有哪些? 从哪个图中的什么位置找到? 有多少种柱?
②工程量计算中柱都有哪些分类? 都套用什么定额?
③软件如何定义各种柱? 各种异形截面端柱如何处理?
④构件属性、做法套用、图元之间有什么关系?
⑤如何统计本层柱的相关清单工程量和定额工程量?

三、任务实施
1)分析图纸

在《1 号办公楼施工图(含土建和安装)》结施-04 的柱表中得到柱的截面信息,本层以矩形框架柱为主,主要信息见表 3.1。

表3.1　柱表

类型	名称	混凝土强度等级	截面尺寸（mm）	标高	角筋	b每侧中配筋	h每侧中配筋	箍筋类型号	箍筋
矩形框架柱	KZ1	C30	500×500	基础顶~+3.85	4⾦22	3⾦18	3⾦18	1(4×4)	⾦8@100
	KZ2	C30	500×500	基础顶~+3.85	4⾦22	3⾦18	3⾦18	1(4×4)	⾦8@100/200
	KZ3	C30	500×500	基础顶~+3.85	4⾦25	3⾦18	3⾦18	1(4×4)	⾦8@100/200
	KZ4	C30	500×500	基础顶~+3.85	4⾦25	3⾦20	3⾦20	1(4×4)	⾦8@100/200
	KZ5	C30	600×500	基础顶~+3.85	4⾦25	4⾦20	3⾦20	1(5×4)	⾦8@100/200
	KZ6	C30	500×600	基础顶~+3.85	4⾦25	3⾦20	4⾦20	1(4×5)	⾦8@100/200

还有部分剪力墙柱、YBZ 约束边缘构件和 GBZ 构造边缘构件，如图 3.1 所示。

图 3.1

2) 现浇混凝土柱基础知识

（1）清单计算规则学习

柱清单计算规则，见表 3.2。

表3.2　柱清单计算规则

项目编号	项目名称	单位	计算规则
010502001	矩形柱	m^3	按设计图示断面面积乘以柱高以体积计算。柱高： （1）有梁板的柱高，应自柱基上表面（或楼板上表面）至上一层楼板上表面之间的高度计算
010502002	构造柱	m^3	（2）无梁板的柱高，应自柱基上表面（或楼板上表面）至柱帽下表面之间的高度计算 （3）框架柱的柱高：应自柱基上表面至柱顶高度计算
010502003	异形柱	m^3	（4）构造柱按全高计算，嵌接墙体部分（马牙槎）并入柱身体积 （5）依附柱上的牛腿和升板的柱帽，并入柱身体积计算
010515001	现浇构件钢筋	t	按设计图示钢筋（网）长度（面积）乘以单位理论质量计算

续表

项目编号	项目名称	单位	计算规则
011702002	矩形柱模板	m²	柱模板 柱高按下列规定确定： (1)有梁板的柱高,应自柱基或楼板的上表面至上层楼板底面计算
011702003	构造柱模板	m²	(2)无梁板的柱高,应自柱基或楼板的上表面至柱帽下表面计算 (3)计算柱模板时,不扣除梁与柱交接处的模板面积
011702004	异形柱模板	m²	(4)构造柱按外露部分计算模板面积,留马牙槎的按最宽面计算模板宽度

（2）定额计算规则学习

柱定额计算规则见表 3.3。

表 3.3　柱定额计算规则

编号	项目名称	单位	计算规则
A4-18	混凝土柱 矩形	10 m³	现浇混凝土浇捣工程量除另有规定外,均按设计图示尺寸实体体积以立方米计算,不扣除构件内钢筋、预埋铁件及墙、板中单个面积 0.3 m² 以内的孔洞所占体积
A4-19	混凝土柱 圆形、多边形	10 m³	柱:按设计图示断面面积乘以柱高以立方米计算,柱高按下列规定确定 (1)有梁板的柱高,应自柱基上表面（或楼板上表面）至上一层楼板上表面之间的高度计算 (2)无梁板的柱高,应自柱基上表面（或楼板上表面）至柱帽下表面之间的高度计算
A4-20	混凝土柱 构造柱	10 m³	(3)框架柱的柱高应自柱基上表面至柱顶高度计算 (4)构造柱按全高计算,与砖墙嵌接部分的体积并入柱身体积内计算 (5)依附柱上的牛腿和升板的柱帽,并入柱身体积内计算
A4-236	现浇构件 圆钢筋制安 φ10 以内	t	钢筋工程,应区别现浇、预制、预应力等构件和不同种类及规格,分别按设计图纸、标准图集、施工规范规定的长度乘以单位质量以吨计算,除设计（包括规范规定）标明的搭接外,其他施工搭接已在定额中综合考虑,不另计算
A4-237	现浇构件 圆钢筋制安 φ10 以上	t	(1)钢筋接头:设计（或经审定的施工组织设计）采用机械连接、电渣压力焊接时,应按接头个数分别列项计算
A4-242	现浇构件 冷轧带肋钢筋制安 φ10 以内	t	(2)现浇构件中固定位置的支撑钢筋、双层钢筋用的铁马按设计（或经审定的施工组织设计）规定计算,设计未规定时,按板中小规格主筋计算,基础底板每平方米 1 只,长度按底板厚乘以 2 再加 1 m 计算;板每平方米 3 只,长度按板厚度乘以 2 再加 0.1 m 计算。双层钢筋的撑脚布置数量均按（不包括柱、梁）的净面积计算
A4-243	现浇构件 冷轧带肋钢筋制安 φ10 以上	t	(3)砌体内的加固钢筋（含砌块墙体砌块中空安放纵向垂直钢筋、墙与柱的拉结筋）工程量按设计图示长度乘单位理论质量以吨计算

编号	项目名称	单位	计算规则
A17-50	矩形柱 胶合板模板钢支撑	100 m²	现浇混凝土模板工程量,除另有规定外,应区分不同材质,按混凝土与模板接触面积以平方米计算
A17-54	异形柱 胶合板模板钢支撑	100 m²	(1)柱高按下列规定确定
A17-57	圆形柱 木模板木支撑	100 m²	①有梁板的柱高,应自柱基或楼板的上表面至上层楼板底面计算 ②无梁板的柱高,应自柱基或楼板的上表面至柱帽下表面计
A17-58	构造柱 胶合板模板木支撑	100 m²	(2)计算柱模板时,不扣除梁与柱交接处的模板面积 (3)构造柱按外露部分计算模板面积,留马牙槎的按最宽面计算模板宽度
A17-60	柱支撑超过3.6 m 每增加1 m 钢支撑	100 m²	模板支撑高度大于3.6 m时,按超过部分全部面积计算工程量
A17-61	柱支撑超过3.6 m 每增加1 m 木支撑	100 m²	

(3)柱平法知识

柱类型有框架柱、框支柱、芯柱、梁上柱、剪力墙柱等。从形状上可分为圆形柱、矩形柱、异形柱等。柱钢筋的平法表示有两种:一是列表注写方式;二是截面注写方式。

①列表注写。在柱表中注写柱编号、柱段起始标高、几何尺寸(含柱截面对轴线的偏心情况)与配筋信息、箍筋信息,如图3.2所示。

柱表

柱号	标高	$b \times h$ (圆柱直径D)	b_1	b_2	h_1	h_2	全部纵筋	角筋	b边一侧中部筋	h边一侧中部筋	箍筋类型号	箍筋	备注
KZ1	−0.030~19.470	750×700	375	375	150	550	24Φ25				1(5×4)	Φ10@100/200	
	19.470~37.470	650×600	325	325	150	450		4Φ22	5Φ22	4Φ20	1(4×4)	Φ10@100/200	—
	37.470~59.070	550×500	275	275	150	350		4Φ22	5Φ22	4Φ20	1(4×4)	Φ8@100/200	
XZ1	−0.030~8.670						8Φ25				按标准构造详图	Φ10@100	③×Ⓑ轴KZ1中设置

图3.2

②截面注写。在同一编号的柱中选择一个截面,以直接注写截面尺寸和柱纵筋及箍筋信息,如图3.3所示。

图3.3

3)柱的定义

(1)矩形框架柱 KZ1

①在导航树中单击"柱"→"柱",在"构件列表"中单击"新建"→"新建矩形柱",如图 3.4 所示。

②在"属性编辑框"中输入相应的属性值,框架柱的属性定义如图 3.5 所示。

图 3.4

图 3.5

【注意】

①名称:根据图纸输入构件的名称 KZ1,该名称在当前楼层的当前构件类型下是唯一的。

②结构类别:类别会根据构件名称中的字母自动生成,例如,KZ 生成的是框架柱,也可以根据实际情况进行选择,KZ1 为框架柱。

③定额类别:选择为普通柱。

④截面宽度(B 边):KZ1 柱的截面宽度为 500 mm。

⑤截面高度(H 边):KZ1 柱的截面高度为 500 mm。

⑥全部纵筋:表示柱截面内所有的纵筋,如 24 Φ 28;如果纵筋有不同的级别和直径则使用"+"连接,如 4 Φ 28+16 Φ 22。在此 KZ1 的全部纵筋值设置为空,采用角筋、B 边一侧中部筋和 H 边一侧中部筋详细描述。

⑦角筋:只有当全部纵筋属性值为空时才可输入,根据该工程图纸结施-04 的柱表知 KZ1 的角筋为 4 Φ 22。

⑧箍筋:KZ1 的箍筋 Φ 8@ 100(4×4)。

⑨节点区箍筋:若不填写,软件则自动取箍筋加密值。

⑩箍筋肢数:通过单击当前框中省略号按钮选择肢数类型,KZ1 的箍筋肢数为 4×4 肢箍。

(2)参数化柱(以首层约束边缘柱 YBZ1 为例)

①新建柱,选择"新建参数化柱"。

②在弹出的"选择参数化图形"对话框中,设置截面类型与具体尺寸,如图 3.6 所示。单击"确认"后显示属性列表。

图 3.6

③参数化柱的属性定义,如图 3.7 所示。

	属性名称	属性值	附加
1	名称	YBZ1	
2	截面形状	L-d形	☐
3	结构类别	暗柱	☐
4	定额类别	普通柱	☐
5	截面宽度(B边)(...	500	☐
6	截面高度(H边)(...	500	☐
7	全部纵筋	12Φ20	☐
8	材质	现浇混凝土	☐
9	混凝土类型	(砾石 GD40 细...	☐
10	混凝土强度等级	(C30)	☐
11	混凝土外加剂	(无)	
12	泵送类型	(混凝土泵)	
13	泵送高度(m)		
14	截面面积(m²)	0.16	☐
15	截面周长(m)	2	☐
16	顶标高(m)	层顶标高	☐
17	底标高(m)	层底标高	☐
18	备注		☐
19	⊞ 钢筋业务属性		
33	⊞ 土建业务属性		
39	⊞ 显示样式		

图 3.7

【注意】

①截面形状:可以单击当前框中的省略号按钮,在弹出的"选择参数化图形"对话框中进行再次编辑。

②截面宽度(B 边):柱截面外接矩形的宽度。

③截面高度(H 边):柱截面外接矩形的高度。

（3）异形柱（以 YZB2 为例）

①新建柱，选择"新建异形柱"。

②在弹出的"异形截面编辑器"中绘制线式异形截面，单击"设置插入点"，选择 YZB2 转角中心作为插入点，单击"确定"按钮后可编辑属性，如图 3.8 所示。

图 3.8

③异形柱的属性定义，如图 3.9 所示。

（4）圆形框架柱（拓展）

选择"新建"→"新建圆形柱"，方法同矩形框架柱的属性定义。本工程无圆形框架柱，属性信息均是假设的。圆形框架柱的属性定义如图 3.10 所示。

	属性名称	属性值	附加
1	名称	YZ1	
2	截面形状	异形	☐
3	结构类别	暗柱	☐
4	定额类别	普通柱	☐
5	截面宽度(B边)(...	300	☐
6	截面高度(H边)(...	300	☐
7	全部纵筋	14⌀20	☐
8	材质	现浇混凝土	☐
9	混凝土类型	(砾石 GD40 细...	☐
10	混凝土强度等级	(C30)	☐
11	混凝土外加剂	(无)	☐
12	泵送类型	(混凝土泵)	☐
13	泵送高度(m)		
14	截面面积(m²)	0.03	☐
15	截面周长(m)	1.047	☐
16	顶标高(m)	层顶标高	☐
17	底标高(m)	层底标高	☐
18	备注		☐
19	⊞ 钢筋业务属性		
37	⊞ 土建业务属性		
43	⊞ 显示样式		

图 3.9

	属性名称	属性值	附加
1	名称	KZ(圆形)	
2	结构类别	框架柱	☐
3	定额类别	普通柱	☐
4	截面半径(mm)	400	☐
5	全部纵筋	16⌀22	☐
6	箍筋	⌀10@100/200	☐
7	节点区箍筋		
8	箍筋类型	螺旋箍筋	☐
9	材质	自拌混凝土	☐
10	混凝土类型	(特细砂塑性混...	☐
11	混凝土强度等级	(C30)	☐
12	混凝土外加剂	(无)	
13	泵送类型	(混凝土泵)	

图 3.10

【注意】

截面半径：设置圆形柱截面半径，可用"数值/数值"来表示变截面柱，输入格式为"柱顶截面半径/柱底截面半径"（圆形柱没有截面宽、截面高属性）。

4)做法套用

柱构件定义好后,需要进行套用做法操作。套用做法是指构件按照计算规则计算汇总出做法工程量,方便进行同类项汇总,同时与计价软件数据对接。构件套用做法,可手动添加清单定额、查询清单定额库添加、查询匹配清单定额添加实现。

单击"定义",在弹出的"定义"界面中,单击构件做法,可通过查询清单库的方式,进行添加清单,KZ1混凝土的清单项目编码为010502001,KZ1模板的清单项目编码为011702002;通过查询定额库可以添加定额,正确选择对应定额项,KZ1的做法套用,如图3.11所示。暗柱不另套用项目,并入墙体计算,在剪力墙计算时套用做法,如图3.12所示。

	编码	类别	名称	项目特征	单位	工程量表达式	表达式说明	单价	综合单价	措施项目
1	☐ 010502001	项	矩形柱	1、混凝土种类:商品混凝土 2、混凝土强度等级:C30	m3	TJ	TJ<体积>			☐
2	A4-18 H043104003 043104005	换	混凝土柱 矩形(碎石) 换为【碎石 GD40商品普通砼 C30】		m3	TJ	TJ<体积>	3069.13		☐
3	☐ 011702002	项	矩形柱	1、模板高度:3.74m	m²	MBMJ	MBMJ<模板面积>			☑
4	A17-50 + A17-60 * 0.14	换	矩形柱 胶合板模板 钢支撑 实际高度(m):3.74		m²	MBMJ	MBMJ<模板面积>	2759.45		☑

图 3.11

	编码	类别	名称	项目特征	单位	工程量表达式	表达式说明	单价	综合单价	措施项目
1	☐ 010504001	项	直形墙	1、混凝土种类:商品混凝土 2、混凝土强度等级:C30	m3	TJ	TJ<体积>			☐
2	A4-28 H043104003 043104005	换	墙 混凝土(碎石) 换为【碎石 GD40商品普通砼 C30】		m3	TJ	TJ<体积>	2917.78		☐
3	☐ 011702011	项	直形墙	1、模板高度:3.74m	m²	MBMJ	MBMJ<模板面积>			☑
4	A17-83 + A17-87 * 0.14	换	直形墙 胶合板模板 钢支撑 实际高度(m):3.74		m²	MBMJ	MBMJ<模板面积>	2556.53		☑

图 3.12

5)柱的画法讲解

柱定义完毕后,单击"绘图"按钮,切换到绘图界面。

(1)点绘制

通过"构件列表"选择要绘制的构件KZ1,用鼠标捕捉①轴与①轴的交点,直接单击鼠标左键,就可完成柱KZ1的绘制,如图3.13所示。

图 3.13

（2）偏移绘制

偏移绘制常用于绘制不在轴线交点处的柱,①轴上,④~⑤轴之间的 TZ1 不能直接用鼠标选择点绘制,需要使用"Shift+左键"相对于基准点偏移绘制。

①把鼠标放在①轴和④轴的交点处,同时按下键盘上的"Shift"键和鼠标左键,弹出"输入偏移量"对话框;由结施-13 可知,TZ1 的中心相对于①轴与④轴交点向右偏移 1650 mm,在对话框中输入 X = "1650",Y = "50";表示水平方向偏移量为 1650 mm,竖直方向向上偏移 50 mm,如图 3.14 所示。

图 3.14

②单击"确定"按钮,TZ1 就偏移到指定位置了,如图 3.15 所示。

图 3.15

（3）智能布置

当图 3.15 中某区域轴线相交处的柱都相同时,可采用"智能布置"方法来绘制柱。如结施-04 中,②~⑦轴与①轴的 6 个交点处都为 KZ3,即可利用此功能快速布置。选择 KZ3,单击"建模"→"柱二次编辑"→"智能布置",选择按"轴线布置",如图 3.16 所示。

然后在图中框选要布置柱的范围,单击鼠标右键确定,则软件自动在所有范围内所有轴线相交处布置上 KZ3,如图 3.17 所示。

（4）镜像

通过图纸分析可知,①~④轴的柱与⑤~⑧轴的柱是对称的,因此,在绘图时可以使用一种简单的方法:先绘制①~④轴的柱,然后使用"镜像"功能

图 3.16

图 3.17

绘制⑤~⑧的轴。操作步骤如下：

①选中①~④轴间需要镜像的柱，单击"建模"页签下修改面板中的"镜像"，如图 3.18 所示。

图 3.18

②点中显示栏的"中点"，捕捉④~⑤轴的中点，可以看到屏幕上有一个黄色的三角形，选中第二点，单击右键确定即可，如图 3.19 所示。在状态栏的地方会提示需要进行的下一步操作。

图 3.19

（5）利用辅助轴线绘制暗柱

通过图纸结施-04 可计算出暗柱的墙中心线位置，单击"通用操作"里的"平行辅轴"，绘制辅助轴线，如图 3.20 所示。

图 3.20

6)闯关练习

老师讲解演示完毕,可登录测评认证平台安排学生练习。学生打开测评认证平台考试端,练习完毕提交工程文件后系统可自动评分。老师可在网页直接查看学生成绩汇总和作答数据统计。测评认证平台可帮助老师和学生专注学习,实现快速完成评分、成绩汇总和分析。

方式一:老师安排学生到测评认证平台闯关模块进行相应的关卡练习,增加练习的趣味性和学生的积极性。

方式二:老师自己安排练习。

(1)老师安排随堂练习

图 3.21

以老师登录测评认证平台(http://kaoshi.glodonedu.com/),在考试管理页面,单击"安排考试"按钮,如图 3.21 所示。

步骤一:填写考试基础信息,如图 3.22 所示。

图 3.22

①填写考试名称:首层柱钢筋量计算。

②选择考试的开始时间与结束时间(自动计算考试时长)。

③单击"选择试卷"按钮选择试卷。

选择试题时,可从"我的试卷库"中选择,也可在"共享试卷库"中选择,如图 3.23 所示。

图 3.23

步骤二:考试设置,如图 3.24 所示。

图 3.24

①添加考生信息,从群组选择中选择对应的班级学生。

②设置成绩查看权限:交卷后立即显示考试成绩。

③设置防作弊的级别:0 级。

④设置可进入考试的次数(留空为不限制次数)。

发布成功后,可在"未开始的考试"中查看,如图 3.25 所示。

图 3.25

小技巧:建议提前安排好实战任务,设置好考试的时间段,在课程上直接让学生练习即可;或者直接使用闯关模块安排学生进行练习,与教材内容配套使用。

(2)参加老师安排的任务

步骤一:登录考试平台,从桌面上双击打开广联达测评认证 4.0 考试端。用学生账号登录考试平台,如图 3.26 所示。

步骤二:参加考试。老师安排的考试,位于"待参加考试"页签,找到要参加的考试,单击"进入考试"即可,如图 3.27 所示。

图 3.26

图 3.27

(3)考试过程跟进

考试过程中,单击考试右侧的"成绩分析"按钮,即可进入学生作答监控页面,如图 3.28 所示。

图 3.28

在成绩分析页面,老师可以详细看到每位学生的作答状态:未参加考试、未交卷、作答中、已交卷,如图 3.29 所示。这 4 种状态分别为:

图 3.29

①未参加考试:考试开始后,学生从未进入过考试作答页面;

②未交卷:考试开始后,学生进入过作答页面,没有交卷又退出考试了。

③作答中:当前学生正在作答页面;

④已交卷:学生进入过考试页面,并完成了至少1次交卷,当前学生不在作答页面。

(4)查看考试结果(图3.30)

考试结束后,老师可以在成绩分析页面查看考试的数据统计及每位学生的考试结果和成绩分析,如图3.31所示。

图 3.30

序号	构件类型			标准工程量(千克)	工程量(千克)	偏差(%)	基准分	得分	得分分析
1	▼柱			8348.578	8348.578	0	92.4731	92.4729	
2		▼ I 柱1		8348.578	8348.578	0	92.4731	92.4729	
3			▼首层	8348.578	8348.578	0	92.4731	92.4729	
4			ΦC20,1,0,柱	2350.4	2350.4	0	25.8064	25.8064	
5			ΦC18,1,0,柱	1792.896	1792.896	0	25.8064	25.8064	
6			ΦC25,1,0,柱	1687.224	1687.224	0	13.9785	13.9785	
7			ΦC22,1,0,柱	577.76	577.76	0	5.3763	5.3763	
8			ΦC16,1,0,柱	24.984	24.984	0	1.6129	1.6129	
9			ΦC8,1,0,柱	1902.42	1902.42	0	19.3548	19.3548	
10			ΦC10,1,0,柱	12.894	12.894	0	0.5376	0.5376	
11		▼暗柱/端柱		1052.82	1052.82	0	7.5269	7.5269	
12			▼ I 柱1	1052.82	1052.82	0	7.5269	7.5269	
13			▼首层	1052.82	1052.82	0	7.5269	7.5269	
14			ΦC10,1,0,暗柱/端柱	410.88	410.88	0	3.2258	3.2258	
15			ΦC20,1,0,暗柱/端柱	641.94	641.94	0	4.3011	4.3011	

图 3.31

提示:其他章节,老师可参照本"闯关练习"的做法,安排学生在闯关模块进行练习,或在测评认证考试平台布置教学任务。

四、任务结果

单击"工程量"页签下的云检查,云检查无误后进行汇总计算(或者按快捷键"F9"),弹出汇总计算对话框,选择首层下的柱,如图3.32所示。

图 3.32

汇总计算后,在"工程量"页签下,可以查看"土建计算"结果,见表 3.4;"钢筋计算"结果,见表 3.5。

表 3.4　首层框架柱清单、定额工程量

序号	编码	项目名称	单位	工程量明细	
				绘图输入	表格输入
实体项目					
1	010502001001	矩形柱 (1)混凝土种类:商品混凝土 (2)混凝土强度等级:C25	m³	0.117	
	A4-18H043104003043104004	混凝土柱矩形(碎石)换为【碎石 GD40 商品普通混凝土 C25】	10 m³	0.0117	
2	010502001002	矩形柱 (1)混凝土种类:商品混凝土 (2)混凝土强度等级:C30	m³	31.98	
	A4-18H043104003043104005	混凝土柱矩形(碎石)换为【碎石 GD40 商品普通混凝土 C30】	10 m³	3.198	
措施项目					
1	011702002001	矩形柱 模板高度:3.6 m 以内	m²	1.95	
	A17-50	矩形柱胶合板模板 钢支撑	100 m²	0.0195	
2	011702002002	矩形柱 模板高度:3.74 m	m²	246.3296	
	A17-50+A17-60×0.14	矩形柱胶合板模板 钢支撑 实际高度:3.74 m	100 m²	2.463296	

表 3.5　首层柱钢筋工程量

汇总信息	汇总信息钢筋总质量(kg)	构件名称	构件数量	HRB400
暗柱/端柱	894.676	YBZ1[1740]	2	406.232
		YBZ2[1739]	2	488.444
		合计		894.676
柱	7415.047	KZ1[1743]	4	866.608
		KZ2[1741]	4	788.248
		KZ2[1751]	2	390.206
		KZ2[14909]	1	242.765
		KZ3[1735]	6	1251.714
		KZ4[1738]	12	2764.068
		KZ5[1744]	2	532.704
		KZ6[1752]	2	532.704
		TZ1[2133]	1	46.03
		合计		7415.047

五、总结拓展

1)查改标注

框架柱的绘制主要使用"点"绘制,或者用偏移辅助"点"绘制。如果有相对轴线偏心的支柱,则可使用以下"查改标注"的方法进行偏心设置和修改,操作步骤如下:

①选中图元,单击"建模"→"柱二次编辑"→"查改标注",使用"查改标注"来修改偏心,如图 3.33 所示。

②回车依次修改绿色字体的标注信息,全部修改后用鼠标左键单击屏幕的其他位置即可,右键结束命令,如图 3.34 所示。

图 3.33

图 3.34

2)修改图元名称

如果需要修改已经绘制的图元名称,也可采用以下两种方法:

①"修改图元名称"功能。如果要把一个构件的名称替换成另一个名称,假如要把 KZ6 修改为 KZ1,可以使用"修改图元名称"功能。选中 KZ6,单击鼠标右键选择"修改图元名称",则会弹出"修改图元名称"对话框,如图 3.35 所示。将 KZ6 修改成 KZ1 即可。

②通过属性列表修改。选中图元,"属性列表"对话框中会显示图元的属性,点开下拉名称列表,选择需要的名称,如图 3.36 所示。

图 3.35

3)"构件图元名称显示"功能

柱构件绘到图上后，如果需要在图上显示图元的名称，可使用"视图"选项卡下的"显示设置"功能。在弹出如图 3.37 所示的显示设置面板中，勾选显示的图元或显示名称，方便查看和修改。

图 3.36

图 3.37

例如，显示柱子及其名称，则在柱显示图元及显示名称后面打钩，也可通过按"Z"键将柱图元显示出来，按"Shift+Z"键将柱名称显示出来。

4)柱的属性

在柱的属性中有标高的设置，包括底标高和顶标高。软件默认竖向构件是按照层底标高和层顶标高，可根据实际情况修改构件或图元的标高。

5)构件属性编辑

在对构件进行属性编辑时，属性编辑框中有两种颜色的字体：蓝色字体和黑色字体。蓝色字体显示的是构件的公有属性，黑色字体显示的是构件的私有属性，对公有属性部分进行操作，所做的改动对同层所有名称构件起作用。

问题思考

(1)在绘图界面怎样调出柱属性编辑框对图元属性进行修改?

(2)在参数化柱模型中找不到的异形柱如何定义?

(3)在柱定额子目中找不到所需要的子目,如何定义该柱构件做法?

3.2 首层剪力墙工程量计算

通过本节的学习,你将能够:

(1)掌握连梁在软件中的处理方式;

(2)定义剪力墙的属性;

(3)绘制剪力墙图元;

(4)统计本层剪力墙的阶段性工程量。

一、任务说明

①完成首层剪力墙的定义、做法套用及图元绘制。

②汇总计算,统计本层剪力墙的工程量。

二、任务分析

①剪力墙在计量时的主要尺寸有哪些?从哪个图中的什么位置能够找到?

②剪力墙的暗柱、端柱分别是如何计算钢筋工程量的?

③剪力墙的暗柱、端柱分别是如何套用清单定额的?

④当剪力墙墙中性线与轴线不重合时,该如何处理?

⑤电梯井壁剪力墙的施工措施有什么不同?

三、任务实施

1)分析图纸

(1)分析剪力墙

分析本工程图纸结施-04、结施-01 可以得到首层剪力墙的信息,见表3.6。

表3.6 剪力墙表

序号	类型	名称	混凝土型号	墙厚(mm)	标高	水平筋	竖向筋	拉筋
1	内墙	Q3	C30	200	$-0.05 \sim +3.85$	$\Phi12@150$	$\Phi14@150$	$\Phi8@450$

(2)分析连梁

连梁是剪力墙的一部分。结施-06 剪力墙上有 LL1(1),尺寸为 200 mm×1000 mm,下方有门洞,箍筋为 $\Phi10@100(2)$,上部纵筋 4 $\Phi22$,下部纵筋也是 4 $\Phi22$,侧面纵筋 G $\Phi12@200$。

2) 剪力墙清单、定额计算规则学习

（1）清单计算规则学习

剪力墙清单计算规则,见表3.7。

表 3.7　剪力墙清单计算规则

编号	项目名称	单位	计算规则
010504001	直形墙	m³	外墙按图示中心线长度,内墙按图示净长乘以墙高及墙厚以体积计算,应扣除门窗洞口及单个面积>0.3 m² 的孔洞体积,附墙柱、暗柱、暗梁及墙面凸出部分并入墙体积内计算 (1)墙高按基础顶面(或楼板上表面)算至上一层楼板上表面 (2)混凝土墙与钢筋混凝土矩形柱、T 形柱、L 形柱按照以下规则划分:以矩形柱、T 形柱、L 形柱长边(h)与短边(b)之比 $r(r=h/b)$ 为基准进行划分,当 $r \leqslant 4$ 时按柱计算;当 $r>4$ 时按墙计算
011702011	直形墙模板	m²	按模板与现浇混凝土构件的接触面积计算 墙、板模板 (1)墙高应自墙基或楼板的上表面至上层楼板底面计算 (2)计算墙模板时,不扣除梁与墙交接处的模板面积 (3)墙、板上单孔面积≤0.3 m² 的孔洞不扣除,洞侧模板也不增加,单孔面积>0.3 m² 应扣除,洞侧模板并入墙、板模板工程量计算 (4)计算板模板时,不扣除柱、墙所占面积

（2）定额计算规则学习

剪力墙定额计算规则,见表3.8。

表 3.8　剪力墙定额计算规则

编号	项目名称	单位	计算规则
A4-28	墙混凝土	10 m³	墙:外墙按图示中心线长度,内墙按图示净长乘以墙高及墙厚以立方米计算,应扣除门窗洞口及单个面积 0.3 m² 以外孔洞的体积,附墙柱、暗柱、暗梁及墙面凸出部分并入墙体积内计算 (1)墙高按基础顶面(或楼板上表面)算至上一层楼板上表面 (2)混凝土墙与钢筋混凝土矩形柱、T 形柱、L 形柱按照以下规则划分:以矩形柱、T 形柱、L 形柱长边(h)与短边(b)之比 $r(r=h/b)$ 为基准进行划分,当 $r \leqslant 4$ 时按柱计算;当 $r>4$ 时按墙计算
A17-83	直形墙 胶合板模板 钢支撑	100 m²	墙模板 (1)墙高应自墙基或楼板的上表面至上层楼板底面计算 (2)计算墙模板时,不扣除梁与墙交接处的模板面积 (3)墙、板上单孔面积在 0.3 m² 以内的孔洞不扣除,洞侧模板也不增加,单孔面积在 0.3 m² 以上应扣除,洞侧模板并入墙、板模板工程量计算 (4)计算板模板时,不扣除柱、墙所占的面积 (5)梁、板、墙模板均不扣除后浇带所占的面积
A17-87	墙支撑高度超过 3.6 m 每增加 1 m 钢支撑	100 m²	模板支撑高度>3.6 m 时,按超过部分全部面积计算工程量

3) 剪力墙属性定义

(1) 新建剪力墙

在导航树中选择"墙"→"剪力墙",在"构件列表"中单击"新建"→"内墙",如图 3.38 所示。在"属性列表"中对图元属性进行编辑,如图 3.39 所示。

图 3.38 图 3.39

(2) 新建连梁

在导航树中选择"梁"→"连梁",在"构件列表"中单击"新建"→"新建矩形连梁",如图 3.40 所示。在"属性列表"中对图元属性进行编辑,如图 3.41 所示。

图 3.40 图 3.41

4) 做法套用

①剪力墙做法套用,如图 3.42 所示。

	编码	类别	名称	项目特征	单位	工程量表达式	表达式说明	单价	综合单价	措施项目
1	⊟ 010504001	项	直形墙	1、混凝土种类:商品混凝土 2、混凝土强度等级:C30	m3	TJ	TJ<体积>			☐
2	A4-28 HD43104003 043104005	换	墙 混凝土(碎石) 换为【碎石 GD40 商品普通砼 C30】		m3	TJ	TJ<体积>	2917.78		☐
3	⊟ 011702011	项	直形墙	1、模板高度:3.74m	m²	MBMJ	MBMJ<模板面积>			☑
4	A17-83 + A17-87 * 0.14	换	直形墙 胶合板模板 钢支撑 实际高度(m):3.74		m²	MBMJ	MBMJ<模板面积>	2556.53		☑

图 3.42

②在剪力墙里连梁是归到剪力墙里的,所以连梁做法套用,如图 3.43 所示。

	编码	类别	名称	项目特征	单位	工程量表达式	表达式说明	单价	综合单价	措施项目
1	⊟ 010504001	项	直形墙	1、混凝土种类:商品混凝土 2、混凝土强度等级:C30	m3	TJ	TJ<体积>			☐
2	A4-28 HD43104003 043104005	换	墙 混凝土(碎石) 换为【碎石 GD40 商品普通砼 C30】		m3	TJ	TJ<体积>	2917.78		☐
3	⊟ 011702011	项	直形墙	1、模板高度:3.74m	m²	MBMJ	MBMJ<模板面积>			☑
4	A17-83 + A17-87 * 0.14	换	直形墙 胶合板模板 钢支撑 实际高度(m):3.74		m²	MBMJ	MBMJ<模板面积>	2556.53		☑

图 3.43

5) 画法讲解

(1)剪力墙的画法

剪力墙定义完毕后,切换到绘图界面。

①直线绘制。在导航树中选择"墙"→"剪力墙",通过"构件列表"选择要绘制的构件 Q3,依据结施-04 可知,剪力墙和暗柱都是200 mm厚,且内外边线对齐,将鼠标捕捉左下角的 YBZ1,左键单击 Q3 的起点,鼠标左键单击终点即可完成绘制。

②对齐。用直线完成 Q3 的绘制后,检查剪力墙是否与 YBZ1 和 YBZ2 对齐,假如不对齐,可采用"对齐"功能将剪力墙和 YBZ 对齐。选中 Q3,单击"对齐",左键单击需要对齐的目标线,用左键单击选择图元需要对齐的边线。完成绘制,如图 3.44 所示。

图 3.44

(2)连梁的画法

连梁定义完毕后,切换到绘图界面。采用"直线"绘制的方法绘制。

通过"构件列表"选择"梁"→"连梁"→"LL1",单击"建模"→"直线",依据结施-05 可知,连梁和剪力墙都是 200 mm 厚,且内外边线对齐,用鼠标捕捉剪力墙的一个端点,再捕捉剪力墙的另一个端点即可。

四、任务结果

绘制完成后,单击工程量选项卡下的"汇总计算",进行汇总计算工程量,或者按"F9"进行汇总计算。再选择查看报表,单击"设置报表范围",选择首层剪力墙、暗柱和连梁,单击"确定"按钮,首层剪力墙清单、定额工程量见表3.9。

表3.9　首层剪力墙清单、定额工程量

序号	编码	项目名称	单位	工程量明细	
				绘图输入	表格输入
实体项目					
1	010504001001	直形墙 (1)混凝土种类:商品混凝土 (2)混凝土强度等级:C30	m³	6.848	
	A4-28H043104003043104005	墙混凝土(碎石)换为【碎石GD40商品普通混凝土C30】	10 m³	0.6848	
措施项目					
1	011702011001	直形墙 模板高度:3.74m	m²	70.388	
	A17-83+A17-87*0.14	直形墙胶合板模板 钢支撑 实际高度:3.74 m	100 m²	0.70388	

首层剪力墙钢筋工程量见表3.10。

表3.10　首层剪力墙钢筋

楼层名称	构件类型	钢筋总质量(kg)	HPB300	HRB400					
			6	8	10	12	14	20	22
首层	暗柱/端柱	894.676			393.76			500.916	
	剪力墙	673.808		10.058		390.15	273.6		
	连梁	113.087	1.044		16.577	23.49			71.976
	合计	1820.427	1.044	41.432	449.329	482.13	273.6	500.916	71.976

五、总结拓展

对"属性编辑框"中的"附加"进行勾选,方便用户对所定义的构件进行查看和区分。

问题思考

(1)剪力墙为什么要区分内、外墙定义?

(2)电梯井壁墙的内侧模板是否存在超高?

(3)电梯井壁墙的内侧模板和外侧模板是否套用同一定额?

3.3 首层梁工程量计算

通过本节的学习,你将能够:

(1)依据定额和清单确定梁的分类和工程量计算规则;

(2)依据平法、定额和清单确定梁的钢筋类型及工程量计算规则;

(3)定义梁的属性,进行正确的做法套用;

(4)绘制梁图元,正确对梁进行二次编辑;

(5)统计梁工程量。

一、任务说明

①完成首层梁的属性定义、做法套用及图元绘制。

②汇总计算,统计本层梁的钢筋及土建工程量。

二、任务分析

①梁在计量时的主要尺寸有哪些? 可以从哪个图中的什么位置能找到? 有多少种梁?

②梁是如何套用清单定额的? 软件中如何处理变截面梁?

③梁的标高如何调整? 起点顶标高和终点顶标高不同会有什么结果?

④绘制梁时如何使用"Shift+左键"实现精确定位?

⑤各种不同名称的梁如何能快速套用做法?

⑥参照 16G101—1 第 84-97 页,分别分析框架梁、非框架梁、屋框梁、悬臂梁纵筋及箍筋的配筋构造。

⑦按图集构造分别列出各种梁中各种钢筋的计算公式。

三、任务实施

1)分析图纸

①分析结施-06,从左至右、从上至下,本层有框架梁和非框架梁两种。

②框架梁 KL1~KL10b,非框架梁 L1,主要信息见表 3.11。

表 3.11 梁表

序号	类型	名称	混凝土强度等级	截面尺寸(mm)	顶标高	备注
1	框架梁	KL1(1)	C30	250×500	层顶标高	钢筋信息参考结施-06
		KL2(2)	C30	300×500	层顶标高	
		KL3(3)	C30	250×500	层顶标高	
		KL4(1)	C30	300×600	层顶标高	
		KL5(3)	C30	300×500	层顶标高	
		KL6(7)	C30	300×500	层顶标高	

序号	类型	名称	混凝土强度等级	截面尺寸(mm)	顶标高	备注
1	框架梁	KL7(3)	C30	300×500	层顶标高	钢筋信息参考结施-06
		KL8(1)	C30	300×600	层顶标高	
		KL9(3)	C30	300×600	层顶标高	
		KL10(3)	C30	300×600	层顶标高	
		KL10A(3)	C30	300×600	层顶标高	
		KL10b(1)	C30	300×600	层顶标高	
2	非框架梁	L1(1)	C30	300×550	层顶标高	

2)现浇混凝土梁基础知识学习

(1)清单计算规则学习

梁清单计算规则见表3.12。

表3.12 梁清单计算规则

编号	项目名称	单位	计算规则
010503002	矩形梁	m^3	按设计图示断面面积乘以梁长以体积计算 (1)梁长规定:梁与柱连接时,梁长算至柱侧面;主梁与次梁连接时,次梁长算至主梁侧面 (2)伸入砌体内的梁头、梁垫并入梁体积内计算;伸入混凝土墙内的梁部分体积并入墙计算
011702006	矩形梁模板	m^2	按模板与现浇混凝土构件的接触面积计算 (1)梁长确定:梁与柱连接时,梁长算至柱侧面;主梁与次梁连接时,次梁长算至主梁侧面 (2)计算梁模板时,不扣除梁与梁交接处的模板面积
010505001	有梁板	m^3	按设计图示尺寸以体积计算,不扣除单个面积≤0.3 m^2 的柱、垛以及孔洞所占体积 有梁板(包括主、次梁与板)按梁、板体积之和计算,无梁板按板和柱帽体积之和计算,各类板伸入墙内的板头并入板体积内,薄壳板的肋、基梁并入薄壳体积内计算
011702014	有梁板模板	m^2	按模板与现浇混凝土构件的接触面积计算 梁模板 (1)梁长确定:梁与柱连接时,梁长算至柱侧面;主梁与次梁连接时,次梁长算至主梁侧面 (2)计算梁模板时,不扣除梁与梁交接处的模板面积

(2)定额计算规则学习

梁定额计算规则见表3.13。

表 3.13 梁定额计算规则

编号	项目名称	单位	计算规则
A4-22	混凝土单梁、连续梁	10 m³	现浇混凝土浇捣工程量除另有规定外,均按设计图示尺寸实体体积以立方米计算,不扣除构件内钢筋、预埋铁件及墙、板中单个面积 0.3 m² 以内的孔洞所占体积 梁:按设计图示断面面积乘以梁长以立方米计算 ①梁长按下列规定确定:梁与柱连接时,梁长算至柱侧面;主梁与次梁连接时,次梁长算至主梁侧面 ②伸入砌体内的梁头、梁垫并入梁体积内计算;伸入混凝土墙内的梁部分体积并入墙计算 ③挑檐、天沟与梁连接时,以梁外边线为分界线 ④悬臂梁、挑梁嵌入墙内部分按圈梁计算 ⑤圈梁通过门窗洞口时,门窗洞口宽加 500 mm 的长度作过梁计算,其余作圈梁计算 ⑥卫生间四周坑壁采用素混凝土时,套圈梁定额
A17-66	单梁 连续梁 框架梁 胶合板模板 钢支撑	100 m²	现浇混凝土模板工程量,除另有规定外,应区分不同材质,按混凝土与模板接触面积以平方米计算 梁模板: ①梁长按下列规定确定:梁与柱连接时,梁长算至柱侧面;主梁与次梁连接时,次梁长算至主梁侧面 ②计算梁模板时,不扣除梁与梁交接处的模板面积 ③梁高大模板的钢支撑工程量按经评审的施工专项方案搭设面积乘以支模高度(楼地面至板底高度)以立方米计算,如无经评审的施工专项方案,搭设面积则按梁宽加 600 mm 乘以梁长度计算
A17-80	梁支撑高度超过 3.6 m 每增加 1 m 钢支撑	100 m²	模板支撑高度在 3.6 m 以上时,超过的部分,按每超过 1 m 增加定额子目,并计算该部分的工程量
A4-31	混凝土 有梁板	10 m³	按图示面积乘以板厚以立方米计算 有梁板包括主、次梁与板,按梁、板体积之和计算
A17-91	有梁板 胶合板模板 钢支撑	100 m²	现浇混凝土模板工程量,除另有规定外,应区分不同材质,按混凝土与模板接触面积以平方米计算 有梁板模板: ①板上单孔面积在 0.3 m² 以内的孔洞不扣除,洞侧模板也不增加,单孔面积在 0.3 m² 以上应扣除,洞侧模板并入墙、板模板工程量计算 ②计算板模板时,不扣除柱、墙所占的面积 ③梁、板、墙模板均不扣除后浇带所占的面积 ④有梁板高大模板的钢支撑工程量按搭设面积乘以支模高度(楼地面至板底高度)以立方米计算,不扣除梁柱所占的体积
A17-105	板支撑超过 3.6 m 每增加 1 m 钢支撑	100 m²	模板支撑高度在 3.6 m 以上时,超过的部分,按每超过 1 m 增加定额子目,并计算该部分的工程量

(3)梁平法知识

梁类型有楼层框架梁、屋面框架梁、框支梁、非框架梁、悬挑梁等。梁平面布置图上采用平面注写方式或截面注写方式表达。

①平面注写:在梁平面布置图上,分别在不同编号的梁中各选一根梁,在其上注写截面尺寸和配筋具体数值的方式来表达梁平法施工图,如图3.45所示。平面注写包括集中标注与原位标注,集中标注表达梁的通用数值,原位标注表达梁的特殊数值。当集中标注中的某项数值不适用于梁的某部位时,则将该项数值原位标注。施工时,原位标注取值优先。

图 3.45

②截面注写:在分标准层绘制的梁平面布置图上,分别在不同编号的梁中各选择一根梁用剖面号引出配筋图,并在其上注写截面尺寸和配筋具体数值来表达梁平法施工图,如图3.46所示。

15.870~26.670梁平法施工图(局部)

图 3.46

③框架梁钢筋类型及软件输入方式:以上/下部通长筋为例,侧面钢筋、箍筋、拉筋为例,见表3.14。

表 3.14 框架梁钢筋类型及软件输入方式

钢筋类型	输入格式	说明
上部通长筋	2Φ22	数量+级别+直径,有不同的钢筋信息用"+"连接,注写时将角部纵筋写在前面
	2Φ25+2Φ22	
	4Φ20 2/2	当存在多排钢筋时,使用"/"将各排钢筋自上而下分开
	2Φ20/2Φ22	
	1-2Φ25	图号-数量+级别+直径,图号为悬挑梁弯起钢筋图号
	2Φ25+(2Φ22)	当有架立筋时,架立筋信息输在加号后面的括号中
下部通长筋	2Φ22	数量+级别+直径,有不同的钢筋信息用"+"连接
	2Φ25+2Φ22	
	4Φ20 2/2	当存在多排钢筋时,使用"/"将各排钢筋自上而下分开
	2Φ20/2Φ22	
侧面钢筋(总配筋值)	G42Φ16 或 N42Φ16	梁两侧侧面筋的总配筋值
	GΦ16@100 或 NΦ16@100	
箍筋	20Φ8(4)	数量+级别+直径+肢数,肢数不输入时按肢数属性中的数据计算
	Φ8@100(4)	级别+直径+@+间距+肢数,加密区间距和非加密区间距用"/"分开,加密区间距在前,非加密区间距在后
	Φ8@100/200(4)	
	13Φ8@100/200(4)	此种输入格式主要用于指定梁两端加密箍筋数量的设计方式。"/"前面表示加密区间距,后面表示非加密区间距。当箍筋肢数不同时,需要在间距后面分别输入相应的肢数
	9Φ8@100/12Φ12@150/Φ16@200(4)	此种输入格式表示从梁两端到跨内,按输入的间距、数量依次计算。当箍筋肢数不同时,需要在间距后面分别输入相应的肢数
	10Φ10@100(4)/Φ8@200(2)	此种输入格式主要用于加密区和非加密区箍筋信息不同时的设计方式。"/"前面表示加密区间距,后面表示非加密区间距
	Φ10@100(2)[2500];Φ12@100(2)[2500]	此种输入格式主要用于同一跨梁内不同范围存在不同箍筋信息的设计方式
拉筋	Φ16	级别+直径,不输入间距按照非加密区箍筋间距的2倍计算
	4Φ16	排数+级别+直径,不输入排数按照侧面纵筋的排数计算
	Φ16@100 或 Φ16@100/200	级别+直径+@+间距,加密区间距和非加密区间距用"/"分开,加密区间距在前,非加密区间距在后
支座负筋	4Φ16 或 2Φ22+2Φ25	数量+级别+直径,有不同的钢筋信息用"+"连接
	4Φ16 2/2 或 4Φ14/3Φ18	当存在多排钢筋时,使用"/"将各排钢筋自上而下分开
	4Φ16+2500	数量+级别+直径+长度,长度表示支座筋伸入跨内的长度。此种输入格式主要用于支座筋指定伸入跨内长度的设计方式
	4Φ16 2/2+1500/2000	数量+级别+直径+数量/数量+长度/长度。该输入格式表示:第一排支座筋 2Φ16,伸入跨内 1500,第二排支座筋 2Φ16 伸入跨内 2000

钢筋类型	输入格式	说明
跨中筋	4Φ16 或 2Φ22+2Φ25	数量+级别+直径,有不同的钢筋信息用"+"连接
	4Φ16 2/2 或 4Φ14/3Φ18	当存在多排钢筋时,使用"/"将各排钢筋自上而下分开
	4Φ16+(2Φ18)	当有架立筋时,架立筋信息输在加号后面的括号中
	2-4Φ16	图号-数量+级别+直径,图号为悬挑梁弯起钢筋图号
下部钢筋	4Φ16 或 2Φ22+2Φ25	数量+级别+直径,有不同的钢筋信息用"+"连接
	4Φ16 2/2 或 6Φ14(-2)/4	当存在多排钢筋时,使用"/"将各排钢筋自上而下分开。当有下部钢筋不全部伸入支座时,将不伸入的数量用(-数量)的形式表示
次梁加筋	4	数量,表示次梁两侧共增加的箍筋数量,箍筋的信息和长度与梁一致
	4Φ16(2)	数量+级别+直径+肢数,肢数不输入时按照梁的箍筋肢数处理
	4Φ16(2)/3Φ18(4)	数量+级别+直径+肢数/数量+级别+直径+肢数,不同位置的次梁加筋可以使用"/"隔开
吊筋	4Φ16 或 4Φ14/3Φ18	数量+级别+直径,不同位置的次梁吊筋信息可以使用"/"隔开
加腋钢筋	4Φ16 或 4Φ14+3Φ18	数量+级别+直径,有不同的钢筋信息用"+"连接
	4Φ16 2/2 或 4Φ14/3Φ18	当存在多排钢筋时,使用"/"将各排钢筋自上而下分开
	4Φ16	数量+级别+直径;数量+级别+直径,左右端加腋钢筋信息不同时用";"隔开。没有分号隔开时,表示左右端配筋相同

3)梁的属性定义

(1)框架梁

在导航树中单击"梁"→"梁",在"构件列表"中单击"新建"→"新建矩形梁",新建矩形梁 KL6(7),根据 KL6(7)结施-06,在图纸中的标注信息,在"属性列表"中输入相应的属性值,如图 3.47 所示。

图 3.47

【注意】

名称:根据图纸输入构件的名称 KL6(7),该名称在当前楼层的当前构件类型下唯一。

结构类别:结构类别会根据构件名称中的字母自动生成,也可根据实际情况进行选择,梁的类别下拉框选项中有 7 类,按照实际情况,此处选择"楼层框架梁",如图 3.48 所示。

图 3.48

跨数量:梁的跨数量,直接输入。没有输入的情况时,提取梁跨后会自动读取。

截面宽度(mm):梁的宽度,KL6(7)的梁宽为 300,在此输入 300。

截面高度(mm):梁的截面高度,KL6(7)的梁高为 500,在此输入 500。

轴线距梁左边线距离:按默认即可。

箍筋:KL6(7)的箍筋信息为 Φ 10@ 100/200(2)。

肢数:通过单击 3 点按钮选择肢数类型,KL6(7)为 2 肢箍。

上部通长筋:根据图纸集中标注,KL6(7)的上部通长筋为 2 Φ 25。

下部通长筋:根据图纸集中标注,KL6(7)无下部通长筋。

侧面构造或受到扭筋(总配筋值):格式(G 或 N)数量+级别+直径,其中 G 表示构造钢筋,N 表示抗扭钢筋,根据图纸集中标注,KL6(7)有构造钢筋 2 根+三级钢+12 的直径(G2 Φ 12)。

拉筋:当有侧面纵筋时,软件按"计算设置"中的设置自动计算拉筋信息。当构件需要特殊处理时,可根据实际情况输入。

定额类别:可选择有梁板或非有梁板,该工程中框架梁大部分按有梁板进行定额类别的确定。

材质:有自拌混凝土、商品混凝土和预制混凝土 3 种类型,根据工程实际情况选择,该工程选用"商品混凝土"。

混凝土类型:当前构件的混凝土类型,可根据实际情况进行调整。这里的默认取值与楼层设置里的混凝土类型一致。

混凝土强度等级:混凝土的抗压强度。默认取值与楼层设置里的混凝土强度等级一致,根据图纸,框架梁的混凝土强度等级为 C30。

起点顶标高:在绘制梁的过程中,鼠标起点处梁的顶面标高,该 KL6(7)的起点顶标高为层顶标高。

终点顶标高:在绘制梁的过程中,鼠标终点处梁的顶面标高,该 KL6(7)的起点顶标高为层顶标高。

备注:该属性值只是个标识,对计算起任何作用。

钢筋业务属性:如图 3.49 所示。

其他钢筋:除了当前构件中已经输入的钢筋外,还有需要计算的钢筋,则可通过其他钢筋来输入。

其他箍筋:除了当前构件中已经输入的箍筋外,还有需要计算的箍筋,则可通过其他箍筋来输入。

图 3.49

保护层厚度:软件自动读取楼层设置中框架梁的保护层厚度为 20 mm,如果当前构件需要特殊处理,则可根据实际情况进行输入。

(2)非框架梁

非框架梁的属性定义同上面的框架梁,对于非框架梁,在定义时,需要在属性的"结构类别"中选择相应的类别,如"非框架梁",其他属性与框架梁的输入方式一致,如图 3.50 所示。

	属性列表		
	属性名称	属性值	附加
1	名称	L1(1)	
2	结构类别	非框架梁	☐
3	跨数量	1	☐
4	截面宽度(mm)	300	☐
5	截面高度(mm)	550	☐
6	轴线距梁左边...	(150)	☐
7	箍筋	Φ8@200(2)	☐
8	胶数	2	
9	上部通长筋	2Φ22	☐
10	下部通长筋		☐
11	侧面构造或受...	G2Φ12	☐
12	拉筋	(Φ6)	☐
13	定额类别	有梁板	☐
14	材质	现浇混凝土	☐
15	混凝土类型	(砾石 GD40 细...	☐
16	混凝土强度等级	(C30)	☐
17	混凝土外加剂	(无)	
18	泵送类型	(混凝土泵)	
19	泵送高度(m)		
20	截面周长(m)	1.7	☐
21	截面面积(m²)	0.165	☐
22	起点顶标高(m)	层顶标高	☐
23	终点顶标高(m)	层顶标高	☐
24	备注		☐
25	⊞ 钢筋业务属性		
35	⊞ 土建业务属性		
42	⊞ 显示样式		

图 3.50

4) 梁的做法套用

梁构件定义好后,需要进行做法套用操作,打开"定义"界面,选择"构件做法",单击"添加清单",添加混凝土有梁板清单项 010505001 和有梁板模板清单 011702014;在混凝土有梁板下添加定额 AE0073、AE0117,在有梁板模板下添加定额 AE0157、AE0174;单击项目特征,根据工程实际情况将项目特征填写完整。

①框架梁 KL6 的做法套用如图 3.51 所示。

	编码	类别	名称	项目特征	单位	工程量表达式	表达式说明	单价	综合单价	措施项目
1	⊟ 010505001	项	有梁板	1、混凝土种类:商品混凝土 2、混凝土强度等级:C30	m3	TJ	TJ〈体积〉			☐
2	A4-31 H043104003 043104005	换	混凝土 有梁板(碎石) 换为【碎石 GD40商品普通砼 C30】		m3	TJ	TJ〈体积〉	2985.62		☐
3	⊟ 011702014	项	有梁板	1、模板高度:3.74m	m²	MBMJ	MBMJ〈模板面积〉			☑
4	A17-91 + A17-105 * 0.14	换	有梁板 胶合板模板 钢支撑 实际高度(m):3.74		m²	MBMJ	MBMJ〈模板面积〉	3593.68		☑

图 3.51

②非框架梁 L1 的做法套用如图 3.52 所示。

	编码	类别	名称	项目特征	单位	工程量表达式	表达式说明	单价	综合单价	措施项目
1	⊟ 010505001	项	有梁板	1、混凝土种类:商品混凝土 2、混凝土强度等级:C30	m3	TJ	TJ〈体积〉			☐
2	A4-31 H043104003 043104005	换	混凝土 有梁板(碎石) 换为【碎石 GD40商品普通砼 C30】		m3	TJ	TJ〈体积〉	2985.62		☐
3	⊟ 011702014	项	有梁板	1、模板高度:3.74m	m²	MBMJ	MBMJ〈模板面积〉			☑
4	A17-91 + A17-105 * 0.14	换	有梁板 胶合板模板 钢支撑 实际高度(m):3.74		m²	MBMJ	MBMJ〈模板面积〉	3593.68		☑

图 3.52

5) 梁画法讲解

梁在绘制时,要先绘制主梁后再绘制次梁。通常,画梁时按先上后下、先左后右的方向来绘制,以保证所有的梁都能够绘制完全。

（1）直线绘制

梁为线状构件，直线形的梁采用"直线"绘制的方法比较简单，如 KL6。在绘图界面，单击"直线"，单击梁的起点①轴与①轴的交点，单击梁的终点⑧轴与①轴的交点即可，如图 3.53 所示。1 号办公楼中 KL2～KL10b、非框架梁 L1 都可采用直线绘制。

图 3.53

图 3.54

（2）弧形绘制

在绘制③～④轴与Ⓐ～Ⓐ轴间的 KL1(1)时，先从③轴与Ⓐ轴交点出发，绘制一段 3500 mm 的直线，再切换成"起点圆心终点弧"模式，如图 3.54 所示，捕捉圆心，再捕捉终点，完成 KL1 弧形段的绘制。

弧形段也可以采用两点小弧的方法进行绘制，如果能准确确定弧上的 3 个点，还可以采用三点画弧的方式绘制。

选中画好的 KL1 弧段，用鼠标单击右键弹出右键菜单，单击"偏移"，移动鼠标到图纸要求的方向，填写偏移值"125"，回车。KL1 弧段就偏移到图纸要求的位置。

用同样方法偏移 KL1 直线部分。

偏移完 KL1 的弧线段和直线段后，选中 KL1 弧线段和直线段，用鼠标右键单击，选择"合并"，KL1 便合并成一根梁了。

（3）梁柱对齐

在绘制 KL6 时，对于①轴上①～⑧轴间的 KL6，其中心线不在轴线上，但由于 KL6 与两端框架柱一侧平齐，因此，除了采用"Shift+左键"的方法偏移绘制之外，还可使用"对齐"功能。

①在轴线上绘制 KL6(7)，绘制完成后，选择建模页签下"修改"面板中的"对齐"命令，如图 3.55 所示。

图 3.55

②根据提示,先选择柱上侧的边线,再选择梁上侧的边线,对齐成功后如图 3.56 所示。

图 3.56

(4)偏移绘制

对于有些梁,如果端点不在轴线的交点或其他捕捉点上,可采用偏移绘制的方法也就是采用"Shift+左键"的方法捕捉轴线以外的点来绘制。例如,绘制 L1,两个端点分别为:①轴与④轴交点偏移 X=2300+200,Y=-3250-150。①轴与⑤轴交点偏移 X=0,Y=-3250-150。

将鼠标放在①轴和④轴的交点处,同时按下"Shift"键和鼠标左键,在弹出的"输入偏移值"对话框中输入相应的数值,单击"确定"按钮,这样就选定了第一个端点。采用同样的方法,确定第二个端点来绘制 L1。

(5)镜像绘制梁图元

①~④轴上布置的 KL7~KL9 与⑤~⑧轴上的 KL7~KL9 是对称的,因此,可采用"镜像"绘制此图元。点选镜像图元,单击右键选择"镜像",单击对称点一,再单击对称点二,在弹出的对话框中选择"否"即可。

6)梁的二次编辑

梁绘制完毕后,只是对梁集中标注的信息进行了输入,还需进行原位标注的输入。由于梁是以柱和墙为支座的,提取梁跨和原位标注之前,需要绘制好所有的支座。图中梁显示为粉色时,表示还没有进行梁跨提取和原位标注的输入,也不能正确地对梁钢筋进行计算。

对于没有原位标注的梁,可通过重提梁跨来把梁的颜色变为绿色。如图 3.57 所示。对于有原位标注的梁,可通过输入原位标注来把梁的颜色变为绿色。软件中用粉色和绿色对梁进行区别,目的是提醒哪些梁已经进行了原位标注的输入,便于检查,防止出现忘记输入原位标注,影响计算结果的情况。

图 3.57

(1)原位标注

梁的原位标注主要有支座钢筋、跨中筋、下部钢筋、架立钢筋和次梁筋,另外,变截面也需要在原位标注中输入。下面以⑧轴的 KL4 为例,介绍梁的原位标注输入。

①在"梁二次编辑"面板中选择"原位标注"。

②选择要输入原位标注的 KL4,绘图区显示原位标注的输入框,下方显示平法表格。

③对应输入钢筋信息,有两种方式:

一是在绘图区域显示的原位标注输入框中进行输入,比较直观,如图 3.58 所示。

图 3.58

二是在"梁平法表格"中输入,如图 3.59 所示。

梁平法表格

复制跨数据 粘贴跨数据 输入当前列数据 删除当前列数据 页面设置 调换起始跨 悬臂钢筋代号

位置	名称	跨号	标高		构件尺寸(mm)							上通长筋	上部钢筋			下
			起点标高	终点标高	A1	A2	A3	A4	跨长	截面(B*H)	距左边线距离		左支座钢筋	跨中钢	右支座钢筋	下通长筋
1	<4+50,...	KL4(1)	1	3.85	3.85	(300)	(200)	(250)	(250)	(7150)	(300*600)	(150)	2⹁22	5⹁22 3/2		5⹁22 3/2	

图 3.59

绘图区域输入:按照图纸标注中 KL4 的原位标注信息输入;"1 跨左支座筋"输入"5 ⹁ 22 3/2",按"Enter"键确定;跳到"1 跨跨中筋",此处没有原位标注信息,不用输入,可以直接再次按"Enter"键,跳到下一个输入框,或者用鼠标选择下一个需要输入的位置。例如,选择"1 跨右支座筋"输入框,输入"5 ⹁ 22 3/2",按"Enter"键,跳到"下部钢筋",输入"4 ⹁ 25"。

【注意】

输入后按"Enter"键跳转的方式,软件默认的跳转顺序是左支座钢筋、跨中钢筋、右支座钢筋、下部筋,然后下一跨的左支座钢筋、跨中钢筋、右支座钢筋、下部筋。如果想要自己确定输入的顺序,可用鼠标选择需要输入的位置,每次输入之后,需要按"Enter"键,或单击其他方框确定。

【说明】

上面介绍时,采用的是按照不同的原位标注类别逐一讲解的顺序。在实际工程绘制中,可以针对第一跨进行各类原位标注信息的输入,然后再输入下一跨;也可按照不同的钢筋类型,先输入上下部钢筋信息,再输入侧面钢筋信息等。在表格中就表现为可以按行逐个输入,也可以按列逐个输入。

另外,梁的原位标注表格中还有每一跨的箍筋信息的输入,默认取构件属性的信息,如果某些跨存在不同的箍筋信息,就可以在原位标注中对应的跨中输入;存在有加腋筋也在梁平法表格中输入。

采用同样的方法,可对其他位置的梁进行原位标注的输入。

(2)重提梁跨

当你遇到以下问题时,可使用"重提梁跨"功能:

①原位标注计算梁的钢筋需要重提梁跨,软件在提取了梁跨后才能识别梁的跨数、梁支座并进行计算。

②由于图纸变更或编辑梁支座信息,导致梁支座减少或增加,影响了梁跨数量,使用"重提梁跨"可以重新提取梁跨信息。

重提梁跨的操作步骤如下:

第一步,在"梁二次编辑"分组中选择"重提梁跨",如图 3.60 所示。

图 3.60

第二步,在绘图区域选择梁图元,在出现如图 3.61 所示的提示信息,单击"确定"按钮即可。

（3）设置支座

如果存在梁跨数与集中标注中不符的情况,则可使用此功能进行支座的设置工作。操作步骤如下:

第一步,在"梁二次编辑"分组中选择"设置支座",如图 3.62 所示。

图 3.61

图 3.62

第二步,用鼠标左键选择需要设置支座的梁,如 KL3,如图 3.63 所示。

图 3.63

第三步,用鼠标左键选择或框选作为支座的图元,单击鼠标右键确认,如图 3.64 所示。

图 3.64

第四步,当支座设置错误时,还可采用"删除支座"的功能进行删除,如图 3.65 所示。

（4）梁标注的快速复制功能

分析结施-06,可以发现图中存在很多同名的梁（如 KL1,KL2,KL5,KL7,KL8,KL9 等）,都在多个地方存在相同的梁跨原位标注。这时,不需要对每道梁都进行原位标注,直接使用软件提供的几个复制功能,即可快速对梁进行原位标注。

①梁跨数据复制。工程中不同名称的梁,梁跨的原位标注信息相同,或同一道梁不同跨的原位标注信息相同,通过该功能可以将当前选中的梁跨数据复制到目标梁跨上。复制内容主要是钢筋信息。例如 KL3,其③～④轴的原位标注与⑤～⑥轴完全一致,这时可使用梁跨数据复制功能,将③～④轴跨的原位标注复制到⑤～⑥轴中。

第一步,在"梁二次编辑"分组中选择"梁跨数据复制",如图 3.66 所示。

图 3.65

图 3.66

第二步,在绘图区域选择需要复制的梁跨,单击右键结束选择,需要复制的梁跨选中后显示为红色,如图 3.67 所示。

图 3.67

第三步,在绘图区域选择目标梁跨,选中的梁跨显示为黄色,单击右键完成操作,如图 3.68 所示。

图 3.68

②应用到同名梁。当遇到以下情况时,可使用"应用到同名梁"功能。

如果图纸中存在多个同名称的梁,且原位标注信息完全一致时,就可采用"应用到同名梁"功能来快速地实现原位标注的输入。如结施-06 中,有 4 道 KL8,只需对一道 KL8 进行原位标注,运用"应用到同名梁"功能,实现快速标注。

第一步,在"梁二次编辑"面板中选择"应用到同名梁",如图 3.69 所示。

图 3.69

第二步,选择应用方法,软件提供了 3 种选择,根据实际情况选用即可。包括同名称未提取跨梁、同名称已提取跨梁、所有同名称梁,如图 3.70 所示。单击"查看应用规则",可查看应用同名梁的规则。

○ 同名称未提取跨梁　○ 同名称已提取跨梁　● 所有同名称梁　查看应用规则

图 3.70

同名称未提取跨梁:未识别的梁为浅红色,这些梁没有识别跨长和支座等信息。

同名称已提取跨梁:已识别的梁为绿色,这些梁已经识别了跨长和支座信息,但是原位标注没有输入。

所有同名称梁:不考虑梁是否已经识别。

【注意】
　　未提取梁跨的梁,图元不能捕捉。

第三步,用左键在绘图区域选择梁图元,单击右键确定,完成操作,则软件弹出应用成功的提示,在此可看到有几道梁应用成功。

第四步,应用到同名梁后,要注意检查被应用到梁的原位标是否正确。例如 KL5,使用"应用到同名梁"后不是镜像原位标。

(5)梁的吊筋和次梁加筋

在做实际工程时,吊筋和次梁加筋的布置方式一般都是在结构设计总说明中集中说明的,此时需要批量布置吊筋和次梁加筋。

《1 号办公楼施工图(含土建和安装)》工程在结构设计总说明中的钢筋混凝土梁第三条表示次梁吊筋在梁配筋图中表示。在结施-05~08 的说明中也对次梁加筋进行了说明。

而首层梁配筋图,并没有吊筋。按"结构设计总说明"中的钢筋混凝土梁第 3 款,说明了在主次梁相交处,均在次梁两侧各设 3 组箍筋,且注明了箍筋肢数、直径同梁箍筋,间距为 50 mm,所以需设置次梁加筋。

①选择工程设置下,"钢筋设置"中的"计算设置",如图 3.71 所示。

图 3.71

②在"计算设置"的"框架梁"部分第二十六条:次梁两侧共增加箍筋数量,根据设计说明,两侧各设 3 组,共 6 组,则在此输入"6"即可,如图 3.72 所示。

计算规则	节点设置	箍筋设置	搭接设置	箍筋公式	

柱/墙柱　剪力墙　人防门框墙　连梁　框架梁　非框架梁　板　基础　基础主梁/承台梁　基础次梁　砌体结构　其他

	类型名称	设置值
16	下部通长筋遇支座做法	遇支座连续通过
17	下部纵筋遇加腋做法	锚入加腋
18	⊟ 侧面钢筋/吊筋	
19	侧面构造筋的锚固长度	15*d
20	侧面构造筋的搭接长度	15*d
21	梁侧面原位标注筋做法	遇支座断开
22	侧面通长筋遇支座做法	遇支座连续通过
23	吊筋锚固长度	20*d
24	吊筋弯折角度	按规范计算
25	⊟ 箍筋/拉筋	
26	次梁两侧共增加箍筋数量	6
27	起始箍筋距支座边的距离	50
28	抗震KL、WKL端支座为梁时,则在该支座一侧箍筋加密	否
29	框架梁箍筋加密长度	按规范计算
30	框架扁梁箍筋加密长度	max(b+hb,lae,C)
31	框支梁箍筋加密长度	max(0.2*Ln,1.5*hb)
32	框架梁箍筋、拉筋加密区根数计算方式	向上取整+1
33	框架梁箍筋、拉筋非加密区根数计算方式	向上取整-1
34	箍筋弯勾角度	135°
35	加腋梁箍筋加密起始位置	加腋端部
36	拉筋配置	按规范计算
37	⊟ 悬挑端	
38	悬挑跨上部第一排纵筋伸至悬挑跨端部的弯折长度	12*d
39	悬挑跨上部第二排钢筋伸入跨内的长度	0.75*L
40	悬挑跨下部钢筋锚入支座的长度	按规范计算
41	悬挑端第二排钢筋按弯起钢筋计算	是

输入格式:具体整数或数量 + 级别 + 直径(肢数),肢数为空默认与箍筋肢数相同。

导入规则　导出规则　恢复默认值

图 3.72

【说明】

①如果工程中有吊筋,则在"梁二次编辑"中单击"生成吊筋",如图 3.73 所示。次梁加筋也可以通过该功能实现。

②在弹出的"生成吊筋"对话框中,根据图纸输入次梁加筋的钢筋信息,如图 3.74 所示。

③设置完成后,单击"确定"按钮,然后在图中选择要生成次梁加筋的主梁和次梁,单击右键确定,即可完成吊筋的生成。

图 3.73   图 3.74

【注意】

①必须进行提取梁跨后,才能使用此功能自动生成;运用此功能同样可以整楼生成。

②楼梯连接梁与框梁 KL6 和 L1 相交处,二层梯柱与首层 KL6 相交处均有次梁加筋。

四、任务结果

1)查看钢筋工程量计算结果

前面的部分没有涉及构件图元钢筋计算结果的查看,主要是因为竖向的构件在上下层没有绘制时,无法正确计算搭接和锚固,对于梁这类水平构件,本层相关图元绘制完毕,就可以正确地计算筋量,并可以查看计算结果。

首先,选择"工程量"选项卡下的"汇总计算",选择要计算的层进行钢量的计算,然后就可以选择已经计算过的构件进行计算结果的查看。

①通过"编辑钢筋"查看每根钢筋的详细信息:选择"钢筋计算结果"面板下的"编辑钢筋",下面还是以 KL4 为例进行说明。

钢筋显示顺序为按跨逐个显示,如图 3.75 所示的第一的计算结果中,"筋号"对应到具体钢筋;"图号"是软件对每一种钢筋形状的编号。"计算公式"和"公式描述"是对每根钢筋的计算过程进行的描述,方便查量和对量;"搭接"是指单根钢筋超过定尺长度之后所需要的接长度和接头个数。

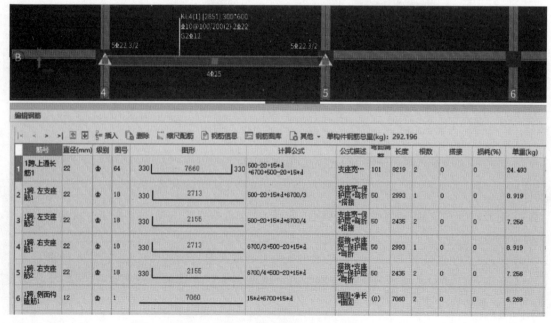

图 3.75

"编辑钢筋"的列表还可以进行编辑,可根据需要对钢筋的信息进行修改,然后锁定该构件。

②通过"查看钢筋量"来查看计算结果:选择钢筋量菜单下的"查看钢筋量",或者在工具条中选择"查看钢筋量"命令,拉框选择或者点选需要查看的图元。软件可以一次性显示多个图元的计算结果,如图3.76所示。

图 3.76

图中显示构件的钢筋量,可按不同的钢筋类别和直径列出,并可对选择的多个图元的钢筋量进行合计。

首层所有梁的钢筋工程量统计可单击"查看报表",见表3.15(见报表中《楼层构件统计校对表》)。

表 3.15 梁

汇总信息	汇总信息钢筋总质量(kg)	构件名称	构件数量	HPB300	HRB400
		楼层名称:首层(绘图输入)		77.696	12471.207
梁	12548.903	KL1(1)[2841]	1	1.8	346.212
		KL1(1)[2844]	1	1.8	346.21
		KL10(3)[2845]	1	3.842	648.972
		KL10a(3)[2846]	1	2.26	340.36
		KL10b(1)[2847]	1	1.017	132.923
		KL2(2)[2849]	2	5.198	771.13
		KL3(3)[2850]	1	4.8	632.909
		KL4(1)[2851]	1	2.034	290.162
		KL5(3)[2853]	4	17.176	2613.728
		KL6(7)[2856]	1	10.622	1634.046
		KL7(3)[2857]	2	9.04	1322.938
		KL8(1)[2859]	2	4.068	759.774
		KL8(1)[2860]	2	3.842	732.6
		KL9(3)[2863]	2	9.04	1651.468
		L1(1)[2886]	1	1.157	128.97
		TL-1[4090]	1		35.54
		TL-1[4101]	1		33.573
		TL-1[4108]	1		16.573
		TL-1[4118]	1		33.119
		合计		77.696	12471.207

2)查看土建工程量计算结果

①参照 KL1 属性的定义方法,将剩余框架梁按图纸要求定义。

②用直线、三点画弧、对齐、镜像等方法将 KL1～KL10b,以及非框架梁 L1,TL1,TL2 按图纸要求绘制。绘制完成后,如图 3.77 所示。

图 3.77

③汇总计算,首层梁清单、定额工程量,见表 3.16。

表 3.16　首层梁清单、定额工程量

序号	编码	项目名称	单位	工程量明细	
				绘图输入	表格输入
实体项目					
1	010505001001	有梁板 (1)混凝土种类:商品混凝土 (2)混凝土强度等级:C30	m³	41.542	
	A4-31	混凝土有梁板(碎石) 换为【碎石 GD40 商品普通混凝土 C30】	10 m³	4.1542	
措施项目					
1	011702014001	有梁板 模板高度:3.74m	m²	307.7124	
	A17-91+A17-105×0.14	有梁板 胶合板模板 钢支撑 实际高度:3.74 m	100 m²	3.077124	

五、总结拓展

①梁的原位标注和平法表格的区别:选择"原位标注"时,可以在绘图区梁图元的位置输入原位标注的钢筋信息,也可以在下方显示的表格中输入原位标注信息;选择"梁平法表格"时只显示下方的表格,不显示绘图区的输入框。

②捕捉点的设置:绘图时,无论是利用点画、直线还是其他的绘制方式,都需要捕捉绘图区的点,以确

图 3.78

定点的位置和线的端点。该软件提供了多种类型点的捕捉,可以在状态栏设置捕捉,绘图时可以在"捕捉工具栏"中直接选择要捕捉的点类型,方便绘制图元时选取点,如图 3.78 所示。

③设置悬挑梁的弯起钢筋:当工程中存在悬挑梁并且需要计算弯起钢筋时,在软件中可以快速地进行设置及计算。首先,进入"计算设置"→"节点设置"→"框架梁",在第29项设置悬挑梁钢筋图号,软件默认是2号图号,可以单击按钮选择其他图号(软件提供了6种图号供选择),节点示意图中的数值可进行修改。计算设置的修改范围是全部悬挑梁,如果修改单根悬挑梁,应选中单根梁,在平法表格"悬臂钢筋代号"中修改。

④如果梁在图纸上有两种截面尺寸,软件是不能定义同名称构件的,因此,在定义时需重新加下脚标定义。

 题思考

(1)梁属于线状构件,可否使用矩形绘制? 如果可以,哪些情况适合用矩形绘制?

(2)智能布置梁后,若位置与图纸位置不一样,怎样调整?

(3)如何绘制弧形梁?

3.4 首层板工程量计算

通过本节的学习,你将能够:

(1)依据定额和清单分析现浇板的工程量计算规则;

(2)分析图纸,进行正确的识图,读取板的土建及钢筋信息;

(3)定义现浇板、板受力筋、板负筋及分布筋的属性;

(4)绘制首层现浇板、板受力筋、板负筋及分布筋;

(5)统计板的土建及钢筋工程量。

一、任务说明

①完成首层板的定义、做法套用、图元绘制。

②汇总计算,统计本层板的土建及钢筋工程量。

二、任务分析

①首层板在计量时的主要尺寸有哪些? 从图中的什么位置能够找到? 有多少种板?

②板的钢筋类别有哪些,如何进行定义和绘制?

③板是如何套用清单定额的?

④板的绘制方法有哪几种?

⑤各种不同名称的板如何能快速套用做法?

三、任务实施

1)分析图纸

根据结施-10"一(三)层顶板配筋图"来定义和绘制板和板的钢筋。进行板的图纸分析时,应注意以下几个要点:

①本页图纸说明、厚度说明、配筋说明。

②板的标高。

③板的分类,相同板的位置。

④板的特殊形状。

⑤受力筋、板负筋的类型,跨板受力筋的位置和钢筋布置。

分析结施-09~12可从中得到板的相关信息,包括地下室至4层的楼板,主要信息见表3.17。

表3.17　板表

序号	类型	名称	混凝土强度等级	板厚 h(mm)	板顶标高	备注
1	普通楼板	LB-120	C30	120	层顶标高	
		LB-130	C30	130	层顶标高	
		LB-160	C30	160	层顶标高	
2	阳台板	LB-160	C30	140	层顶标高	
3	飘窗板	飘窗板100	C30	100	0.6,3.1	
4	平台板	平台板100	C30	100	1.9	

根据结施-10,详细查看首层板及板配筋信息。

在软件中,完整的板构件由现浇板、板筋(包含受力筋及负筋)组成,因此,板构件的钢筋计算包括以下两个部分:板定义中的钢筋和绘制及表格输入板筋(包括受力筋和负筋)。

2)现浇板定额、清单计算规则学习

(1)清单计算规则学习

板清单计算规则,见表3.18。

表3.18　板清单计算规则

编号	项目名称	单位	计算规则
010505001	有梁板	m³	按设计图示尺寸以体积计算,不扣除单个面积≤0.3 m² 的柱、垛以及孔洞所占体积 有梁板(包括主、次梁与板)按梁、板体积之和计算,无梁板按板和柱帽体积之和计算,各类板伸入墙内的板头并入板体积内,薄壳板的肋、基梁并入薄壳体积内计算
011702014	有梁板模板	m²	按模板与现浇混凝土构件的接触面积计算 板模板 (1)墙高应自墙基或楼板的上表面至上层楼板底面计算 (2)计算墙模板时,不扣除梁与墙交接处的模板面积 (3)墙、板上单孔面积≤0.3 m² 的孔洞不扣除,洞侧模板也不增加,单孔面积>0.3 m² 应扣除,洞侧模板并入墙、板模板工程量计算 (4)计算板模板时,不扣除柱、墙所占面积

(2)定额计算规则学习

板定额计算规则,见表3.19。

表3.19　板定额计算规则

编号	项目名称	单位	计算规则
A4-1	混凝土拌制搅拌机	10 m³	现浇混凝土拌制工程量,按现浇混凝土浇捣相应子目的混凝土定额分析量计算,如发生相应的运输、泵送等损耗时均应增加相应损耗量

续表

编号	项目名称	单位	计算规则
A4-31	混凝土 有梁板	10 m³	按图示面积乘以板厚以立方米计算 有梁板包括主、次梁与板,按梁、板体积之和计算
A17-91	有梁板 胶合板 模板 钢支撑	100 m²	现浇混凝土模板工程量,除另有规定外,应区分不同材质,按混凝土与模板接触面积以平方米计算 有梁板模板 ①板上单孔面积在 0.3 m² 以内的孔洞不扣除,洞侧模板也不增加,单孔面积在 0.3 m² 以上应扣除,洞侧模板并入墙、板模板工程量计算 ②计算板模板时,不扣除柱、墙所占的面积 ③梁、板、墙模板均不扣除后浇带所占的面积 ④有梁板高大模板的钢支撑工程量按搭设面积乘以支模高度(楼地面至板底高度)以立方米计算,不扣除梁柱所占的体积
A17-105	板支撑超过3.6 m 每增加 1 m 钢支撑	100 m²	模板支撑高度在 3.6 m 以上时,超过部分按每超过 1 m 增加定额子目,并计算该部分的工程量

3)板的属性定义和绘制

(1)板的属性定义

在导航树中选择"板"→"现浇板",在"构件列表"中选择"新建"→"新建现浇板"。下面以Ⓒ~Ⓓ轴、②~③轴所围的 LB-160 为例,新建现浇板 LB-160,根据 LB-160 图纸中的尺寸标注,在"属性列表"中输入相应的属性值,如图 3.79 所示。

图 3.79

【说明】

①名称:根据图纸输入构件的名称,该名称在当前楼层的当前构件类型下唯一。

②厚度(mm):现浇板的厚度。

③类别:选项为有梁板、无梁板、平板、拱板等。

④是否为楼板:主要与计算超高模板、超高体积起点判断有关,若是,则表示构件可以向下找到该构件作为超高计算的判断依据,若否,则超高计算判断与该板无关。

⑤材质:不同地区计算规则对应的材质有所不同。

其中钢筋业务属性,如图 3.80 所示。

图 3.80

【说明】

①保护层厚度:软件自动读取楼层设置中的保护层厚度,如果当前构件需要特殊处理,则可根据实际情况进行输入。

②马凳筋参数图:可编辑马凳筋类型,参见"帮助文档"中《GTJ2018 钢筋输入格式详解》"五、板"的"01 现浇板"。

③马凳筋信息:参见《GTJ2018 钢筋输入格式详解》中"五、板"的"01 现浇板"。

④线形马凳筋方向:对Ⅱ型、Ⅲ型马凳筋起作用,设置马凳筋的布置方向。

⑤拉筋:板厚方向布置拉筋时,输入拉筋信息,输入格式:级别+直径+间距×间距或者数量+级别+直径。

⑥马凳筋数量计算方式:设置马凳筋根数的计算方式,默认取"计算设置"中设置的计算方式。

⑦拉筋数量计算方式:设置拉筋根数的计算方式,默认取"计算设置"中设置的计算方式。

其中土建业务属性如图 3.81 所示。

图 3.81

【说明】

①计算设置:用户可自行设置构件土建计算信息,软件将按设置的计算方法计算。

②计算规则:软件内置全国各地清单及定额计算规则,同时用户可自行设置构件土建计算规则,软件将按设置的计算规则计算。

(2)板的做法套用

板构件定义好后,需要进行做法套用操作,打开"定义"界面,选择"构件做法",单击"添加清单",添加混凝土有梁板清单项 010505001 和有梁板模板清单 011702014;在有梁板混凝土下添加定额 A4-31,在有梁板模板下添加定额 A17-91,A17-105;单击"项目特征",根据工程实际情况将项目特征补充完整。

LB-160 的做法套用如图 3.82 所示。

图 3.82

74

4) 板画法讲解

(1) 点画绘制板

仍以 LB-160 为例,定义好楼板属性后,单击"点"命令,在 LB-160 区域单击鼠标左键,即可布置 LB-160,如图 3.83 所示。

图 3.83

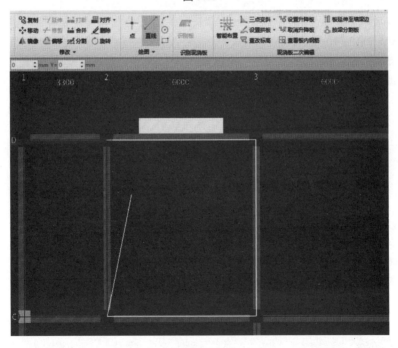

图 3.84

(2) 直线绘制板

仍以 LB-160 为例,定义好 160 mm 厚楼板 LB-160 后,单击"直线"命令,用鼠标左键单击 LB-160 边界区域的交点,围成一个封闭区域,即可布置 LB-160,如图 3.84 所示。

(3)自动生成板

当板下的梁、墙绘制完毕且图中板类别较少时,可使用自动生成板,软件会自动根据图中梁和墙围成的封闭区域来生成整层的板。自动生成完毕之后,需要检查图纸,把与图中板信息不符的修改过来,对图中没有板的地方进行删除。

5)板受力筋的属性定义和绘制

(1)板受力筋的属性定义

在导航树中选择"板"→"板受力筋",在"构件列表"中选择"新建"→"新建板受力筋",以ⓒ~ⓓ轴、②~③轴上的板受力筋 SLJ-Φ10@150 为例,新建板受力筋 SLJ-Φ10@150,根据 SLJ-Φ10@150 在图纸中的布置信息,在"属性编辑框"中输入相应的属性值,如图3.85 所示。

	属性名称	属性值	附加
1	名称	SLJ-Φ10@150	
2	类别	底筋	☐
3	钢筋信息	Φ10@150	☐
4	左弯折(mm)	(0)	☐
5	右弯折(mm)	(0)	☐
6	备注		☐
7	□ 钢筋业务属性		
8	钢筋锚固	(35)	
9	钢筋搭接	(42)	
10	归类名称	(SLJ-Φ10@150)	☐
11	汇总信息	(板受力筋)	☐
12	计算设置	按默认计算设置计算	
13	节点设置	按默认节点设置计算	
14	搭接设置	按默认搭接设置计算	
15	长度调整(...		☐
16	⊞ 显示样式		

图 3.85

【说明】

①名称:结施图中没有定义受力筋的名称,用户可根据实际情况输入较容易辨认的名称,这里按钢筋信息输入"SLJ-Φ10@150"。

②类别:在软件中可以选择底筋、面筋、中间层筋和温度筋,根据图纸信息,进行正确选择,在此为底筋,也可以不选择,在后面绘制受力筋可重新设置钢筋类别。

③钢筋信息:按照图中钢筋信息输入"Φ10@150"。

④左弯折和右弯折:按照实际情况输入受力筋的端部弯折长度。软件默认为"0",表示按照计算设置中默认的"板厚-2倍保护层厚度"来计算弯折长度。此处会关系钢筋计算结果,如果图纸中没有特殊说明,不需要修改。

⑤钢筋锚固和搭接:取楼层设置中设定的数值,可根据实际图纸情况进行修改。

图 3.86

(2)板受力筋的绘制

在导航树中,选择板受力筋,单击"建模",在"板受力筋二次编辑"中单击"布置受力筋",如图3.86 所示。

布置板的受力筋,按照布置范围有"单板""多板""自定义"和"按受力筋范围"布置;按照钢筋方向有"XY方向""水平"和"垂直"布置,还有"两点""平行边""弧线边布置放射筋"以及"圆心布置放射筋",如图3.87 所示。

○ 单板 ○ 多板 ○ 自定义 ○ 按受力筋范围 ○ XY方向 ○ 水平 ○ 垂直 ○ 两点 ○ 平行边 ○ 弧线边布置放射筋 ○ 圆心布置放射筋

图 3.87

以ⓒ~ⓓ轴与②~③轴的 LB-160 受力筋布置为例,由施工图可知,LB-160 的板受力筋只有底筋,底筋各个方向的钢筋信息一致,都是⊈10@150,这里采用"双向布置"。

①选择"单板"→"双向布置",选择块 LB-160,弹出如图 3.88 所示的对话框。

图 3.88

【说明】

①双向布置:适用于某种钢筋类别在两个方向上布置的信息是相同的情况。

②双网双向布置:适用于底筋与面筋在 X 和 Y 两个方向上钢筋信息全部相同的情况。

③XY 向布置:适用于底筋的 X、Y 方向信息不同,面筋的 X、Y 方向信息不同的情况。

④选择参照轴网:可以选择以那个轴网的水平和竖直方向为基准,进行布置;不勾选时,以绘图区水平方向为 X 方向、竖直方向为 Y 方向。

②由于 LB-160 的板受力筋只有底筋,而且在两个方向上的布置信息是相同的,因此选择"双向布置",在"钢筋信息"中选择相应的受力筋名称 SLJ-⊈10@150,单击"确定"按钮,即可布置单板的受力筋,如图 3.89 所示。双向布置:在不同类别钢筋配筋不同时使用,如果底筋与面筋配筋不同,但见底筋或面筋的 X、Y 方向配筋相同时可使用。

X、Y 方向布筋:当底筋或面筋的 X、Y 方向配筋都不相同时,可分开设置 X、Y 方向的钢筋。

再以Ⓒ~Ⓓ轴与⑤~⑥轴的 LB-160 的受力筋布置为例,该位置的 LB-160 只有底筋,板受力筋 X、Y 方向的底筋信息不同,则可采用"XY 向布置",如图 3.90 所示。

图 3.89

图 3.90

Ⓒ~Ⓓ轴与⑤~⑥轴的 LB-160 板受力筋布置图(详见图纸结施-10),如图 3.91 所示;受力筋布置完成后如图 3.92 所示。

图 3.91

图 3.92

（3）应用同名板

由于 LB-160 的钢筋信息,除了Ⓒ~Ⓓ轴与⑤~⑥轴的 LB-160 上的板受力筋配筋不同外,剩余的都是相同的,下面使用"应用同名板"来布置其他同名板的钢筋。

图 3.93

①选择"建模"→"应用同名板"命令,如图 3.93 所示。

②选择已经布置上钢筋Ⓒ~Ⓓ轴与②~③轴的 LB-160 图元,单击鼠标右键确定,则其他同名板都布置上了相同的钢筋信息。同时Ⓒ~Ⓓ轴与⑤~⑥轴的 LB-160 也会布置同样的板受力筋,将其对应图纸进行正确修改即可。对于其他板的钢筋,可采用相应的布置方式进行布置。

6)跨板受力筋的定义与绘制

下面以结施-10 中的Ⓑ~Ⓒ轴、②~③轴的楼板的跨板受力筋⊈12@ 200 为例,介绍跨板受力筋的定义和绘制。

（1）跨板受力筋的定义

在导航树中选择"板受力筋",在板受力筋的构件列表中,单击"新建"按钮,选择"新建跨板受力筋",软件将弹出如图 3.94 所示的新建跨板受力筋界面。

左标注和右标注:左右两边伸出支座的长度,根据图纸中的标注进行输入。

马凳筋排数:根据实际情况输入。

标注长度位置:可选择支座中心线、支座内边线和支座外边线,如图 3.95 所示。根据图纸中标注的实际情况进行选择。此工程选择"支座外边线。"

	属性名称	属性值	附加
1	名称	KBSLJ-⊈10@200	☐
2	类别	面筋	☐
3	钢筋信息	Φ10@200	☐
4	左标注(mm)	800	☐
5	右标注(mm)	800	☐
6	马凳筋排数	1/1	☐
7	标注长度位置	(支座外边线)	☐
8	左弯折(mm)	(0)	☐
9	右弯折(mm)	(0)	☐
10	分布钢筋	(Φ8@200)	☐
11	备注		☐

图 3.94

图 3.95

分布钢筋:结构说明中,结施-01(2)中说明,板厚小于110 mm时,分布钢筋直径、间距为Φ6@200,板厚120~160 mm时,分布钢筋直径、间距为Φ8@200。

因此,此处输入Φ8@200。也可以在计算设置中对相应的项进行输入,这样就不用针对每一个钢筋构件进行输入了。具体参考"2.2　计算设置"中钢筋设置的部分内容。

（2）跨板受力筋的绘制

对于该位置的跨板受力筋,可采用"单板"和"垂直"布置的方式来绘制,选择"单板",再选择"垂直",单击Ⓑ~Ⓒ轴、②~③轴的楼板,即可布置垂直方向的跨板受力筋。其他位置的跨板受力筋采用同样的布置方式。

7）负筋的定义与绘制

下面以结施-10上的8号负筋为例,介绍负筋的定义和绘制,如图3.96所示。

（1）负筋的定义

进入板"→"板负筋",在"构件列表"中单击"新建"→"新建板负筋"FJ-Φ10@200。定义板负筋属性,如图3.97所示。

左标注和右标注:8号负筋只有一侧标注,左标注输入"1500",右标注输入"0"。

单边标注位置:根据图中实际情况,选择"支座内边线"。

图3.96

对②~③轴LB-160在②轴上的10号负筋Φ12@200的定义,如图3.98所示。

	属性名称	属性值	附加
1	名称	FJ-Φ10@200	
2	钢筋信息	Φ10@200	☐
3	左标注(mm)	1500	☐
4	右标注(mm)	0	☐
5	马凳筋排数	1/1	☐
6	单边标注位置	(支座内边线)	☐
7	左弯折(mm)	(0)	☐
8	右弯折(mm)	(0)	☐
9	分布钢筋	(Φ8@200)	☐
10	备注		☐
11	⊞ 钢筋业务属性		
19	⊞ 显示样式		

图3.97

	属性名称	属性值	附加
1	名称	FJ-Φ12@200	
2	钢筋信息	Φ12@200	☐
3	左标注(mm)	1500	☐
4	右标注(mm)	1500	☐
5	马凳筋排数	1/1	☐
6	非单边标注含…	(是)	☐
7	左弯折(mm)	(0)	☐
8	右弯折(mm)	(0)	☐
9	分布钢筋	(Φ8@200)	☐
10	备注		☐
11	⊞ 钢筋业务属性		
19	⊞ 显示样式		

图3.98

对于左右均有标注的负筋,有"非单边标注含支座宽"的属性,指左右标注的尺寸是否含支座宽度,这里根据实际图纸情况选择"否",其他内容与8号负筋输入方式一致。按照同样的方式定义其他负筋。

（2）负筋的绘制

负筋定义完毕后,回到绘图区,对于②~③轴、Ⓒ~Ⓓ轴之间的LB-160进行负筋的布置。

①对于上侧8号负筋,单击"板负筋二次编辑"面板上的"布置负筋",选项栏则会出现布置方式,有按梁布置、按圈梁布置、按连梁布置、按墙布置、按板边布置及画线布置,如图3.99所示。

图3.99

先选择"按梁布置",再选择梁,按提示栏的提示单击梁,鼠标移动到梁图元上,则梁图元显示一道蓝线,并且显示出负筋的预览图,下侧确定方向,即可布置成功。

②对于②轴上的10号负筋,同样,选择"按梁布置",鼠标移动到梁图元上,单击鼠标左键生成负筋。

本工程中的负筋都可按墙、按梁或按板边布置,也可选择画线布置。

四、任务结果

1) 板构件的任务结果

①根据上述普通楼板 LB-160 的定义方法,将本层剩下的楼板定义好。

②用点画、直线、矩形等方法将①轴与⑧轴间的板绘制好,布置完钢筋后如图 3.100 所示。

图 3.100

③汇总计算,首层板清单、定额工程量,见表 3.20。

表 3.20　首层板清单、定额工程量

序号	编码	项目名称	单位	工程量明细	
				绘图输入	表格输入
实体项目					
1	010505001001	有梁板 (1)混凝土种类:商品混凝土 (2)混凝土强度等级:C30	m³	70.1293	
	A4-31	混凝土有梁板(碎石)换为【碎石 GD40 商品普通混凝土 C30】	10 m³	6.99147	
措施项目					
1	011702014001	有梁板 模板高度:3.74 m	m²	485.0974	
	A17-91+A17-105×0.14	有梁板 胶合板模板 钢支撑 实际高度:3.74 m	100 m²	4.850974	
2	011702014002	有梁板 模板高度:3.6 m 以内	m²	18.736	
	A17-91	有梁板 胶合板模板 钢支撑	100 m²	0.18736	

2) 首层板钢筋量汇总表

首层板钢筋量汇总表,见表3.21(见报表预览——构件汇总信息分类统计表)。

表 3.21　首层板钢筋工程量

汇总信息	HPB300		HRB400				
	8	合计(t)	7	8	10	12	合计(t)
板负筋	0.334	0.334	0.003	0.082	0.396	1.074	1.555
板受力筋	0.213	0.213		0.122	4.07	0.968	5.16
现浇板				0.01	0.007		0.017
合计(t)	0.547	0.547	0.003	0.214	4.473	2.042	6.732

五、总结拓展

①当板顶标高与层顶标高不一致时,在绘制板后可通过单独调整这块板的属性来调整标高。

②④轴与⑤轴之间,左边与右边的板可以通过镜像绘制,绘制方法与柱镜像绘制方法相同。

③板属于面式构件,绘制方法和其他面式构件相似。

④当遇到以下问题时,可以使用"交换标注"功能:绘制跨板受力筋或负筋时,左右标注和图纸标注正好相反,需进行调整。

问题思考

(1)用点画法绘制板时需要注意哪些事项? 对绘制区域有什么要求?

(2)有梁板时,板与梁相交时的扣减原则是什么?

3.5　首层砌体结构工程量计算

通过本节的学习,你将能够:

(1)依据定额和清单分析砌体墙的工程量计算规则;

(2)运用点加长度绘制墙图元;

(3)统计本层砌体墙的阶段性工程量;

(4)正确计算砌体加筋属性工程量。

一、任务说明

①完成首层砌体墙的属性定义、做法套用及图元绘制。

②汇总计算,统计本层砌体墙的工程量。

二、任务分析

①首层砌体墙在计量时的主要尺寸有哪些? 从哪个图中的什么位置找到? 有多少种墙?

②砌体墙不在轴线交点上如何使用点加长度绘制?

③砌体墙中清单计算的厚度与定额计算的厚度不一致时该如何处理?墙的清单项目特征描述是如何影响定额匹配的?

④虚墙的作用是什么?如何绘制?

三、任务实施

1)分析图纸

分析建施-01、建施-04、建施-09、结施-01(2)可以得到砌体墙的基本信息,见表3.22。

表3.22 砌体墙

序号	类型	砌筑砂浆	材质	墙厚(mm)	标高	备注
1	外墙	M5 水泥砂浆	陶粒空心砖	250	−0.05~+3.85	梁下墙
2	内墙	M5 水泥砂浆	煤陶粒空心砖	200	−0.05~+3.85	梁下墙

2)砌块墙清单、定额计算规则学习

(1)清单计算规则学习

砌块墙清单计算规则,见表3.23。

表3.23 砌块墙清单计算规则

编号	项目名称	单位	计算规则
010402001	砌块墙	m^3	按设计图示尺寸以体积计算。扣除门窗、洞口、嵌入墙内的钢筋混凝土柱、梁、圈梁、挑梁、过梁及凹进墙内的壁龛、管槽、暖气槽、消火栓箱所占体积,不扣除梁头、板头、檩头、垫木、木楞头、沿缘木、木砖、门窗走头、砌块墙内加固钢筋、木筋、铁件、钢管及单个面积≤0.3 m^2的孔洞所占的体积。凸出墙面的腰线、挑檐、压顶、窗台线、虎头砖、门窗套的体积亦不增加。凸出墙面的砖垛并入墙体体积内计算 (1)墙长度:外墙按中心线、内墙按净长计算 (2)墙高度: ①外墙:斜(坡)屋面无檐口天棚者算至屋面板底;有屋架且室内外均有天棚者算至屋架下弦底另加 200 mm;无天棚者算至屋架下弦底另加300 mm;出檐宽度超过 600 mm 时按实砌高度计算;有钢筋混凝土楼板隔层者算至板顶;平屋顶算至钢筋混凝土板底
010401004	多孔砖墙	m^3	②内墙:位于屋架下弦者,算至屋架下弦底;无屋架者算至天棚底另加100 mm;有钢筋混凝土楼板隔层者算至楼板顶;有框架梁时算至梁底 ③女儿墙:从屋面板上表面算至女儿墙顶面(如有混凝土压顶时算至压顶下表面) ④内、外山墙:按其平均高度计算 (3)框架间墙:不分内外墙按墙体净尺寸以体积计算 (4)围墙:高度算至压顶上表面(如有混凝土压顶时算至压顶下表面),围墙柱并入围墙体积内

(2)定额计算规则学习

砖墙定额计算规则,见表3.24。

表 3.24 砖墙定额计算规则

编号	项目名称	单位	计算规则
A3-11	混水 砖墙多孔砖 240 mm×115 mm×90 mm 墙体厚度 24 cm	10 m³	墙体按设计图示尺寸以体积计算。扣除门窗、洞口(包括过人洞、空圈)、嵌入墙内的钢筋混凝土柱、梁、圈梁、挑梁、过梁及凹进墙内的壁龛、管槽、暖气槽、消火栓箱所占体积。不扣除梁头、板头、檩头、垫木、木楞头、沿椽木、木砖、门窗走头、砖墙内加固钢筋、木筋、铁件、钢管及单个面积 0.3 m² 以下的孔洞所占的体积。凸出墙面的腰线、挑檐、压顶、窗台线、虎头砖、门窗套、山墙泛水、烟囱根的体积亦不增加。凸出墙面的砖垛并入墙体体积内计算
A3-58	陶粒混凝土空心砌块墙墙体厚度 9 cm	10 m³	
A3-60	陶粒混凝土空心砌块墙墙体厚度 19 cm(水泥石灰砂浆中砂 M5)	10 m³	
A3-61	陶粒混凝土空心砌块墙墙体厚度 24 cm(水泥石灰砂浆中砂 M5)	10 m³	

3) 砌块墙属性定义

新建砌块墙的方法参见新建剪力墙的方法,这里只是简单地介绍新建砌块墙需要注意的事项。

内/外墙标志:外墙和内墙要区别定义,除了对自身工程量有影响外,还影响其他构件的智能布置。这里可以根据工程实际需要对标高进行定义,如图 3.101 和图 3.102 所示。本工程是按照软件默认的高度进行设置的,软件会根据定额的计算规则对砌块墙和混凝土相交的地方进行自动处理。

图 3.101

图 3.102

4) 做法套用

砌块墙做法套用,如图 3.103 所示。

图 3.103

5) 画法讲解

(1) 直线

直线画法跟前面所讲构件的直线画法类似,可参照前面所讲构件的直线绘制进行操作。

(2) 点加长度

在③轴与Ⓐ轴相交处到②轴与Ⓐ轴相交处的墙体,向左延伸了 1400 mm(中心线距离),墙体总长度为 6000 mm+1400 mm,单击"直线",再选择"点加长度",在"长度"处输入框中输入"7400",接着,在绘图区域单击起点③轴与Ⓐ轴的相交点,然后向左找到②轴与Ⓐ轴的相交点,即可实现该段墙体延伸部分的绘制。使用"对齐"命令,将墙体与柱边对齐即可,如图 3.104 所示。

图 3.104

(3) 偏移绘制

用"Shift+左键"可绘制偏移位置的墙体。在直线绘制墙体的状态下,按住"Shift"键的同时单击②轴和Ⓐ轴的相交点,弹出"输入偏移量"对话框,在"X ="的地方输入"-1400",单击"确定"按钮,然后向着Ⓐ轴的方向绘制墙体。按照"直线"的画法,将其他位置的砌体墙绘制好。

四、任务结果

汇总计算,首层砌体墙清单、定额工程量,见表 3.25。

表 3.25　首层砌体墙清单、定额工程量

序号	编码	项目名称	单位	工程量明细	
				绘图输入	表格输入
		实体项目			
1	010402001001	砌块墙 (1)砌块品种、规格、强度等级:陶粒混凝土空心砌块 (2)墙体类型:直形墙 (3)墙体厚度:90 mm (4)砂浆强度等级、配合比:M5 水泥砂浆 (5)填充材料种类:C20 混凝土	m³	1.2414	
	A3-58H800301004800101014	陶粒混凝土空心砌块墙墙体厚度 9 cm 换为【水泥砂浆中砂 M5】	10 m³	0.12414	
2	010402001002	砌块墙 (1)块品种、规格、强度等级:陶粒混凝土空心砌块 (2)墙体类型:直形墙 (3)墙体厚度:240 mm (4)砂浆强度等级、配合比:M5 水泥砂浆 (5)填充材料种类:C20 混凝土	m³	43.5464	
	A3-61H800301004800101014	陶粒混凝土空心砌块墙墙体厚度 24 cm 换为【水泥砂浆中砂 M5】	10 m³	4.35464	

续表

序号	编码	项目名称	单位	工程量明细	
				绘图输入	表格输入
3	010402001003	砌块墙 (1)砌块品种、规格、强度等级:陶粒混凝土空心砌块 (2)墙体类型:弧形墙 (3)墙体厚度:240 mm (4)砂浆强度等级、配合比:M5 水泥砂浆 (5)填充材料种类:C20 混凝土	m³	5.3788	
	A3-61R×1.1, H800301004800101014	陶粒混凝土空心砌块墙墙体厚度 24 cm 如为砌筑圆形(包括弧形)砖墙及砌块墙,半径≤10 m 者人工×1.1 换为【水泥砂浆中砂 M5】	10 m³	0.53788	
4	010402001004	砌块墙 (1)砌块品种、规格、强度等级:陶粒混凝土空心砌块 (2)墙体类型:直形墙 (3)墙体厚度:190 mm (4)砂浆强度等级、配合比:M5 水泥砂浆 (5)填充材料种类:C20 混凝土	m³	80.8033	
	A3-60H800301004800101014	陶粒混凝土空心砌块墙墙体厚度 19 cm 换为【水泥砂浆中砂 M5】	10 m³	8.08033	
5	011201005001	墙面钉(挂)网 0.5 mm 镀锌铁丝网(网眼 25 mm×25 mm)	m²	938.9781	
	A10-68	墙面钉(挂)网 铁丝网	100 m²	9.389781	
措施项目					
1	011701001001	扣件式钢管外脚手架双排 20 m 以内	m²	494.672	
	A15-6	扣件式钢管外脚手架双排 20 m 以内	100 m²	4.94672	
2	011701001002	弧形外脚手架 20 m 以内	m²	32.0836	
	A15-6R×1.3	扣件式钢管外脚手架双排 20 m 以内 若为圆形(包括弧形时)人工×1.3	100 m²	0.320836	
3	011701001003	扣件式钢管里脚手架 3.6 m 以上	m²	525.0222	
	A15-2	扣件式钢管里脚手架 3.6 m 以上	100 m²	4.768705	

【说明】
　　填充墙的工程量统计需在门窗洞口绘制完后进行。

五、总结拓展

1）软件对内外墙定义的规定

该软件为方便内外墙的区分以及平整场地散水、建筑面积进行外墙外边线的智能布置，需要人为进行内外墙的设置。

2）砌体加筋的定义和绘制（在完成门窗洞口、圈梁、构造柱等后进行操作）

（1）分析图纸

分析图纸结施-01（2）结构设计总说明，可见"7.填充墙"中"（3）填充墙与柱、抗震墙及构造柱连接处应设拉结筋，做法见图8"，以及"（7）墙体加筋为2φ6@600，遇到圈梁、框架梁起步为200 mm，遇到构造柱锚固为200 mm，遇到门窗洞口退一个保护层（60 mm），加弯折（60 mm），遇到过梁梁头也是退一个保护层（60 mm），加弯折（60 mm）"。

（2）砌体加筋的定义

下面以④轴和Ⓑ轴交点处的 L 形砌体墙位置的加筋为例，介绍砌体加筋的定义和绘制。

①在导航树中，选择"墙"→"砌体加筋"，在"新建列表"中，新建砌体加筋。

②根据砌体加筋所在的位置选择参数图形，软件中有 L 形、T 形、"十"字形和"一"字形供选择，各自适用于相应形状的砌体相交形式。例如，对于④轴和Ⓑ轴交点处的 L 形砌体墙位置的加筋，选择 L 形的砌体加筋定义和绘制。

a.选择参数化图形：选择"L-1 形"。砌体加筋参数图的选择主要看钢筋的形式，只要选择的钢筋形式与施工图中完全一致即可。

b.参数输入：Ls1 和 Ls2 指两个方向的加筋伸入砌体墙内的长度，输入"1000"（图 3.99）；b1 指竖向砌体墙的厚度，输入"200"；b2 指横向砌体墙的厚度，输入"200"。单击"确定"按钮，回到属性输入界面，如图 3.105 所示。

图 3.105

c.根据需要输入名称,按照总说明中,每侧钢筋信息为2Φ6@600,1#加筋、2#加筋分别输入"2Φ6@600",如图3.106所示。

d.结合结施-01(2)中"T.填充墙中的墙体加筋"的说明,遇到构造柱锚固为200,加筋伸入构造柱的锚固长度需要在计算设置中设定。因为本工程所有砌体加筋的形式和锚固长度一致,所以可以在"工程设置"选项卡中选择"钢筋设置"→"计算设置",针对整个工程的砌体加筋进行设置,如图3.107所示。

在砌体加筋的钢筋信息和锚固长度设置完毕后,定义构件完成。按照同样的方法可定义其他位置的砌体加筋。

	属性名称	属性值	
1	名称	LJ-2	
2	砌体加筋形式	L-1形	
3	1#加筋	2Φ6@600	
4	2#加筋	2Φ6@600	
5	其他加筋		
6	备注		
7	☐ 钢筋业务属性		
8	── 其他钢筋		
9	── 计算设置	按默认计算设置计算	
10	── 汇总信息	(砌体拉结筋)	
11	⊞ 显示样式		

图 3.106

图 3.107

(3)砌体加筋的绘制

绘图界面中,在④轴和⑧轴交点处位置绘制砌体加筋,采用"点"→"旋转点"绘制的方法,选择"旋转点",然后选择所在位置,再选择水平向原体墙的左侧端点确定方向,则绘制成功,如图3.108所示。当所绘制的砌体加筋与墙体不对齐时,可采用"对齐"功能将其对应到所在位置。

其他位置加筋的绘制,可根据实际情况选择"点"画法或者"旋转点"画法,也可以使用"智能布置"。

砌体加筋的绘制流程如下:新建→选择参数图→输入截面参数→输入钢筋信息→计算设置(本工程一次性设置完毕就不用再设)→绘制。

图 3.108

问 题思考

(1)思考"Shift+左键"的方法还可应用在哪些构件的绘制中?

(2)框架间墙的长度怎样计算?

(3)在定义墙构件属性时为什么要区分内、外墙的标志?

3.6 门窗、洞口及附属构件工程量计算

通过本节的学习,你将能够:

(1)通过软件正确计算门窗、洞口的工程量;

(2)通过软件正确计算过梁、圈梁及构造柱的工程量。

3.6.1 门窗、洞口的工程量计算

通过本小节的学习,你将能够:

(1)定义门窗洞口;

(2)绘制门窗图元;

(3)统计本层门窗的工程量。

一、任务说明

①完成首层门窗、洞口的定义、做法套用及图元绘制。

②使用精确和智能布置绘制门窗。

③汇总计算,统计本层门窗的工程量。

二、任务分析

①首层门窗的尺寸种类有多少？影响门窗位置的离地高度如何设置？门窗在墙中是如何定位的？

②门窗的清单与定额如何匹配？

③不精确布置门窗会有可能影响哪些项目的工程量？

三、任务实施

1) 分析图纸

分析图纸建施-01、建施-03、建施-09 至建施-10，可以得到门窗的信息，见表 3.26。

表 3.26　门窗表

编号	名称	规格（洞口尺寸）（mm）		数 量						备注
		宽	高	地下1层	1层	2层	3层	4层	总计	
FM 甲 1021	甲级防火门	1000	2100	2					2	甲级防火门
FM 乙 1121	乙级防火门	1100	2100	1	1				2	乙级防火门
M5021	旋转玻璃门	5000	2100		1				1	甲方确定
M1021	木质夹板门	1000	2100	18	20	20	20	20	98	甲方确定
C0924	塑钢窗	900	2400		4	4	4	4	16	详见立面
C1524	塑钢窗	1500	2400		2	2	2	2	8	详见立面
C1624	塑钢窗	1600	2400	2	2	2	2	2	10	详见立面
C1824	塑钢窗	1800	2400		2	2	2	2	8	详见立面
C2424	塑钢窗	2400	2400		2	2	2	2	8	详见立面
PC1	飘窗（塑钢窗）	见平面	2400		2	2	2	2	8	详见立面
C5027	塑钢窗	5000	2700		1	1	1		3	详见立面
MQ1	装饰幕墙	6927	14400							详见立面
MQ2	装饰幕墙	7200	14400							详见立面

2) 门窗清单、定额计算规则学习

（1）清单计算规则学习

门窗清单计算规则，见表 3.27。

表 3.27　门窗清单计算规则

编号	项目名称	单位	计算规则
010801001	木质门	m^2	
010805002	旋转门	m^2	（1）以樘计量，按设计图示数量计算
010801004	木质防火门	m^2	（2）以平方米计量，按设计图示洞口尺寸以面积计算
010807001	金属窗	m^2	（3）以米计量，按设计图示尺寸以长度计算
010811001	特殊五金	把	（4）门窗周边塞缝按门窗洞口尺寸以延长米计算
010811002	门窗周边塞缝	m	（5）特殊五金按定额规定单位以数量计算

（2）定额计算规则学习

门窗定额计算规则，见表 3.28。

表 3.28　门窗定额计算规则

编号	项目名称	单位	计算规则
A12-28	装饰成品门安装	100 m²	
A12-81	防火门木质	100 m²	
A12-87	无框全玻门	100 m²	
A12-89	无框门配件不带亮	扇	各类门、窗制作安装工程量,除注明者外,均按设计门、窗洞口面积以平方米计算
A12-128	塑钢窗平开窗带亮	100 m²	特殊五金按定额规定单位以数量计算
A12-143	特殊五金地锁	把	门窗周边塞缝按门窗洞口尺寸以延长米计算
A12-149	特殊五金闭门器明装	套	
A12-151	特殊五金防火门 防火铰链	副	
A12-166	门窗周边塞缝水泥砂浆 1：2.5	100 m	
A12-168	门窗运输运距 1 km 以内	100 m²	

图 3.109

3) 构件的属性定义

(1)门的属性定义

在导航树中单击"门窗洞"→"门"。在"构件列表"中选择"新建"→"新建矩形门",在"属性编辑框"中输入相应的属性值。

①洞口宽度、洞口高度:从门窗表中可直接得到属性值。

②框厚:输入门实际的框厚尺寸,对墙面块料面积的计算有影响,本工程输入为"60"。

③立樘距离:门框中心线与墙中线的距离,默认为"0"。如果门框中心线在墙中心线的左边,该值为负,否则为正。

④框左右扣尺寸、框上下扣尺寸:如果计算规则要求门窗按框外围计算,输入框扣尺寸。

(2)门的属性值及做法套用

门的属性值及做法套用,如图 3.109—图 3.111 所示。

	编码	类别	名称	项目特征	单位	工程量表达式	表达式说明	单价	综合单价	措施项目
1	⊟ 010801001	项	木质夹板门	M1021	m²	DKMJ	DKMJ〈洞口面积〉			
2	A12-28	定	装饰成品门 安装		m²	DKMJ	DKMJ〈洞口面积〉	39400.8		
3	⊟ 010811002	项	门窗周边塞缝		m	DKSMCD	DKSMCD〈洞口三面长度〉			
4	A12-166	定	门窗周边塞缝 水泥砂浆1:2.5		m	DKSMCD	DKSMCD〈洞口三面长度〉	415.44		

图 3.110

搜索构件...

▲ 门

　FMZ1121

　M5021

　M1021

属性列表

	属性名称	属性值	附加
1	名称	FMZ1121	
2	洞口宽度(mm)	1100	
3	洞口高度(mm)	2100	
4	离地高度(mm)	0	
5	框厚(mm)	60	
6	立樘距离	0	
7	洞口面积(m²)	2.31	
8	是否随墙变斜	否	
9	备注		
10	⊞ 钢筋业务属性		

	编码	类别	名称	项目特征	单位	工程量表达式	表达式说明	单价	综合单价	措施项目
1	⊟ 010801004	项	木质乙级防火门	FM乙1121	m²	DKMJ	DKMJ〈洞口面积〉			
2	A12-81	定	防火门 木质		m²	DKMJ	DKMJ〈洞口面积〉	38917.18		
3	⊟ 010811002	项	门窗周边塞缝		m	DKSMCD	DKSMCD〈洞口三面长度〉			
4	A12-166	定	门窗周边塞缝 水泥砂浆1:2.5		m	DKSMCD	DKSMCD〈洞口三面长度〉	415.44		
5	⊟ 010811001	项	防火锁		把	SL	SL〈数量〉			
6	A12-143	定	特殊五金 地锁		把	SL	SL〈数量〉	146.4		
7	⊟ 010811001	项	闭门器		套	SL	SL〈数量〉			
8	A12-149	定	特殊五金 闭门器 明装		套	SL	SL〈数量〉	129.9		
9	⊟ 010811001	项	防火铰链		副	SL*3	SL〈数量〉*3			
10	A12-151	定	特殊五金 防火门防火铰链		副	SL*3	SL〈数量〉*3	47.02		

图 3.111

（3）窗的属性定义

在导航树中选择"门窗洞"→"窗"，单击"定义"按钮，进入窗的定义界面，在"构件列表"中选择"新建"→"新建矩形窗"，新建"矩形窗 C0924"，属性定义如图 3.112 所示。

窗离地高度 = 50 mm + 600 mm = 650 mm（相对结构标高 -0.050 而言）

图 3.112

（4）窗的属性值及做法套用

窗的属性值及做法套用，如图 3.113 所示。

	编码	类别	名称	项目特征	单位	工程量表达式	表达式说明	单价	综合单价	措施项目
1	⊟ 010807001	项	塑钢窗		m²	DKMJ	DKMJ〈洞口面积〉			☐
2	A12-128	定	塑钢窗平开窗 带亮		m²	DKMJ	DKMJ〈洞口面积〉	23922.29		☐
3	⊟ 010811002	项	门窗周边塞缝		m	DKZC	DKZC〈洞口周长〉			☐
4	A12-166	定	门窗周边塞缝 水泥砂浆1:2.5		m	DKZC	DKZC〈洞口周长〉	415.44		☐

构件列表：窗 C0924 C1524 C1624

属性列表：
	属性名称	属性值	附加
1	名称	C0924	
2	类别	普通窗	☐
3	顶标高(m)	层底标高+3.05	☐
4	洞口宽度(mm)	900	☐
5	洞口高度(mm)	2400	☐
6	离地高度(mm)	650	☐
7	框厚(mm)	60	☐
8	立樘距离(mm)	0	☐
9	洞口面积(m²)	2.16	☐
10	是否随墙变斜	是	☐

图 3.113

其他窗可通过"复制"定义，修改名称和洞口宽度，如图 3.114—图 3.117 所示。

属性列表：
	属性名称	属性值	附加
1	名称	C1824	
2	类别	普通窗	☐
3	顶标高(m)	层底标高+3.05	☐
4	洞口宽度(mm)	1800	☐
5	洞口高度(mm)	2400	☐
6	离地高度(mm)	650	☐
7	框厚(mm)	60	☐
8	立樘距离(mm)	0	☐
9	洞口面积(m²)	4.32	☐
10	框外围面积(m²)	(4.32)	☐
11	框上下扣尺寸(	0	☐
12	框左右扣尺寸(	0	☐
13	是否随墙变斜	是	☐
14	备注		☐
15	⊞ 钢筋业务属性		
20	⊞ 土建业务属性		
22	⊞ 显示样式		

属性列表：
	属性名称	属性值	附加
1	名称	C1624	
2	类别	普通窗	☐
3	顶标高(m)	层底标高+3.05	☐
4	洞口宽度(mm)	1600	☐
5	洞口高度(mm)	2400	☐
6	离地高度(mm)	650	☐
7	框厚(mm)	60	☐
8	立樘距离(mm)	0	☐
9	洞口面积(m²)	3.84	☐
10	框外围面积(m²)	(3.84)	☐
11	框上下扣尺寸(	0	☐
12	框左右扣尺寸(	0	☐
13	是否随墙变斜	是	☐
14	备注		☐
15	⊞ 钢筋业务属性		
20	⊞ 土建业务属性		
22	⊞ 显示样式		

图 3.114　　　　　　　　　　**图 3.115**

属性列表			
	属性名称	属性值	附加
1	名称	C1524	☐
2	类别	普通窗	☐
3	顶标高(m)	层底标高+3.05	☐
4	洞口宽度(mm)	1500	☐
5	洞口高度(mm)	2400	☐
6	离地高度(mm)	650	☐
7	框厚(mm)	60	☐
8	立樘距离(mm)	0	☐
9	洞口面积(m²)	3.6	☐
10	框外围面积(m²)	(3.6)	☐
11	框上下扣尺寸(…	0	☐
12	框左右扣尺寸(…	0	☐
13	是否随墙变斜	是	☐
14	备注		☐
15	⊞ 钢筋业务属性		
20	⊞ 土建业务属性		
22	⊞ 显示样式		

图 3.116

属性列表			
	属性名称	属性值	附加
1	名称	C2424	☐
2	类别	普通窗	☐
3	顶标高(m)	层底标高+3.3	☐
4	洞口宽度(mm)	2400	☐
5	洞口高度(mm)	2400	☐
6	离地高度(mm)	650	☐
7	框厚(mm)	60	☐
8	立樘距离(mm)	0	☐
9	洞口面积(m²)	5.76	☐
10	框外围面积(m²)	(5.76)	☐
11	框上下扣尺寸(…	0	☐
12	框左右扣尺寸(…	0	☐
13	是否随墙变斜	是	☐
14	备注		☐
15	⊞ 钢筋业务属性		
20	⊞ 土建业务属性		
22	⊞ 显示样式		

图 3.117

4)做法套用

M1021 做法套用信息如图 3.118 所示,M5021 做法套用信息如图 3.119 所示,C0924 做法套用信息如图 3.120 所示,其他几个窗做法套用同 C0924。

	编码	类别	名称	项目特征	单位	工程量表达式	表达式说明	单价	综合单价	措施项目
1	⊟ 010801001	项	木质夹板门	M1021	m²	DKMJ	DKMJ<洞口面积>			☐
2	⌐ A12-28	定	装饰成品门 安装		m²	DKMJ	DKMJ<洞口面积>	39400.8		☐
3	⊟ 010811002	项	门窗周边塞缝		m	DKSMCD	DKSMCD<洞口三面长度>			☐
4	⌐ A12-166	定	门窗周边塞缝 水泥砂浆1:2.5		m	DKSMCD	DKSMCD<洞口三面长度>	415.44		☐

图 3.118

	编码	类别	名称	项目特征	单位	工程量表达式	表达式说明	单价	综合单价	措施项目
1	⊟ 010805002	项	旋转门	M5021	m²	DKMJ	DKMJ<洞口面积>			☐
2	⌐ A12-87	定	无框全玻门		m²	DKMJ	DKMJ<洞口面积>	20525.87		☐
3	⌐ A12-89	定	无框门配件 不带亮		扇	SL	SL<数量>	535		☐
4	⊟ 010811002	项	门窗周边塞缝		m	DKSMCD	DKSMCD<洞口三面长度>			☐
5	⌐ A12-166	定	门窗周边塞缝 水泥砂浆1:2.5		m	DKSMCD	DKSMCD<洞口三面长度>	415.44		☐

图 3.119

	编码	类别	名称	项目特征	单位	工程量表达式	表达式说明	单价	综合单价	措施项目
1	⊟ 010807001	项	塑钢窗		m²	DKMJ	DKMJ<洞口面积>			☐
2	⌐ A12-128	定	塑钢窗平开窗 带亮		m²	DKMJ	DKMJ<洞口面积>	23922.29		☐
3	⊟ 010811002	项	门窗周边塞缝		m	DKZC	DKZC<洞口周长>			☐
4	⌐ A12-166	定	门窗周边塞缝 水泥砂浆1:2.5		m	DKZC	DKZC<洞口周长>	415.44		☐

图 3.120

5)门窗洞口的画法讲解

门窗洞构件属于墙的附属构件,也就是说,门窗洞构件必须绘制在墙上。

门窗最常用的是"点"绘制。对于计算来说,一段墙扣减门窗洞口面积,只要门窗绘制在墙上即可,一般对于位置要求不用很精确,因此直接采用点绘制即可。在点绘制时,软件默认开启动态输入的数值框,可直接输入一边距墙端头的距离,或通过"Tab"键切换输入框。当门窗紧邻柱等构件布置时,考虑其上过梁与旁边的柱、墙扣减关系,需要对这些门窗精确定位。如一层平面图中的 M1,都是贴着柱边布置的。

（1）绘制门

①智能布置：墙段中点，如图3.121所示。

图3.121

②精确布置：用鼠标左键选择参考点，输入偏移值：600，如图3.122所示。

图3.122

③点绘制："Tab"键交换左右输入框，如图3.123所示。

④复制粘贴：如图3.124所示。

⑤镜像：如图3.125所示。

图 3.123

图 3.124

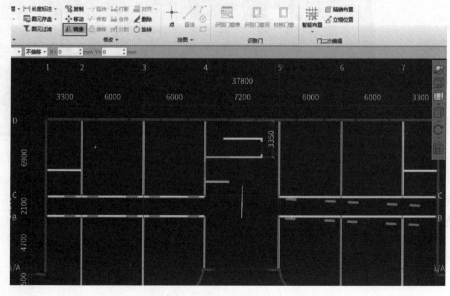

图 3.125

（2）绘制窗

①点绘制：如图 3.126 所示。

图 3.126

②精确布置：以Ⓐ、②～③轴的 C0924 为例，用鼠标左键单击Ⓐ轴和②轴交点，输入 850，然后按
"Enter"键即可。其他操作方法类似，如图 3.127 所示。

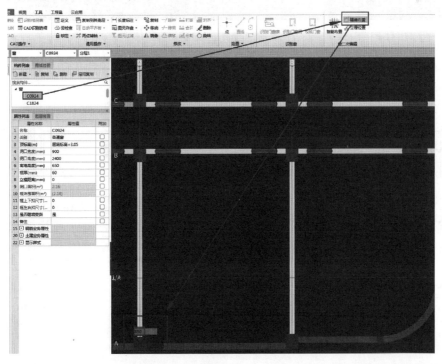

图 3.127

③长度标注:可利用"长度标注"命令,检查门窗布置的位置是否正确,如图 3.128 所示。

图 3.128

④镜像:可利用"镜像"命令,快速完成建模,如图 3.129 所示。

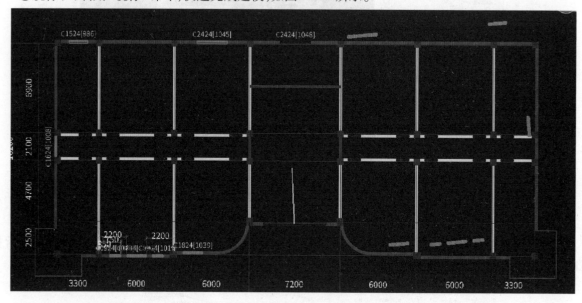

图 3.129

6) 阳台处转角窗的定义和绘制

①图纸建施-12,转角窗。顶标高:3.00,底标高:0.300,如图 3.130 所示。

图 3.130

②属性定义及做法套用,如图 3.131 所示。

图 3.131

③转角窗绘制。

选择"智能布置":"墙",拉框选择墙,如图 3.132 所示。

图 3.132

7)飘窗的属性定义及绘制

①识图,建施-04 和建施-12,如图 3.133 所示。

飘窗钢筋信息见结施-10 中 1—1 详图,如图 3.134 所示。

图 3.133

图 3.134

1—1详图（飘窗处）

注：飘窗板根部构件长度同飘窗板长度

②定义飘窗,如图 3.135 所示。

图 3.135

修改相关属性值如图 3.136 所示。

③做法套用如图 3.137 所示。

图 3.136

图 3.137

④绘制，采用精确布置方法，如图 3.138 所示。建施-04 中右侧部分操作方法相同，也可使用"镜像"命令完成绘制。

图 3.138

四、任务结果

汇总计算,统计本层门窗的清单、定额工程量,见表 3.29。

表 3.29 门窗的清单、定额工程量

序号	编码	项目名称	单位	工程量明细	
				绘图输入	表格输入
实体项目					
1	010801001001	木质夹板门 M1021	m²	42	
	A12-28	装饰成品门安装	100 m²	0.42	
2	010801004001	木质乙级防火门 FM乙1121	m²	2.31	
	A12-81	防火门木质	100 m²	0.0231	
3	010805002001	旋转门 M5021	m²	10.5	
	A12-87	无框全玻门	100 m²	0.105	
	A12-89	无框门配件不带亮	扇	1	
4	010807001001	塑钢窗	m²	72.48	
	A12-128	塑钢窗平开窗带亮	100 m²	0.7248	
5	010811001001	防火锁	把	1	
	A12-143	特殊五金地锁	把	1	
6	010811001002	闭门器	套	1	
	A12-149	特殊五金闭门器明装	套	1	
7	010811001003	防火铰链	副	3	
	A12-151	特殊五金防火门 防火铰链	副	3	
8	010811002001	门窗周边塞缝	m	345.1	
	A12-166	门窗周边塞缝水泥砂浆 1∶2.5	100 m	3.451	
9	011209001001	带骨架幕墙 ZJC1	m²	57.348	
	A10-340	铝合金玻璃幕墙明框	100 m²	0.57348	

问题思考

在什么情况下需要对门、窗进行精确定位?

3.6.2 过梁、圈梁、构造柱的工程量计算

通过本小节的学习,你将能够:

(1)依据定额和清单分析过梁、圈梁、构造柱的工程量计算规则;

(2)定义过梁、圈梁、构造柱;

（3）绘制过梁、圈梁、构造柱；

（4）统计本层过梁、圈梁、构造柱的工程量。

一、任务说明

①完成首层过梁、圈梁、构造柱的属性定义、做法套用及图元绘制。

②汇总计算,统计首层过梁、圈梁、构造柱的工程量。

二、任务分析

①首层过梁、圈梁、构造柱的尺寸种类分别有多少？分别能从哪个图中的什么位置找到？

②过梁伸入墙内长度如何计算？

③如何快速使用智能布置和自动生成构过梁构造柱？

三、任务实施

1）分析图纸

（1）圈梁

图纸结施-01（2）中,所有外墙窗下标高处增加钢筋混凝土现浇带,截面尺寸为墙厚×180 mm。

（2）过梁

结施-01（2）过梁尺寸及配筋表,如图3.139所示。

过梁尺寸及配筋表

门窗洞口宽度	≤1200		>1200 且≤2400		>2400 且≤4000		>4000 且≤5000	
断面 $b×h$	$b×120$		$b×180$		$b×300$		$b×400$	
配筋　　墙厚	①	②	①	②	①	②	①	②
$b≤90$	2 φ 10	2 ⊈ 14	2 ⊈ 12	2 ⊈ 16	2 ⊈ 14	2 ⊈ 18	2 ⊈ 16	2 ⊈ 20
$90<b<240$	2 φ 10	3 ⊈ 12	2 ⊈ 12	3 ⊈ 14	2 ⊈ 14	3 ⊈ 16	2 ⊈ 16	3 ⊈ 20
$b≥240$	2 φ 10	4 ⊈ 12	2 ⊈ 12	4 ⊈ 14	2 ⊈ 14	4 ⊈ 16	2 ⊈ 16	4 ⊈ 20

图 3.139

（3）构造柱

结施-01（2）中构造柱的尺寸、钢筋信息及布置位置,如图3.140所示。

（4）构造柱的设置：本图构造柱的位置设置见图9,构造柱的尺寸和配筋见图10。

构造柱上、下端框架梁处500 mm高度范围内,箍筋间距加密到@100。

图 3.140

2)清单、定额计算规则学习

(1)清单计算规则学习

过梁、圈梁、构造柱清单计算规则,见表3.30。

表 3.30 过梁、圈梁、构造柱清单计算规则

编号	项目名称	单位	计算规则
010503005	过梁	m³	按设计图示尺寸以体积计算。伸入砌体内的梁头、梁垫并入梁体积内计算;伸入混凝土墙内的梁部分体积并入墙计算
011702009	过梁模板	m²	按模板与现浇混凝土构件的接触面积计算。计算梁模板时,不扣除梁与梁交接处的模板面积
010503004	圈梁	m³	按设计图示断面面积乘以梁长以体积计算。伸入砌体内的梁头、梁垫并入梁体积内计算;伸入混凝土墙内的梁部分体积并入墙计算
011702008	圈梁模板	m²	按模板与现浇混凝土构件的接触面积计算。计算梁模板时,不扣除梁与梁交接处的模板面积
010502002	构造柱	m³	按设计图示断面面积乘以柱高以体积计算。构造柱按全高计算,与砖墙嵌接部分的体积并入柱身体积内计算
011702003	构造柱模板	m²	按模板与现浇混凝土构件的接触面积计算。构造柱按外露部分计算模板面积,留马牙槎的按其最宽处计算模板宽度
010507005	压顶	m³	按设计图示尺寸以体积计算
011702028	压顶模板	m²	混凝土压顶模板以长度计算

(2)定额计算规则学习

过梁、圈梁、构造柱定额计算规则,见表3.31。

表 3.31 过梁、圈梁、构造柱定额计算规则

编号	项目名称	单位	计算规则
A4-25	混凝土 过梁	10 m³	按设计图示断面面积乘以梁长以立方米计算
A17-76	过梁 胶合板模板 木支撑	100 m²	按混凝土与模板接触面积以平方米计算
A4-24	混凝土 圈梁	10 m³	按设计图示断面面积乘以梁长以立方米计算 (1)圈梁通过门窗洞口时,门窗洞口宽加500 mm的长度作过梁计算,其余作圈梁计算 (2)卫生间四周坑壁采用素混凝土时,套圈梁定额
A17-72	圈梁 直形胶合板模板 木支撑	100 m²	按混凝土与模板接触面积以平方米计算
A17-81	梁支撑高度超过3.6 m 每增加1 m 木支撑	100 m²	模板支撑高度在3.6 m以上时,超过的部分,按每超过1 m增加定额子目,并计算该部分的工程量
A4-20	混凝土柱 构造柱	10 m³	按设计图示尺寸实体体积以立方米计算。构造柱按全高计算,与砖墙嵌接部分的体积并入柱身体积内计算

编号	项目名称	单位	计算规则
A17-58	构造柱 胶合板模板 木支撑	100 m²	按混凝土与模板接触面积以平方米计算。构造柱按外露部分计算模板面积,留马牙槎的按最宽面计算模板宽度
A17-61	柱支撑超过3.6 m 每增加1 m 木支撑	100 m²	模板支撑高度在3.6 m 以上时,超过的部分,按每超过1 m 增加定额子目,并计算该部分的工程量
A4-53	混凝土 压顶	10 m³	按设计图示尺寸以体积计算
A17-118	压顶木模板 木支撑	100 延长米	混凝土压顶以长度计算

3) 定义、构件做法

①圈梁属性定义及做法套用,如图 3.141 所示。

图 3.141

②过梁属性定义及做法套用。分析首层外墙厚为 250 mm,内墙为 200 mm。分析建施-01 门窗表门宽度为 5000 mm 和 1000 mm。窗宽度为 900,1500,1600,1800,2400 mm,则可依据门窗宽度新建过梁信息,如图 3.142—图 3.145 所示。

图 3.142

图 3.143

图 3.144

图 3.145

③构造柱属性定义及做法套用,如图 3.146 所示。

图 3.146

4) 绘制构件

(1) 圈梁绘制

利用"智能布置"功能,选中外墙有窗需要布置的部分,如图 3.147 所示。

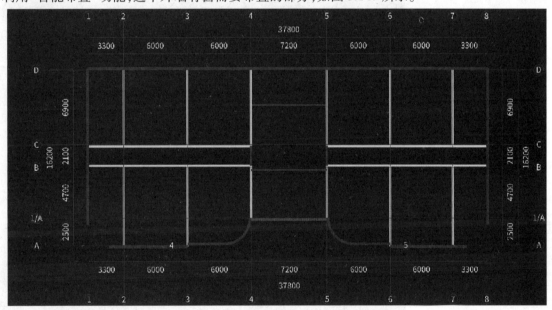

图 3.147

(2) 过梁绘制

绘制过梁,GL-1 用智能布置功能,按门窗洞口宽度布置,如图 3.148 和图 3.149 所示。

图 3.148

用单击鼠标左键"确定"即可完成 GL-1 的布置。其他几根过梁操作方法同 GL-1。

GL-2:"智能布置"按门窗洞口宽度布置,如图 3.150 所示。

GL-3:"智能布置"按门窗洞口宽度布置,如图 3.151 所示。

图 3.149

图 3.150

图 3.151

GL-4:用点功能绘制,如图 3.152 所示。

图 3.152

(3)构造柱绘制

按照结施-01"(2)图 9 所示"的位置绘制上去即可。其绘制方法同柱,可选择窗的端点,按下"Shift"键,弹出"请输入偏移值"对话框,如图 3.153 所示。

单击"确定"按钮,完成后如图 3.154 所示。

图 3.153

图 3.154

四、任务结果

汇总计算,统计本层过梁、圈梁、构造柱清单、定额工程量,见表 3.32。

表 3.32 过梁、圈梁、构造柱清单、定额工程量

序号	编码	项目名称	单位	工程量明细	
				绘图输入	表格输入
实体项目					
1	010502002001	构造柱 (1)混凝土种类:商品混凝土 (2)混凝土强度等级:C25	m³	4.2746	
	A4-20	混凝土柱构造柱(碎石)换为【碎石 GD40 商品普通混凝土 C25】	10 m³	0.42746	
2	010503004001	圈梁 (1)混凝土种类:商品混凝土 (2)混凝土强度等级:C25	m³	3.5186	
	A4-24	混凝土圈梁(碎石)换为【碎石 GD40 商品普通混凝土 C25】	10 m³	0.35186	

续表

序号	编码	项目名称	单位	工程量明细	
				绘图输入	表格输入
3	010503005001	过梁 (1)混凝土种类:商品混凝土 (2)混凝土强度等级:C25	m³	2.2994	
	A4-25	混凝土过梁(碎石) 换为【碎石 GD40 商品普通混凝土 C25】	10 m³	0.22994	
措施项目					
1	011702003001	构造柱 模板高度:3.6 m 以内	m²	48.3314	
	A17-58	构造柱胶合板模板 木支撑	100 m²	0.483314	
2	011702008001	圈梁	m²	29.1241	
	A17-72	圈梁直形胶合板模板 木支撑	100 m²	0.291241	
3	011702009001	过梁	m²	31.6829	
	A17-76	过梁胶合板模板 木支撑	100 m²	0.316829	

五、总结拓展

圈梁的属性定义

在导航树中单击"梁"→"圈梁",在"构件列表"中单击"新建"→"新建圈梁",在"属性编辑框"中输入相应的属性值,绘制完圈梁后,需手动修改圈梁标高。

问题思考

(1)简述构造柱的设置位置。

(2)为什么外墙窗顶没有设置圈梁?

(3)自动生成构造柱符合实际要求吗? 如果不符合,则需要做哪些调整?

3.7 楼梯工程量计算

通过本节的学习,你将能够:
正确计算楼梯的土建及钢筋工程量。

3.7.1 楼梯的定义和绘制

通过本小节的学习,你将能够:
(1)分析整体楼梯包含的内容;
(2)定义参数化楼梯;
(3)绘制参数化楼梯;
(4)统计各层楼梯土建工程量。

一、任务说明

①使用参数化楼梯来完成楼梯的属性定义及做法套用。

②汇总计算,统计楼梯的工程量。

二、任务分析

①楼梯由哪些构件组成?每一构件都对应有哪些工作内容?做法如何套用?

②如何正确地编辑楼梯各构件的工程量表达式?

三、任务实施

1)分析图纸

分析建施-13、结施-13 及各层平面图可知,本工程有一部楼梯,即位于④~⑤轴间与Ⓒ~Ⓓ轴间的为一号楼梯。楼梯从负一层开始到第三层。

依据定额计算规则可知,楼梯按照水平投影面积计算混凝土和模板面积。通过分析图纸可知,TZ1工程量不包含在整体楼梯中,需单独计算。

从建施-13 剖面图可知,楼梯栏杆为 1.05 m 高栏杆带木扶手。由平面图知,阳台栏杆为 0.9 m 高的不锈钢栏杆。

2)定额、清单计算规则学习

(1)清单计算规则学习

楼梯清单计算规则,见表 3.33。

表 3.33　楼梯清单计算规则

编号	项目名称	单位	计算规则
010506001	直形楼梯	m²	楼梯包括休息平台、梁、斜梁及楼梯与楼板的连接梁,按设计图示尺寸以水平投影面积计算,不扣除宽度<500 mm 的楼梯井所占面积,楼梯踏步、踏步板、平台梁等侧面模板不另计算,伸入墙内部分亦不增加
011702024	楼梯模板	m²	

(2)定额计算规则学习

楼梯定额计算规则,见表 3.34。

表 3.34　楼梯定额计算规则

编号	项目名称	单位	计算规则
A4-49	混凝土直形楼梯板厚 100 mm	10 m²	楼梯包括休息平台、梁、斜梁及楼梯与楼板的连接梁,按设计图示尺寸以水平投影面积计算,不扣除宽度<500 mm 的楼梯井所占的面积,楼梯踏步、踏步板、平台梁等侧面模板不另计算,伸入墙内部分亦不增加
A4-50	混凝土直形楼梯每增减 10 mm	10 m²	
A17-115	楼梯 直形 胶合板模板 钢支撑	10 m²	

3)楼梯定义

楼梯可按照水平投影面积布置,也可绘制参数化楼梯,本工程按照参数化布置是为了方便计算楼梯底面抹灰等装修工程的工程量。

(1)新建楼梯

本工程楼梯为直形双跑楼梯,以本图纸楼梯为例进行讲解。在导航树中选择"楼梯"→"楼梯"→"参数化楼梯",如图 3.155 所示,选择"标准双跑楼梯",单击"确定"按钮,进入"选择参数化图形"对话框,按照结施-13 中的数据更改右侧绿色的字体,编辑完参数后,单击"确定"按钮即可,如图 3.156 所示。

图 3.155

图 3.156

(2)定义属性

根据该案例,结合结施-13,对 1 号楼进行属性的信息输入,如图3.157 所示。

4)做法套用

1 号楼梯的做法套用,如图 3.158 所示。

5)楼梯画法讲解

首层楼梯绘制。楼梯可用点画绘制,点画绘制时需要注意楼梯的位置。绘制的楼梯图元如图 3.159 所示。

	属性名称	属性值	附加
1	名称	楼梯	
2	截面形状	标准双跑I	☐
3	建筑面积计算...	不计算	☐
4	图元形状	直形	☐
5	混凝土强度等级	(C20)	☐
6	混凝土外加剂	(无)	☐
7	泵送类型	(混凝土泵)	☐
8	泵送高度(m)		
9	底标高(m)	层底标高	☐
10	备注		☐
11	⊞ 钢筋业务属性		
14	⊞ 土建业务属性		

图 3.157

	编码	类别	名称	项目特征	单位	工程量表达式	表达式说明	单价	综合单价	措施项目
1	⊟ 010506001	项	直形楼梯	1、混凝土种类:商品混凝土 2、混凝土强度等级：C30	m²	TYMJ	TYMJ〈水平投影面积〉			☐
2	A4-49	定	混凝土直形楼梯 板厚100mm(碎石)	m²	1.7*3.2	5.44		678.39		☐
3	A4-49 + A4-50 * 3	换	混凝土直形楼梯 板厚100mm(碎石) 实际厚度(mm)：130	m²	TYMJ-1.7*3.2	TYMJ〈水平投影面积〉-1.7*3.2		678.39		☐
4	⊟ 011702024	项	楼梯		m²	TYMJ	TYMJ〈水平投影面积〉			☑
5	A17-115	定	楼梯 直形 胶合板模板 钢支撑		m²投影面积	TYMJ	TYMJ〈水平投影面积〉	920.18		☑

图 3.158

图 3.159

四、任务结果

汇总计算,统计首层楼梯的清单、定额工程量,见表 3.35。

表 3.35　首层楼梯的清单、定额工程量

序号	编码	项目名称	单位	工程量明细	
				绘图输入	表格输入
		实体项目			
1	010506001001	直形楼梯 (1)混凝土种类:商品混凝土 (2)混凝土强度等级:C30	m²	16.725	
	A4-49	混凝土直形楼梯板厚 100 mm(碎石)	10 m²	0.544	
	A4-49+A4-50 * 3	混凝土直形楼梯板厚 100 mm(碎石) 实际厚度:130 mm	10 m²	1.1285	
		措施项目			
1	011702024001	楼梯	m²	16.725	
	A17-115	楼梯 直形 胶合板模板 钢支撑	10 m²投影面积	1.6725	

五、知识拓展

组合楼梯的绘制

组合楼梯就是楼梯使用单个构件绘制后的楼梯,每个单构件都要单独定义、单独绘制,绘制方法如下:

(1)组合楼梯构件的定义

①直形梯段的属性定义,单击"新建""直形梯段",按照结施-13 的信息输入相应数据,如图 3.160 所示。

②休息平台的属性定义,单击"新建现浇板",按照结施-13 的信息输入相应数据,如图 3.161 所示。

③梯梁的属性定义,单击"新建矩形梁",将上述图纸信息输入,如图 3.162 所示。

图 3.160

图 3.161

图 3.162

(2)做法套用

其做法套用与上述楼梯做法套用相同。折算厚度需单独计算。

(3)直形梯段画法

直形梯段可以直线绘制也可以矩形绘制,绘制后单击"设置踏步起始边"即可。休息平台也一样,绘制方法同现浇板。绘制后如图 3.163 所示。

图 3.163

（4）梯梁的绘制梯梁的绘制
参考梁的部分内容。

（5）休息平台的绘制
休息平台的绘制参考板部分,休息平台上的钢筋参考板钢筋部分。

问题思考

整体楼梯的工程量中是否包含 TZ1、墙中的 TL1 和 TL2?

3.7.2 表格输入法计算楼梯梯板钢筋量

通过本小节的学习,你将能够:
正确运用表格输入法计算工程量。

一、任务说明

在表格输入中运用参数输入法完成所有层楼梯的钢筋量计算。

二、任务分析

以首层 1 号楼梯为例,参考结施-13 及建施-13,读取梯板的相关信息,如梯板厚度、钢筋信息及楼梯具体位置。

三、任务实施

①如图 3.164 所示,切换到"工程量"选项卡,单击"表格输入"。

②在"表格输入"界面选择单击"构件",添加构件"AT1",根据图纸信息,输入 AT1 的相关属性信息,如图 3.165 所示。

图 3.165

图 3.164

③新建构件后,单击"参数输入",在弹出的"图集列表"中,选择相应的楼梯类型,如图 3.166 所示。这里以 AT 型楼梯为例。

图 3.166

④在楼梯的参数图中,以首层 1 号楼梯为例,参考结施-13 及建施-13,按照图纸标注输入各个位置的钢筋信息和截面信息,如图 3.167 所示。输入完毕后,选择"计算保存"。

图 3.167

四、任务结果

查看报表预览中的构件汇总信息明细表。同学们可通过钢筋对量软件对比钢筋量,并查找差异原因。任务结果参考第 10 章表格输入。

问题思考

参数化楼梯中的钢筋是否包括梯梁和平台板中的钢筋?

4 第二、三层工程量计算

通过本章的学习,你将能够:
(1)掌握层间复制图元的方法;
(2)掌握修改构件图元的方法。

4.1 二层工程量计算

通过本节的学习,你将能够:
掌握层间复制图元的两种方法。

一、任务说明
①使用层间复制方法完成二层柱、梁、板、墙体、门窗的做法套用及图元绘制。
②查找首层与二层的不同部分,将不同部分进行修正。
③汇总计算,统计二层柱、梁、板、墙体、门窗的工程量。

二、任务分析
①对比二层与首层的柱、梁、板、墙体、门窗都有哪些不同,分别从名称、尺寸、位置、做法 4 个方面进行对比。
②从其他楼层复制构件图元与复制选定图元到其他楼层有什么不同?

三、任务实施
1)分析图纸
(1)分析框架柱
分析结施-04,二层框架柱和首层框架柱相比,截面尺寸、混凝土强度等级没有差别,不同的是钢筋信息全部发生变化。
(2)分析梁
分析结施-05 和结施-06,二层的梁和一层的梁相比截面尺寸、混凝土强度等级没有差别,唯一不同的是Ⓑ/④~⑤轴处 KL4 发生了变化。
(3)分析板
分析结施-08 和结施-09,二层的板和一层的板相比,④~⑤/Ⓐ~Ⓑ轴增加了 130 m 的板,⑤~⑥/Ⓒ~Ⓓ轴区域底部的 X 方向钢筋有变化。④/Ⓐ~Ⓑ轴范围负筋有变化。
(4)分析墙
分析建施-04、建施-05,二层砌体与一层砌体基本相同。
(5)分析门窗
分析建施-04、建施-05,二层门窗与一层门窗基本相同。二层在④~⑤轴为 C5027。

2)画法讲解

从其他楼层复制图元。在二层中,单击"从其他层复制",源楼层选择"首层",图元选择"柱、墙、门窗洞、梁、板、楼梯",目标楼层选择"第2层",单击"确定"按钮,弹出"图元复制成功"提示框,如图4.1—图4.3所示。

图 4.1

图 4.2

图 4.3

3)修改构件

为避免漏掉一些构件,复制后的构件可按照画图的顺序修改。

二层构件的修改方法如下:

①分别修改柱的钢筋信息,如图4.4—图4.9所示。

	属性名称	属性值
1	名称	KZ1
2	结构类别	框架柱
3	定额类别	普通柱
4	截面宽度(B边)(...	500
5	截面高度(H边)(...	500
6	全部纵筋	
7	角筋	4Φ22
8	B边一侧中部筋	3Φ16
9	H边一侧中部筋	3Φ16
10	箍筋	Φ8@100(4*4)
11	节点区箍筋	
12	箍筋胶数	4*4
13	柱类型	(中柱)
14	材质	现浇混凝土
15	混凝土类型	(砾石 GD40 细砂水泥...
16	混凝土强度等级	(C30)
17	混凝土外加剂	(无)
18	泵送类型	(混凝土泵)
19	泵送高度(m)	(7.45)
20	截面面积(m²)	0.25
21	截面周长(m)	2
22	顶标高(m)	层顶标高(7.45)
23	底标高(m)	层底标高(3.85)
24	备注	
25	⊞ 钢筋业务属性	

截面编辑

图 4.4

	属性名称	属性值	附加
1	名称	KZ2	
2	结构类别	框架柱	☐
3	定额类别	普通柱	☐
4	截面宽度(B边)(...	500	☐
5	截面高度(H边)(...	500	☐
6	全部纵筋		
7	角筋	4Φ22	☐
8	B边一侧中部筋	3Φ16	☐
9	H边一侧中部筋	3Φ16	☐
10	箍筋	Φ8@100/200(4*4)	☐
11	节点区箍筋		☐
12	箍筋胶数	4*4	
13	柱类型	(中柱)	
14	材质	现浇混凝土	☐
15	混凝土类型	(砾石 GD40 细砂水...	☐
16	混凝土强度等级	(C30)	☐
17	混凝土外加剂	(无)	
18	泵送类型	(混凝土泵)	
19	泵送高度(m)		
20	截面面积(m²)	0.25	☐
21	截面周长(m)	2	☐
22	顶标高(m)	层顶标高	☐
23	底标高(m)	层底标高	☐
24	备注		☐
25	⊞ 钢筋业务属性		

截面编辑

图 4.5

	属性名称	属性值	附加
1	名称	KZ3	
2	结构类别	框架柱	☐
3	定额类别	普通柱	☐
4	截面宽度(B边)(...	500	☐
5	截面高度(H边)(...	500	☐
6	全部纵筋		
7	角筋	4Φ22	☐
8	B边一侧中部筋	3Φ18	☐
9	H边一侧中部筋	3Φ18	☐
10	箍筋	Φ8@100/200(4*4)	☐
11	节点区箍筋		☐
12	箍筋胶数	4*4	
13	柱类型	(中柱)	
14	材质	现浇混凝土	☐
15	混凝土类型	(砾石 GD40 细砂水...	☐
16	混凝土强度等级	(C30)	☐
17	混凝土外加剂	(无)	
18	泵送类型	(混凝土泵)	
19	泵送高度(m)		
20	截面面积(m²)	0.25	☐
21	截面周长(m)	2	☐
22	顶标高(m)	层顶标高	☐
23	底标高(m)	层底标高	☐
24	备注		☐
25	⊞ 钢筋业务属性		

截面编辑

图 4.6

图 4.7

图 4.8

图 4.9

②修改梁的信息。单击"原位标注",选中 KL4,按图分别修改左右支座钢筋和跨中钢筋,如图 4.10 和图 4.11 所示。

图 4.10

图 4.11

③修改板的信息。

第一步,"点"绘制④~⑤/Ⓐ~Ⓑ轴区域 130 mm 板。

第二步,绘制板受力筋,选择"单板"→"X、Y 向布置",如图 4.12 所示。

第三步,修改负筋信息,选中④/Ⓐ~Ⓑ轴负筋,修改右标注长度为 1200 mm,按"Enter"键,如图4.13 所示。

图 4.12   图 4.13

其他几个位置的修改方法相同。

④修改门窗的信息。选中 M5021,删除,C5027 用点绘制在相同位置即可,如图 4.14 所示。

图 4.14

四、任务结果

汇总计算,统计二层清单、定额工程量,见表 4.1。

表 4.1   二层清单、定额工程量

项目编码	项目名称及特征描述	单位	工程量
010402001001	砌块墙 (1)砌块品种、规格、强度等级:陶粒混凝土空心砌块 (2)墙体类型:直形墙 (3)墙体厚度:240 mm (4)砂浆强度等级、配合比:M5 水泥砂浆 (5)填充材料种类:C20 混凝土	m^3	35.8434

项目编码	项目名称及特征描述	单位	工程量
010402001002	砌块墙 (1)砌块品种、规格、强度等级:陶粒混凝土空心砌块 (2)墙体类型:弧形墙 (3)墙体厚度:240 mm (4)砂浆强度等级、配合比:M5 水泥砂浆 (5)填充材料种类:C20 混凝土	m³	4.4486
010402001003	砌块墙 (1)砌块品种、规格、强度等级:陶粒混凝土空心砌块 (2)墙体类型:直形墙 (3)墙体厚度:190 mm (4)砂浆强度等级、配合比:M5 水泥砂浆 (5)填充材料种类:C20 混凝土	m³	67.4
010502001001	矩形柱 (1)混凝土种类:商品混凝土 (2)混凝土强度等级:C30	m³	29.52
010502001002	矩形柱 (1)混凝土种类:商品混凝土 (2)混凝土强度等级:C25	m³	0.108
010502002001	构造柱 (1)混凝土种类:商品混凝土 (2)混凝土强度等级:C25	m³	3.9
010503004001	圈梁 (1)混凝土种类:商品混凝土 (2)混凝土强度等级:C25	m³	3.5186
010503005001	过梁 (1)混凝土种类:商品混凝土 (2)混凝土强度等级:C25	m³	1.0212
010504001001	直形墙 (1)混凝土种类:商品混凝土 (2)混凝土强度等级:C30	m³	6.284
010505001001	有梁板 (1)混凝土种类:商品混凝土 (2)混凝土强度等级:C30	m³	114.3679
010505006001	栏板 (1)混凝土种类:商品混凝土 (2)混凝土强度等级:C30	m³	1.7572
010505008001	雨篷、悬挑板、阳台板 (1)混凝土种类:商品混凝土 (2)混凝土强度等级:C30	m³	4.2248

续表

项目编码	项目名称及特征描述	单位	工程量
010506001001	直形楼梯 (1)混凝土种类:商品混凝土 (2)混凝土强度等级:C30	m²	16.1146
010801001001	木质夹板门 M1021	m²	46.2
010807001001	塑钢窗	m²	85.98
010811002001	门窗周边塞缝	m	357.3468
010904002001	楼(地)面涂膜防水(楼面 2) (1)1.2 mm 厚聚合物水泥防水涂料,四周沿墙上翻 150 mm (2)刷冷底子油一遍	m²	59.4654
011001003001	外墙外保温胶粉聚苯颗粒厚度 30 mm 涂料饰面 (1)刷素水泥浆一遍(内掺水重 3%~5%白乳胶) (2)胶粉聚苯颗粒保温砂浆 (3)4 mm 厚耐碱玻纤网布抗裂砂浆,内掺 5%JX-Ⅱ防水剂	m²	302.8775
011001003002	外墙外保温胶粉聚苯颗粒厚度 30 mm 涂料饰面 (1)刷素水泥浆一遍(内掺水重 3%~5%白乳胶) (2)胶粉聚苯颗粒保温砂浆 (3)4 mm 厚耐碱玻纤网布抗裂砂浆,内掺 5%JX-Ⅱ防水剂	m²	16.1424
011101001001	水泥砂浆楼地面(楼面 4) (1)20 mm 厚 1:2 水泥砂浆抹面压光 (2)素水泥浆结合层一道	m²	64.985
011101003001	细石混凝土楼地面(楼面 2) 最薄处 30 mm 厚 C20 细石混凝土找坡层抹平	m²	43.4634
011102001001	石材楼地面(楼面 3) (1)20 mm 厚大理石铺实拍平,水泥浆擦缝 (2)30 mm 厚 1:4 干硬性水泥砂浆结合层 (3)素水泥浆结合层一遍	m²	92.0538
011102003001	块料楼地面(楼面 2) (1)8~10 mm 厚 400 mm×400 mm 防滑砖砖铺实拍平,水泥浆擦缝 (2)20 mm 厚 1:4 干硬性水泥砂浆	m²	43.8534
011102003002	块料楼地面(楼面 1) (1)8~10 mm 厚 600 mm×600 mm 陶瓷地砖铺实拍平,水泥浆擦缝 (2)20 mm 厚 1:4 干硬性水泥砂浆 (3)素水泥浆结合层一遍	m²	325.7094
011105001001	水泥砂浆踢脚线(踢脚 3) (1)15 mm 厚 1:3 水泥砂浆 (2)10 mm 厚 1:2 水泥抹面砂浆压光 (3)高度:100 mm	m²	8.4192

项目编码	项目名称及特征描述	单位	工程量
011105002001	石材踢脚线(踢脚2) (1)15 mm 厚1:3水泥砂浆 (2)5~6 mm 厚1:1水泥砂浆加水重20%建筑胶镶贴 (3)10 mm 厚大理石板 (4)高度:100 mm	m^2	8.4594
011105003001	块料踢脚线(踢脚1) (1)17 mm 厚1:3水泥砂浆 (2)3~4 mm 厚1:1水泥砂浆加水重20%建筑胶镶贴 (3)8~10 mm 厚面砖,水泥浆擦缝 (4)高度:100 mm	m^2	19.6171
011106001001	石材楼地面(楼面3) (1)20 mm 厚大理石铺实拍平,水泥浆擦缝 (2)30 mm 厚1:4干硬性水泥砂浆结合层 (3)素水泥浆结合层一遍	m^2	16.1146
011201001002	墙面一般抹灰(外墙3) (1)12 mm 厚1:3水泥砂浆 (2)8 mm 厚1:2.5水泥砂浆木抹搓平	m^2	16.1424
011201001003	墙面一般抹灰(内墙面1) (1)15 mm 厚1:1:6水泥石灰砂浆 (2)5 mm 厚1:0.5:3水泥石灰砂浆	m^2	1057.0899
011201005001	墙面钉(挂)网 0.5 mm 镀锌铁丝网(网眼25 mm×25 mm)	m^2	780.9031
011202001001	柱、梁面一般抹灰 (1)15 mm 厚1:1:6水泥石灰砂浆 (2)5 mm 厚1:0.5:3水泥石灰砂浆	m^2	13.424
011204007001	块料墙面(外墙1) (1)15 mm 厚专用抹灰砂浆,分两次抹灰 (2)刷素水泥浆一遍 (3)4~5 mm 厚1:1水泥砂浆加水重20%建筑胶镶贴 (4)8~10 mm 厚200 mm×300 mm 陶瓷面砖,白水泥浆擦缝	m^2	302.8775
011204007002	300 mm×300 mm 釉面砖块料墙面(内墙面2) (1)15 mm 厚1:3水泥砂浆 (2)刷素水泥浆一遍 (3)4~5 mm 厚1:1水泥砂浆加水重20%建筑胶镶贴 (4)4~5 mm 厚300 mm×300 釉面砖,白水泥浆擦缝	m^2	157.5503
011209001001	带骨架幕墙 ZJC1	m^2	57.1682
011301001001	天棚抹灰(天棚1) (1)钢筋混凝土板底面清理干净 (2)5 mm 厚1:1:4水泥石灰砂浆 (3)5 mm 厚1:0.5:3水泥石灰砂浆	m^2	412.22

续表

项目编码	项目名称及特征描述	单位	工程量
011301001002	天棚抹灰(天棚1) (1)钢筋混凝土板底面清理干净 (2)5 mm 厚1:1:4水泥石灰砂浆 (3)15 mm 厚1:0.5:3水泥石灰砂浆	m²	20.6727
011302001001	铝合金板条吊顶天棚(吊顶1) (1)0.8~1.0 mm 厚铝合金条板面层 (2)条板轻钢龙骨 TG45×48(或 50×26),中距≤1200 mm (3)U 形轻钢大龙骨[38×12×1.2,中距≤1200 mm,与钢筋吊杆固定 (4)φ6 钢筋吊杆,双向中距≤1200 mm,与板底预埋吊环固定 (5)现浇混凝土板底预留 φ10 钢筋吊环,双向中距≤1200 mm(预制板可在板缝内预留吊环)	m²	116.4085
011302001002	岩棉吸声板吊顶天棚(吊顶2) (1)12 mm 厚矿棉吸声板用专用黏结剂粘贴 (2)9.5 mm 厚纸面石膏板(3000 mm×1200 mm)用自攻螺丝固定中距≤200 mm (3)U 形轻钢横撑龙骨 U27×60×0.63,中距 1200 mm (4)U 形钢中龙骨 U27×60×0.63,中距等于板材 1/3 宽度 (5)φ8 螺栓吊杆,双向中距≤1200 mm,与钢筋吊环固定 (6)现浇混凝土板底预留 φ10 钢筋吊环,双向中距≤1200 mm	m²	43.4634
011303002001	玻璃钢雨棚(二层)	m²	27.72
011406003001	内墙面刮腻子(内墙面1) 刮双飞粉腻子两遍	m²	1057.0899
011406003002	天棚面刮腻子(天棚1) 刮双飞粉腻子两遍	m²	412.22
011407001001	喷(刷)外墙涂料(外墙3) (1)喷或滚刷底涂料一遍 (2)喷或滚刷涂料两遍	m²	16.1424
011407001002	刷(喷)内墙涂料(内墙面1) 刷白色乳胶漆两遍	m²	1057.0899
011407002001	刷(喷)天棚涂料(天棚1) 刷白色乳胶漆两遍	m²	412.22
011503001001	金属扶手、栏杆、栏板 900 mm 高不锈钢栏杆	m	19.558
011503001002	竖条式不锈钢扶手栏杆(楼梯) (1)做法采用 11ZJ401W/1215/37 (2)不锈钢材质:201	m	8.6498
011503008001	大堂上空玻璃栏板 900 mm 高玻璃栏杆	m	7.2
011701001002	扣件式钢管外脚手架双排 20 m 以内	m²	342.648

续表

项目编码	项目名称及特征描述	单位	工程量
011701001003	弧形外脚手架 20 m 以内	m²	26.8606
011701002001	扣件式钢管里脚手架 3.6 m 以内	m²	451.4184
011701011001	楼板现浇混凝土运输道	m²	603.5264
011702002001	矩形柱 模板高度:3.6 m 以内	m²	228.3261
011702003001	构造柱 模板高度:3.6 m 以内	m²	44.5052
011702008001	圈梁	m²	29.1241
011702009001	过梁	m²	18.8389
011702011001	直形墙 模板高度:3.6 m 以内	m²	64.578
011702014001	有梁板 模板高度:3.6 m 以内	m²	823.9258
011702021001	栏板	m²	22.062
011702023001	雨篷、悬挑板、阳台板 模板高度:3.6 m 以内	m²	24.5478
011702024001	楼梯	m²	16.1146

五、总结拓展

两种层间复制方法

从其他楼层复制构件图元:将其他楼层的构件图元复制到目标层,只能选择构件来控制复制范围。

复制选定图元到其他楼层:将选中的图元复制到目标层,可通过选择图元来控制复制范围。

问题思考

飘窗是否计算建筑面积?

4.2 三层工程量计算

通过本节的学习,你将能够:

掌握层间复制图元的两种方法。

一、任务说明

①使用层间复制方法完成三层柱、梁、板、墙体、门窗的做法套用及图元绘制。

②查找三层、二层与首层的不同部分,将不同部分进行修正。

③汇总计算,统计三层柱、梁、板、墙体、门窗的工程量。

二、任务分析

①对比三层与首层、二层的柱、梁、板、墙体、门窗都有哪些不同,分别从名称、尺寸、位置、做法4个方面进行对比。

②从其他楼层复制构件图元与复制选定图元到其他楼层有什么不同?

三、任务实施

1)分析图纸

(1)分析框架柱

分析结施-04,三层框架柱和二层框架柱相比,截面尺寸、混凝土强度等级没有差别,与钢筋信息一样,只有标高不一样。

(2)分析梁

分析结施-06,三层梁和首层梁信息一样。

(3)分析板

分析结施-结施-10,三层板和首层板信息一样。

(4)分析墙

分析建施-建施-05,三层砌体与二层的基本相同。

(5)分析门窗

分析建施-建施-05,三层门窗与二层的基本相同。

2)画法讲解

(1)从其他楼层复制图元

在三层中,选择"从其他楼层复制图元",源楼层选择"第2层",图元选择"柱、墙、门窗洞、楼梯",目标楼层选择"第3层",单击"确定"按钮,弹出"图元复制成功"提示框,如图4.15所示。

图 4.15

（2）继续从其他楼层复制图元

在三层中，选择"从其他楼层复制图元"，源楼层选择"首层"，图元选择"梁、板"，目标楼层选择"第3层"，单击"确定"按钮，弹出"图元复制成功"提示框，如图4.16所示。即可完成三层的全部绘制。

图 4.16

四、任务结果

汇总计算，统计三层清单、定额工程量，见表4.2。

表4.2　三层清单、定额工程量

项目编码	项目名称及特征描述	单位	工程量
010402001001	砌块墙 (1)砌块品种、规格、强度等级:陶粒混凝土空心砌块 (2)墙体类型:直形墙 (3)墙体厚度:240 mm (4)砂浆强度等级、配合比:M5 水泥砂浆 (5)填充材料种类:C20 混凝土	m^3	35.8434
010402001002	砌块墙 (1)砌块品种、规格、强度等级:陶粒混凝土空心砌块 (2)墙体类型:弧形墙 (3)墙体厚度:240 mm (4)砂浆强度等级、配合比:M5 水泥砂浆 (5)填充材料种类:C20 混凝土	m^3	4.4486
010402001003	砌块墙 (1)砌块品种、规格、强度等级:陶粒混凝土空心砌块 (2)墙体类型:直形墙 (3)墙体厚度:190 mm (4)砂浆强度等级、配合比:M5 水泥砂浆 (5)填充材料种类:C20 混凝土	m^3	67.4
010502001001	矩形柱 (1)混凝土种类:商品混凝土 (2)混凝土强度等级:C30	m^3	29.52

续表

项目编码	项目名称及特征描述	单位	工程量
010502001002	矩形柱 (1)混凝土种类:商品混凝土 (2)混凝土强度等级:C25	m³	0.108
010502002001	构造柱 (1)混凝土种类:商品混凝土 (2)混凝土强度等级:C25	m³	3.9
010503004001	圈梁 (1)混凝土种类:商品混凝土 (2)混凝土强度等级:C25	m³	3.5186
010503005001	过梁 (1)混凝土种类:商品混凝土 (2)混凝土强度等级:C25	m³	1.0212
010504001001	直形墙 (1)混凝土种类:商品混凝土 (2)混凝土强度等级:C30	m³	6.284
010505001001	有梁板 (1)混凝土种类:商品混凝土 (2)混凝土强度等级:C30	m³	110.4038
010505006001	栏板 (1)混凝土种类:商品混凝土 (2)混凝土强度等级:C30	m³	1.7572
010505008001	雨篷、悬挑板、阳台板 (1)混凝土种类:商品混凝土 (2)混凝土强度等级:C30	m³	4.2248
010506001001	直形楼梯 (1)混凝土种类:商品混凝土 (2)混凝土强度等级:C30	m²	16.7886
010801001001	木质夹板门 M1021	m²	46.2
010807001001	塑钢窗	m²	85.98
010811002001	门窗周边塞缝	m	357.3468
010904002001	楼(地)面涂膜防水(楼面2) (1)1.2 mm 厚聚合物水泥防水涂料,四周沿墙上翻150 mm (2)刷冷底子油一遍	m²	59.4654
011001003001	外墙外保温胶粉聚苯颗粒厚度30 mm 涂料饰面 (1)刷素水泥浆一遍(内掺水重 3%~5%白乳胶) (2)胶粉聚苯颗粒保温砂浆 (3)4 mm 厚耐碱玻纤网布抗裂砂浆,内掺 5%JX-Ⅱ防水剂	m²	302.8801
011001003002	外墙外保温胶粉聚苯颗粒厚度30 mm 涂料饰面 (1)刷素水泥浆一遍(内掺水重 3%~5%白乳胶) (2)胶粉聚苯颗粒保温砂浆 (3)4 mm 厚耐碱玻纤网布抗裂砂浆,内掺 5%JX-Ⅱ防水剂	m²	16.0164
011101001001	水泥砂浆楼地面(楼面4) (1)20 mm 厚1:2水泥砂浆抹面压光 (2)素水泥浆结合层一道	m²	64.985

项目编码	项目名称及特征描述	单位	工程量
011101003001	细石混凝土楼地面(楼面2) 最薄处30 mm厚C20细石混凝土找坡层抹平	m²	43.4634
011102001001	石材楼地面(楼面3) (1)20 mm厚大理石铺实拍平,水泥浆擦缝 (2)30 mm厚1:4干硬性水泥砂浆结合层 (3)素水泥浆结合层一遍	m²	123.9843
011102003001	块料楼地面(楼面2) (1)8~10 mm厚400 mm×400 mm防滑砖砖铺实拍平,水泥浆擦缝 (2)20 mm厚1:4干硬性水泥砂浆	m²	43.8534
011102003002	块料楼地面(楼面1) (1)8~10 mm厚600 mm×600 mm陶瓷地砖铺实拍平,水泥浆擦缝 (2)20 mm厚1:4干硬性水泥砂浆 (3)素水泥浆结合层一遍	m²	325.7094
011105001001	水泥砂浆踢脚线(踢脚3) (1)15 mm厚1:3水泥砂浆 (2)10 mm厚1:2水泥抹面砂浆压光 (3)高度:100 mm	m²	8.419
011105002001	石材踢脚线(踢脚2) (1)15 mm厚1:3水泥砂浆 (2)5~6 mm厚1:1水泥砂浆加水重20%建筑胶镶贴 (3)10 mm厚大理石板 (4)高度:100 mm	m²	10.1024
011105003001	块料踢脚线(踢脚1) (1)17 mm厚1:3水泥砂浆 (2)3~4 mm厚1:1水泥砂浆加水重20%建筑胶镶贴 (3)8~10 mm厚面砖,水泥浆擦缝 (4)高度:100 mm	m²	18.4267
011106001001	石材楼地面(楼面3) (1)20 mm厚大理石铺实拍平,水泥浆擦缝 (2)30 mm厚1:4干硬性水泥砂浆结合层 (3)素水泥浆结合层一遍	m²	16.7886
011201001002	墙面一般抹灰(外墙3) (1)12 mm厚1:3水泥砂浆 (2)8 mm厚1:2.5水泥砂浆木抹槎平	m²	16.0164
011201001003	墙面一般抹灰(内墙面1) (1)15 mm厚1:1:6水泥石灰砂浆 (2)5 mm厚1:0.5:3水泥石灰砂浆	m²	1059.1556
011201005001	墙面钉(挂)网 0.5 mm镀锌铁丝网(网眼25 mm×25 mm)	m²	783.4231
011202001001	柱、梁面一般抹灰 (1)15 mm厚1:1:6水泥石灰砂浆 (2)5 mm厚1:0.5:3水泥石灰砂浆	m²	13.424

续表

项目编码	项目名称及特征描述	单位	工程量
011204007001	块料墙面(外墙1) (1)15 mm 厚专用抹灰砂浆,分两次抹灰 (2)刷素水泥浆一遍 (3)4~5 mm 厚1:1水泥砂浆加水重20%建筑胶镶贴 (4)8~10 mm 厚200 mm×300 mm 陶瓷面砖,白水泥浆擦缝	m²	302.8801
011204007002	300 mm×300 mm 釉面砖块料墙面(内墙面2) (1)15 mm 厚1:3水泥砂浆 (2)刷素水泥浆一遍 (3)4~5 mm 厚1:1水泥砂浆加水重20%建筑胶镶贴 (4)4~5 mm 厚300 mm×300 mm 釉面砖,白水泥浆擦缝	m²	157.5504
011209001001	带骨架幕墙 ZJC1	m²	57.1682
011301001001	天棚抹灰(天棚1) (1)钢筋混凝土板底面清理干净 (2)5 mm 厚1:1:4水泥石灰砂浆 (3)5 mm 厚1:0.5:3水泥石灰砂浆	m²	412.3093
011301001002	天棚抹灰(天棚1) (1)钢筋混凝土板底面清理干净 (2)5 mm 厚1:1:4水泥石灰砂浆 (3)15 mm 厚1:0.5:3水泥石灰砂浆	m²	20.6727
011302001001	铝合金板条吊顶天棚(吊顶1) (1)0.8~1.0 mm 厚铝合金条板面层 (2)条板轻钢龙骨 TG45×48(或50×26),中距≤1200 mm (3)U 形轻钢大龙骨[38×12×1.2,中距≤1200 mm,与钢筋吊杆固定 (4)φ6 钢筋吊杆,双向中距≤1200 mm,与板底预埋吊环固定 (5)现浇混凝土板底预留 φ10 钢筋吊环,双向中距≤1200 mm(预制板可在板缝内预留吊环)	m²	84.478
011302001002	岩棉吸声板吊顶天棚(吊顶2) (1)12 mm 厚矿棉吸声板用专用黏结剂粘贴 (2)9.5 mm 厚纸面石膏板(3000 mm×1200 mm)用自攻螺丝固定中距≤200 mm (3)U 形轻钢横撑龙骨 U27×60×0.63,中距1200 mm (4)U 形轻钢中龙骨 U27×60×0.63,中距等于板材1/3 mm (5)φ8 螺栓吊杆,双向中距≤1200 mm,与钢筋吊环固 (6)现浇混凝土板底预留 φ10 钢筋吊环,双向中距≤1200 mm	m²	43.4634
011406003001	内墙面刮腻子(内墙面1) 刮双飞粉腻子两遍	m²	1059.1556
011406003002	天棚面刮腻子(天棚1) 刮双飞粉腻子两遍	m²	412.3093
011407001001	喷(刷)外墙涂料(外墙3) 喷或滚刷底涂料一遍 喷或滚刷涂料两遍	m²	16.0164

续表

项目编码	项目名称及特征描述	单位	工程量
011407001002	刷(喷)内墙涂料(内墙面1) 刷白色乳胶漆两遍	m²	1059.1556
011407002001	刷(喷)天棚涂料(天棚1) 刷白色乳胶漆两遍	m²	412.3093
011503001001	金属扶手、栏杆、栏板 900 mm 高不锈钢栏杆	m	24.558
011503001002	竖条式不锈钢扶手栏杆(楼梯) (1)做法采用 11ZJ401W/1215/37 (2)不锈钢材质:201	m	8.6498
011701001002	扣件式钢管外脚手架双排 20 m 以内	m²	342.648
011701001003	弧形外脚手架 20 m 以内	m²	26.8606
011701002001	扣件式钢管里脚手架 3.6 m 以内	m²	451.4184
011701011001	楼板现浇混凝土运输道	m²	636.4264
011702002001	矩形柱 模板高度:3.6 m 以内	m²	228.5795
011702003001	构造柱 模板高度:3.6 m 以内	m²	44.5052
011702008001	圈梁	m²	29.1241
011702009001	过梁	m²	18.8389
011702011001	直形墙 模板高度:3.6 m 以内	m²	64.578
011702014001	有梁板 模板高度:3.6 m 以内	m²	796.2548
011702021001	栏板	m²	22.062
011702023001	雨篷、悬挑板、阳台板 模板高度:3.6 m 以内	m²	24.5478
011702024001	楼梯	m²	16.7886

五、总结拓展

图元存盘及图元提取的使用方法和层间复制功能都能满足快速完成绘图的要求。使用者可自行对比使用方法。

题思考

分析在图元存盘及图元提取操作时,选择基准点有何用途?

5 四层、机房层工程量计算

通过本章的学习,你将能够:

(1)掌握批量选择构件图元的方法;

(2)掌握批量删除的方法;

(3)掌握女儿墙、压顶、屋面的属性定义和绘制方法;

(4)统计四层、机房层构件图元的工程量。

5.1 四层工程量计算

通过本节的学习,你将能够:

(1)巩固层间复制的方法;

(2)调整四层构件属性及图元绘制;

(3)掌握屋面框架梁的属性定义和绘制。

一、任务说明

①使用层间复制方法完成四层柱、墙体、门窗的做法套用及图元绘制。

②查找四层与三层的不同部分,将不同部分进行修正。

③四层梁和板与其他层信息不一致,需重新定义和绘制。

④汇总计算,统计四层柱、梁、板、墙体、门窗的工程量。

二、任务分析

①对比四层与三层的柱、墙体、门窗都有哪些不同,从名称、尺寸、位置、做法4个方面进行对比。

②从其他楼层复制构件图元与复制选定图元到其他楼层有什么不同?

三、任务实施

1)分析图纸

(1)分析框架柱

分析结施-04,四层和三层的框架柱信息是一样的。

(2)分析框架梁

分析结施-08,四层框架梁为屋面框架梁。

(3)分析板

分析结施-12,④~⑤轴、ⓒ~Ⓓ轴的板构件和板钢筋信息与其他层不同。

（4）分析墙

分析建施-06、建施-07,四层砌体与三层砌体基本相同。

（5）分析门窗

分析建施-06、建施-07,四层门窗与三层门窗基本相同。

2）画法讲解

（1）从其他楼层复制图元

在四层,选择"从其他楼层复制图元",源楼层选择"第3层",图元选择"柱、墙、门窗洞",目标楼层选择"第4层",单击"确定"按钮,如图5.1所示。

图5.1

将三层柱复制到第四层,其中 GBZ1 和 GBZ2 信息修改如图5.2和图5.3所示。

图5.2

图 5.3

(2)四层梁的属性定义

四层梁为屋面框架梁,其属性定义如图 5.4—图 5.15 所示。

	属性名称	属性值	附加
1	名称	WKL1(1)	
2	结构类别	屋面框架梁	☐
3	跨数量	1	☐
4	截面宽度(mm)	250	☐
5	截面高度(mm)	600	☐
6	轴线距梁左边…	(125)	☐
7	箍筋	Φ10@100/200(2)	☐
8	胶数	2	
9	上部通长筋	2Φ25	☐
10	下部通长筋		☐
11	侧面构造或受…	N2Φ16	☐
12	拉筋	(Φ6)	☐
13	定额类别	有梁板	☐
14	材质	现浇混凝土	☐
15	混凝土类型	(砾石 GD40 细砂水…	☐
16	混凝土强度等级	(C30)	☐
17	混凝土外加剂	(无)	
18	泵送类型	(混凝土泵)	
19	泵送高度(m)		
20	截面周长(m)	1.7	☐
21	截面面积(m²)	0.15	☐
22	起点顶标高(m)	层顶标高	☐
23	终点顶标高(m)	层顶标高	☐
24	备注		☐
25	⊞ 钢筋业务属性		
35	⊞ 土建业务属性		

图 5.4

	属性名称	属性值	附加
1	名称	WKL2(2)	
2	结构类别	屋面框架梁	☐
3	跨数量	2	☐
4	截面宽度(mm)	300	☐
5	截面高度(mm)	600	☐
6	轴线距梁左边…	(150)	☐
7	箍筋	Φ10@100/200(2)	☐
8	胶数	2	
9	上部通长筋	2Φ25	☐
10	下部通长筋		☐
11	侧面构造或受…	G2Φ12	☐
12	拉筋	(Φ6)	☐
13	定额类别	有梁板	☐
14	材质	现浇混凝土	☐
15	混凝土类型	(砾石 GD40 细砂水…	☐
16	混凝土强度等级	(C30)	☐
17	混凝土外加剂	(无)	
18	泵送类型	(混凝土泵)	
19	泵送高度(m)		
20	截面周长(m)	1.8	☐
21	截面面积(m²)	0.18	☐
22	起点顶标高(m)	层顶标高	☐
23	终点顶标高(m)	层顶标高	☐
24	备注		☐
25	⊞ 钢筋业务属性		
35	⊞ 土建业务属性		

图 5.5

	属性名称	属性值	附加
1	名称	WKL3(3)	
2	结构类别	屋面框架梁	☐
3	跨数量	3	☐
4	截面宽度(mm)	250	☐
5	截面高度(mm)	500	☐
6	轴线距梁左边…	(125)	☐
7	箍筋	Φ10@100/200(2)	☐
8	胶数	2	
9	上部通长筋	2Φ22	☐
10	下部通长筋		☐
11	侧面构造或受…	G2Φ12	☐
12	拉筋	(Φ6)	☐
13	定额类别	有梁板	☐
14	材质	现浇混凝土	☐
15	混凝土类型	(砾石 GD40 细砂水…	☐
16	混凝土强度等级	(C30)	☐
17	混凝土外加剂	(无)	
18	泵送类型	(混凝土泵)	
19	泵送高度(m)		
20	截面周长(m)	1.5	☐
21	截面面积(m²)	0.125	☐
22	起点顶标高(m)	层顶标高	☐
23	终点顶标高(m)	层顶标高	☐
24	备注		☐
25	⊞ 钢筋业务属性		
35	⊞ 土建业务属性		
43	⊞ 显示样式		

图 5.6

	属性列表		
	属性名称	属性值	附加
1	名称	WKL4(1)	
2	结构类别	屋面框架梁	☐
3	跨数量	1	☐
4	截面宽度(mm)	300	☐
5	截面高度(mm)	600	☐
6	轴线距梁左边	(150)	☐
7	箍筋	Φ10@100/200(2)	☐
8	胶数	2	
9	上部通长筋	2Φ25	☐
10	下部通长筋		☐
11	侧面构造或受…	G2Φ12	☐
12	拉筋	(Φ6)	☐
13	定额类别	有梁板	☐
14	材质	现浇混凝土	☐
15	混凝土类型	(砾石 GD40 细砂水…	☐
16	混凝土强度等级	(C30)	☐
17	混凝土外加剂	(无)	
18	泵送类型	(混凝土泵)	
19	泵送高度(m)		
20	截面周长(m)	1.8	☐
21	截面面积(m²)	0.18	☐
22	起点顶标高(m)	层顶标高	☐
23	终点顶标高(m)	层顶标高	☐
24	备注		☐
25	⊞ 钢筋业务属性		
35	⊞ 土建业务属性		
42	⊞ 显示样式		

图 5.7

	属性列表		
	属性名称	属性值	附加
1	名称	WKL5(3)	
2	结构类别	屋面框架梁	☐
3	跨数量	3	
4	截面宽度(mm)	300	
5	截面高度(mm)	500	
6	轴线距梁左边…	(150)	
7	箍筋	Φ10@100/200(2)	☐
8	胶数	2	
9	上部通长筋	2Φ25	
10	下部通长筋		
11	侧面构造或受…	G2Φ12	
12	拉筋	(Φ6)	
13	定额类别	有梁板	
14	材质	现浇混凝土	
15	混凝土类型	(砾石 GD40 细砂水…	
16	混凝土强度等级	(C30)	
17	混凝土外加剂	(无)	
18	泵送类型	(混凝土泵)	
19	泵送高度(m)		
20	截面周长(m)	1.6	☐
21	截面面积(m²)	0.15	☐
22	起点顶标高(m)	层顶标高	☐
23	终点顶标高(m)	层顶标高	☐
24	备注		☐
25	⊞ 钢筋业务属性		
35	⊞ 土建业务属性		

图 5.8

	属性列表		
	属性名称	属性值	附加
1	名称	WKL6(7)	
2	结构类别	屋面框架梁	☐
3	跨数量	7	☐
4	截面宽度(mm)	300	☐
5	截面高度(mm)	600	☐
6	轴线距梁左边…	(150)	☐
7	箍筋	Φ10@100/200(2)	☐
8	胶数	2	
9	上部通长筋	2Φ25	☐
10	下部通长筋		☐
11	侧面构造或受…	G2Φ12	☐
12	拉筋	(Φ6)	☐
13	定额类别	有梁板	☐
14	材质	现浇混凝土	☐
15	混凝土类型	(砾石 GD40 细砂水…	☐
16	混凝土强度等级	(C30)	☐
17	混凝土外加剂	(无)	
18	泵送类型	(混凝土泵)	
19	泵送高度(m)		
20	截面周长(m)	1.8	☐
21	截面面积(m²)	0.18	☐
22	起点顶标高(m)	层顶标高	☐
23	终点顶标高(m)	层顶标高	☐
24	备注		☐
25	⊞ 钢筋业务属性		
35	⊞ 土建业务属性		

图 5.9

	属性列表		
	属性名称	属性值	附加
1	名称	WKL7(3)	
2	结构类别	屋面框架梁	☐
3	跨数量	3	☐
4	截面宽度(mm)	300	☐
5	截面高度(mm)	600	☐
6	轴线距梁左边…	(150)	☐
7	箍筋	Φ10@100/200(2)	☐
8	胶数	2	
9	上部通长筋	2Φ25	☐
10	下部通长筋		☐
11	侧面构造或受…	G2Φ12	☐
12	拉筋	(Φ6)	☐
13	定额类别	有梁板	☐
14	材质	现浇混凝土	☐
15	混凝土类型	(砾石 GD40 细砂水…	☐
16	混凝土强度等级	(C30)	☐
17	混凝土外加剂	(无)	
18	泵送类型	(混凝土泵)	
19	泵送高度(m)		
20	截面周长(m)	1.8	☐
21	截面面积(m²)	0.18	☐
22	起点顶标高(m)	层顶标高	☐
23	终点顶标高(m)	层顶标高	☐
24	备注		☐
25	⊞ 钢筋业务属性		
35	⊞ 土建业务属性		

图 5.10

	属性列表		
	属性名称	属性值	附加
1	名称	WKL8(1)	
2	结构类别	屋面框架梁	☐
3	跨数量	1	☐
4	截面宽度(mm)	300	☐
5	截面高度(mm)	600	☐
6	轴线距梁左边…	(150)	☐
7	箍筋	Φ10@100/200(2)	☐
8	胶数	2	
9	上部通长筋	2Φ25	☐
10	下部通长筋		☐
11	侧面构造或受…	G2Φ12	☐
12	拉筋	(Φ6)	☐
13	定额类别	有梁板	☐
14	材质	现浇混凝土	☐
15	混凝土类型	(砾石 GD40 细砂水…	☐
16	混凝土强度等级	(C30)	☐
17	混凝土外加剂	(无)	
18	泵送类型	(混凝土泵)	
19	泵送高度(m)		
20	截面周长(m)	1.8	☐
21	截面面积(m²)	0.18	☐
22	起点顶标高(m)	层顶标高	☐
23	终点顶标高(m)	层顶标高	☐
24	备注		☐
25	⊞ 钢筋业务属性		
35	⊞ 土建业务属性		

图 5.11

	属性列表		
	属性名称	属性值	附加
2	结构类别	屋面框架梁	☐
3	跨数量	3	☐
4	截面宽度(mm)	300	☐
5	截面高度(mm)	600	☐
6	轴线距梁左边…	(150)	☐
7	箍筋	Φ10@100/200(2)	☐
8	胶数	2	
9	上部通长筋	2Φ25	☐
10	下部通长筋		☐
11	侧面构造或受…	G2Φ12	☐
12	拉筋	(Φ6)	☐
13	定额类别	有梁板	☐
14	材质	现浇混凝土	☐
15	混凝土类型	(砾石 GD40 细砂水…	☐
16	混凝土强度等级	(C30)	☐
17	混凝土外加剂	(无)	
18	泵送类型	(混凝土泵)	
19	泵送高度(m)		
20	截面周长(m)	1.8	☐
21	截面面积(m²)	0.18	☐
22	起点顶标高(m)	层顶标高	☐
23	终点顶标高(m)	层顶标高	☐
24	备注		☐
25	⊞ 钢筋业务属性		
35	⊞ 土建业务属性		
42	⊞ 显示样式		

图 5.12

属性列表

	属性名称	属性值	附加
2	结构类别	屋面框架梁	☐
3	跨数量	3	☐
4	截面宽度(mm)	300	☐
5	截面高度(mm)	600	☐
6	轴线距梁左边	(150)	☐
7	箍筋	Φ10@100/200(2)	☐
8	胶数	2	
9	上部通长筋	2Φ25	☐
10	下部通长筋		☐
11	侧面构造或受	G2Φ12	☐
12	拉筋	(Φ6)	
13	定额类别	有梁板	
14	材质	现浇混凝土	
15	混凝土类型	(砾石 GD40 细砂水…	☐
16	混凝土强度等级	(C30)	☐
17	混凝土外加剂	(无)	
18	泵送类型	(混凝土泵)	
19	泵送高度(m)		
20	截面周长(m)	1.8	☐
21	截面面积(m²)	0.18	☐
22	起点顶标高(m)	层顶标高	
23	终点顶标高(m)	层顶标高	
24	备注		
25	⊞ 钢筋业务属性		
35	⊞ 土建业务属性		
42	⊞ 显示样式		

图 5.13

属性列表

	属性名称	属性值	附加
1	名称	KL10a(3)	☐
2	结构类别	楼层框架梁	☐
3	跨数量	3	☐
4	截面宽度(mm)	300	☐
5	截面高度(mm)	600	☐
6	轴线距梁左边	(150)	☐
7	箍筋	Φ10@100/200(2)	☐
8	胶数	2	
9	上部通长筋	2Φ25	☐
10	下部通长筋		☐
11	侧面构造或受	G2Φ12	☐
12	拉筋	(Φ6)	
13	定额类别	有梁板	
14	材质	现浇混凝土	
15	混凝土类型	(砾石 GD40 细砂水…	☐
16	混凝土强度等级	(C30)	☐
17	混凝土外加剂	(无)	
18	泵送类型	(混凝土泵)	
19	泵送高度(m)		
20	截面周长(m)	1.8	☐
21	截面面积(m²)	0.18	☐
22	起点顶标高(m)	层顶标高	
23	终点顶标高(m)	层顶标高	
24	备注		☐
25	⊞ 钢筋业务属性		
35	⊞ 土建业务属性		

图 5.14

属性列表

	属性名称	属性值	附加
1	名称	KL10b(1)	☐
2	结构类别	楼层框架梁	☐
3	跨数量	1	☐
4	截面宽度(mm)	300	☐
5	截面高度(mm)	600	☐
6	轴线距梁左边	(150)	☐
7	箍筋	Φ10@100/200(2)	☐
8	胶数	2	
9	上部通长筋	2Φ25	☐
10	下部通长筋	2Φ25	☐
11	侧面构造或受	G2Φ12	☐
12	拉筋	(Φ6)	
13	定额类别	有梁板	
14	材质	现浇混凝土	
15	混凝土类型	(砾石 GD40 细砂水…	☐
16	混凝土强度等级	(C30)	☐
17	混凝土外加剂	(无)	
18	泵送类型	(混凝土泵)	
19	泵送高度(m)		
20	截面周长(m)	1.8	☐
21	截面面积(m²)	0.18	☐
22	起点顶标高(m)	层顶标高	
23	终点顶标高(m)	层顶标高	
24	备注		☐
25	⊞ 钢筋业务属性		
35	⊞ 土建业务属性		

图 5.15

　　四层梁的绘制方法同首层梁。板和板钢筋绘制方法同首层。用层间复制的方法，把第 3 层的墙、门窗洞口复制到第 4 层。所有构件要添加清单和定额。方法同首层。柱的修改：顶层柱要判断边角柱，使用"判断边角柱"的功能，如图 5.16 所示。

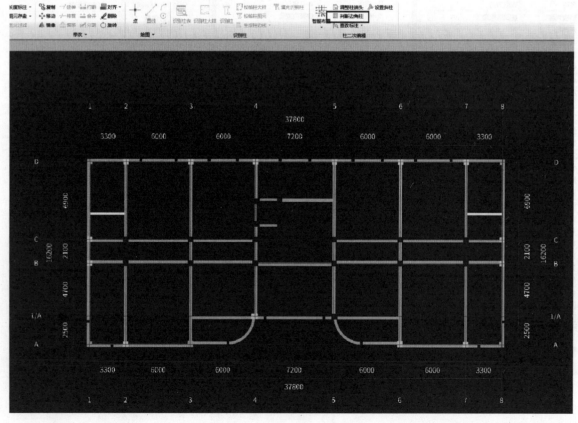

图 5.16

四、总结拓展

下面简单介绍几种在绘图界面查看工程量的方式。

①单击"查看工程量",选中要查看的构件图元,弹出"查看构件图元工程量"对话框,可以查看做法工程量、清单工程量和定额工程量。

②按"F3"键批量选择构件图元,然后单击"查看工程量",可以查看做法工程量、清单工程量和定额工程量。

③单击"查看计算式",选择单一图元,弹出"查看构件图元工程量计算式",可以查看此图元的详细计算式,还可利用"查看三维扣减图"查看详细工程量计算式。

问题思考

如何使用图元存盘及图元提取,分别有哪些优点?

5.2　女儿墙、压顶、屋面的工程量计算

通过本节的学习,你将能够:

(1)确定女儿墙高度、厚度,确定屋面防水的上卷高度;

(2)矩形绘制和点绘制屋面图元;

(3)图元的拉伸;

(4)统计本层女儿墙、女儿墙压顶、屋面的工程量。

一、任务说明

①完成屋面的女儿墙、屋面的工程量计算。

②汇总计算,统计屋面的工程量。

二、任务分析

①从哪张图中能够找到屋面做法?都与哪些清单、定额相关?

②从哪张图中能够找到女儿墙的尺寸?

三、任务实施

1)分析图纸

(1)分析女儿墙及压顶

分析建施-12、建施-08可知,女儿墙的构造参见建施-08节点1,女儿墙墙厚240 mm(以建施-08平面图为准)。女儿墙墙身为砌块墙,压顶材质为混凝土,宽300 mm,高60 mm。

(2)分析屋面

分析建施-02可知,本层的屋面做法为屋面1,防水的上卷高度设计未指明,按照定额默认高度为250 mm。

2)清单、定额计算规则的学习

(1)清单计算规则学习

女儿墙、屋面清单计算规则,见表5.1。

表 5.1　女儿墙、屋面清单计算规则

编号	项目名称	单位	计算规则
010401004	多孔砖墙	m^3	按设计图示尺寸以体积计算
010507005	扶手、压顶	m^3	散水按设计图示尺寸以面积计算,不扣除单个≤0.3 m^2 的孔洞所占面积
010902001	屋面卷材防水	m^2	按设计图示尺寸以面积计算 (1)斜面积(不包括平屋顶找坡)按斜面积计算,平屋顶按水平投影面积计算 (2)不扣除房上烟囱、风帽底座、屋面小气窗和斜沟所占面积 (3)屋面的女儿墙、伸缩缝和天窗等处的弯起部分,并入屋面工程量内
011001001	保温隔热屋面	m^2	按设计图示尺寸以面积计算,扣除面积>0.3 m^2 的孔洞所占面积
011001003	保温隔热墙面	m^2	按设计图示尺寸以面积计算,扣除门窗洞口以及面积>0.3 m^2 梁、孔洞所占面积;门窗洞口侧壁以及与墙相连的柱,并入保温墙体工程量内

(2)定额计算规则学习

女儿墙、屋面定额计算规则,见表 5.2。

表 5.2　女儿墙、屋面定额计算规则

编号	项目名称	单位	计算规则
A3-11	砖砌体女儿墙240	m^3	从屋面板上表面算至女儿墙顶面(如有混凝土压顶时算至压顶下表面)
A4-53	C25 混凝土压顶	m^3	按设计图示尺寸实体体积以立方米计算
A17-118	压顶模板	m	按延长米计算
A7-47	改性沥青卷材满铺一层	m^2	卷材屋面按设计图示尺寸的面积计算。平屋顶按水平投影面积计算,斜屋顶(不包括平屋顶找坡)按斜面积计算,曲屋面按展开面积计算。不扣除房上烟囱、风帽底座、风道、屋面小气窗和斜沟所占面积,屋面的女儿墙、伸缩缝和天窗等处的弯起部分,并入屋面工程量计算。如图纸无规定时,伸缩缝、女儿墙的弯起部分可按250 mm 计算,天窗、房上烟囱、屋顶梯间弯起部分可按300 mm 计算
A9-1	水泥砂浆找平层厚度 20 mm 在硬基层上	m^2	按设计图示尺寸以平方米计算。扣除凸出地面的构筑物、设备基础、室内管道、地沟等所占的面积,不扣除间壁墙、单个 0.3 m^2 以内的柱、垛、附墙烟囱及孔洞所占的面积,门洞、暖气包槽、壁龛的开口部分不增加
A8-6	屋面保温现浇水泥珍珠岩 1:8找坡层	m^2	按设计图示尺寸以面积计算,扣除 0.3 m^2 以上的孔洞所占的面积

3)属性定义

(1)女儿墙的属性定义

女儿墙的属性定义同墙,在新建墙体时,将名称命名为"女儿墙",其属性定义如图 5.17 所示。

（2）屋面的属性定义

在导航树中选择"其他"→"屋面"，在"构件列表"中选择"新建"→"新建屋面"，在"属性编辑框"中输入相应的属性值，如图5.18和图5.19所示。

	属性名称	属性值	附加
1	名称	女儿墙	
2	厚度(mm)	240	☐
3	轴线距左墙皮...	(120)	☐
4	砌体通长筋	2φ6@600	☐
5	横向短筋		☐
6	材质	多孔砖	☐
7	砂浆类型	水泥石灰砂浆 中砂 水...	☐
8	砂浆标号	(M5)	☐
9	内/外墙标志	(外墙)	☑
10	类别	砌体墙	☐
11	起点顶标高(m)	层底标高+0.84	☐
12	终点顶标高(m)	层底标高+0.84	☐
13	起点底标高(m)	层底标高	☐
14	终点底标高(m)	层底标高	☐
15	备注		☐
16	⊞ 钢筋业务属性		
22	⊞ 土建业务属性		
28	⊞ 显示样式		

图5.17

	属性名称	属性值	附加
1	名称	屋面1	
2	底标高(m)	层底标高	☐
3	备注		☐
4	⊞ 钢筋业务属性		
6	⊞ 土建业务属性		
8	⊞ 显示样式		

图5.18

屋面
　屋面1
　屋面2

	属性名称	属性值	附加
1	名称	屋面2	
2	底标高(m)	顶板顶标高	☐
3	备注		☐
4	⊞ 钢筋业务属性		
6	⊞ 土建业务属性		
8	⊞ 显示样式		

图5.19

	属性名称	属性值	附加
1	名称	压顶	
2	截面宽度(mm)	300	☐
3	截面高度(mm)	60	☐
4	轴线距梁左边...	(150)	☐
5	上部钢筋	3φ6	☐
6	下部钢筋		☐
7	箍筋		☐
8	胶数	2	
9	材质	商品混凝土	☐
10	混凝土类型	(特细砂塑性混凝土(坍...	☐
11	混凝土强度等级	(C25)	☐
12	混凝土外加剂	(无)	☐
13	泵送类型	(混凝土泵)	
14	泵送高度(m)		
15	截面周长(m)	0.72	☐
16	截面面积(m²)	0.018	☐
17	起点顶标高(m)	层顶标高	☐
18	终点顶标高(m)	层顶标高	☐
19	备注		☐
20	⊞ 钢筋业务属性		
34	⊞ 土建业务属性		
40	⊞ 显示样式		

图5.20

（3）女儿墙压顶的属性定义

为方便钢筋信息输入，用圈梁代替压顶。在导航树中选择"圈梁"，在"构件列表"中选择"新建"→"新建圈梁"，修改名称为"压顶"，其属性定义如图5.20所示。修改相应钢筋信息，如图5.21所示。

图 5.21

4)做法套用

①女儿墙的做法套用,如图 5.22 所示。

项	多孔砖墙	1、砖品种、规格、强度等级:多孔页岩砖墙 2、墙体类型:直形墙 3、墙体厚度:240 mm 4、砂浆强度等级、配合比: M5水泥砂浆	m3	TJ	TJ<体积>			□	建筑装饰装修工程	□
换	混水砖墙 多孔砖 240*115*90 墙体厚度 24cm 换为【水泥砂浆 中砂 M5】		m3	TJ	TJ<体积>	3987.94		□	土建	□

图 5.22

②女儿墙的压顶做法套用,如图 5.23 所示。

	编码	类别	名称	项目特征	单位	工程量表达式	表达式说明	单价	综合单价	措施项目	专业	自动套
1	⊟ 010507005	项	扶手、压顶	1、混凝土种类:商品混凝土 2、混凝土强度等级: C25	m3	TJ	TJ<体积>			□	建筑装饰装修工程	□
2	A4-53 HD43104003 043104004	换	混凝土 压顶、扶手(碎石) 换为【碎石 GD40商品普通砼 C25】		m3	TJ	TJ<体积>	3834.81		□	土建	□
3	⊟ 011702028	项	扶手、压顶		m	CD	CD<长度>			☑	建筑装饰装修工程	□
4	A17-118	定	压顶、扶手 木模板木支撑		延长米	CD	CD<长度>	2239.17		☑	土建	□

图 5.23

5)画法讲解

(1)直线绘制女儿墙

采用直线绘制女儿墙,因为是居中于轴线绘制的,所以女儿墙图元绘制完成后要对其进行偏移、延伸,把第四层的梁复制到本层,作为对齐的参照线,使女儿墙各段墙体封闭,然后删除梁。绘制好的图元如图 5.24 所示。

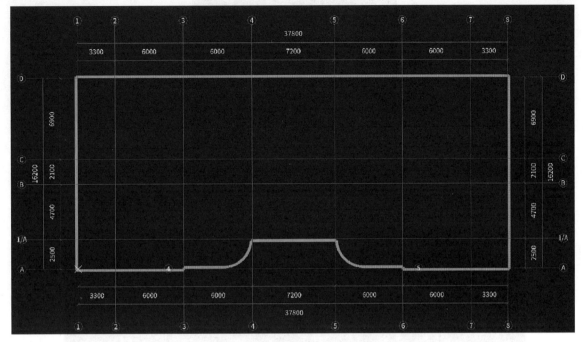

图 5.24

将楼层切换到第四层,选中电梯井周边的剪力墙和暗柱复制到屋面层。修改剪力墙顶标高,如图 5.25所示。

新建栏板,修改名称为"屋面上人孔",其属性值如图 5.26 所示。

	属性名称	属性值
1	名称	Q-4
2	厚度(mm)	200
3	轴线距左墙皮...	(100)
4	水平分布钢筋	(2)Φ10@200
5	垂直分布钢筋	(2)Φ10@200
6	拉筋	Φ8@600*600
7	材质	现浇混凝土
8	混凝土类型	(砾石 GD40 细砂水泥42.5 现...
9	混凝土强度等级	(C30)
10	混凝土外加剂	(无)
11	泵送类型	(混凝土泵)
12	泵送高度(m)	(15.9)
13	内/外墙标志	(外墙)
14	类别	混凝土墙
15	起点顶标高(m)	15.9
16	终点顶标高(m)	15.9
17	起点底标高(m)	层底标高(14.4)
18	终点底标高(m)	层底标高(14.4)
19	备注	
20	⊞ 钢筋业务属性	
33	⊞ 土建业务属性	
41	⊞ 显示样式	

图 5.25

	属性名称	属性值	附加
1	名称	屋面上人口	☐
2	截面宽度(mm)	80	☐
3	截面高度(mm)	600	☐
4	轴线距左边线...	(40)	☐
5	水平钢筋	(2)Φ6@200	☐
6	垂直钢筋	(1)Φ8@200	☐
7	拉筋		☐
8	材质	现浇混凝土	☐
9	混凝土类型	砾石 GD40 中砂水泥32...	☐
10	混凝土强度等级	(C25)	☐
11	截面面积(m²)	0.048	☐
12	起点底标高(m)	层底标高	☐
13	终点底标高(m)	层底标高	☐
14	备注		☐
15	⊞ 钢筋业务属性		
25	⊞ 土建业务属性		
29	⊞ 显示样式		

图 5.26

采用直线功能绘制屋面上人孔,如图 5.27 所示。

(2)绘制女儿墙压顶

用"智能布置"功能,选择"墙中心线",批量选中所有女儿墙,单击鼠标右键即可完成压顶的绘制,如图 5.28 所示。

图 5.27

图 5.28

（3）绘制屋面

采用"点"功能绘制屋面，如图 5.29 所示。

图 5.29

选中屋面，单击鼠标右键进行选择，"设置防水卷边"，输入"250"，单击"确定"按钮，如图 5.30 所示。

图 5.30

四、总结拓展

女儿墙外边线同其他楼层外墙外边线,在绘制女儿墙时,可先参照柱的外边线进行绘制,然后删除柱即可。

问题思考

构造柱的绘制可参考哪些方法?

6 地下一层工程量计算

通过本章的学习,你将能够:
(1)分析地下层要计算哪些构件;
(2)各构件需要计算哪些工程量;
(3)区别地下层构件与其他层构件定义与绘制;
(4)计算并统计地下一层工程量。

6.1 地下一层柱的工程量计算

通过本节的学习,你将能够:
(1)分析本层归类到剪力墙的构件;
(2)汇总计算,统计地下一层矩形柱的工程量。

一、任务说明

①完成地下一层剪力墙的属性定义、做法套用及绘制。
②完成地下一层包含在混凝土直形墙中的柱构件定义、做法套用及绘制。

二、任务分析

①地下一层都有哪些需要计算的构件工程量?
②地下一层中有哪些柱构件不需要绘制?

三、任务实施

1)图纸分析

①分析结施-04,可以从柱表中得到地下室和首层柱信息相同。本层包括矩形框架柱及暗柱。
②YBZ1和YBZ2包含在剪力墙里面,算量时属于剪力墙内部构件的,归到剪力墙里面,所以YBZ1和YBZ2的混凝土量与模板工程量应归到剪力墙中。
③附墙柱及墙面突出部分并入墙工程量内。

2)定义与绘制

从首层复制柱到地下一层,如图6.1所示。

图 6.1

3) 做法套用

地下一层框架柱的做法参考首层框架柱的做法,附在外墙上的柱子按外墙防水做法。

地下一层柱 YBZ1 和 YBZ2 的做法,可将一层柱的做法利用"做法刷"或直接使用"Ctrl+C"复制,使用"Ctrl+V"粘贴即可。不附墙的柱子按"矩形柱"清单列项,如图 6.2 所示。

图 6.2

四、任务结果

汇总计算,统计地下一层柱的清单、定额工程量,见表 6.1。

表 6.1　地下一层柱的清单、定额工程量

项目编码	项目名称及特征描述	单位	工程量
010502001001	矩形柱 (1)混凝土种类:商品混凝土 (2)混凝土强度等级:C30	m³	11.7
A4-18 换	混凝土柱矩形(碎石)换为【碎石 GD40 商品普通混凝土 C30】	10 m³	1.17

五、总结拓展

在新建异形柱时,绘制异形柱需一次围成封闭区域。围成封闭区域后不能在该网格上绘制任何图形。

 题思考

图元存盘及图元提取如何使用,有什么优点?

6.2 地下一层剪力墙的工程量计算

通过本节的学习,你将能够:
分析本层归类到剪力墙的构件。

一、任务说明

①完成地下一层剪力墙的属性定义及做法套用。
②绘制剪力墙图元。
③汇总计算,统计地下一层剪力墙的工程量。

二、任务分析

①地下一层剪力墙和首层有哪些不同?
②地下一层中有哪些剪力墙构件不需要绘制?

三、任务实施

1)图纸分析

①分析结施-02,可得到地下室墙体剪力墙信息。
②分析连梁:连梁是剪力墙的一部分。
在结施-02 中,剪力墙顶部有暗梁。
分析结施-01(4)地下室外墙附加钢筋网片。

2)清单、定额计算规则的学习

(1)清单计算规则学习

混凝土墙清单计算规则,见表 6.2。

表 6.2　混凝土墙清单计算规则

编号	项目名称	单位	计算规则
010504001	直形墙	m³	外墙按设计图示中心线长度,内墙按图示净长乘以墙高及墙厚以体积计算,应扣除门窗洞口及单个面积>0.3 m² 的孔洞体积,附墙柱、暗柱、暗梁及墙面凸出部分并入墙体积计算内
010504002	弧形墙		

（2）定额计算规则学习

混凝土墙定额计算规则，见表 6.3。

表 6.3　混凝土墙定额计算规则

编号	项目名称	单位	计算规则
A4-28	混凝土墙	m³	外墙按设计图示中心线长度，内墙按图示净长乘以墙高及墙厚以体积计算，应扣除门窗洞口及单个面积>0.3 m² 的孔洞体积，附墙柱、暗柱、暗梁及墙面凸出部分并入墙体积计算内
A4-29	混凝土 弧形墙	m³	

在结施-05 中，①轴线的剪力墙上有 LL2（1），连梁下方有墙洞，可参照首层的做法。

3）属性定义

①由结施-02 知，Q1，Q2 的相关信息如图 6.3—图 6.5 所示。

图 6.3

图 6.4

图 6.5

②新建外墙。在导航树中选择"墙"→"剪力墙"，在"构件列表"中单击"新建"→"新建外墙"，进入墙的属性定义界面，如图 6.6—图 6.8 所示。

直线绘制。其绘制方法同首层。

	属性名称	属性值	附加
1	名称	Q-1（弧形）	☐
2	厚度(mm)	300	☐
3	轴线距左墙皮...	(150)	☐
4	水平分布钢筋	(2)Φ12@180	☐
5	垂直分布钢筋	(2)Φ14@150	☐
6	拉筋	Φ6@300*300	☐
7	材质	现浇混凝土	☐
8	混凝土类型	(砾石 GD40 细砂水泥4...	☐
9	混凝土强度等级	(C30)	☐
10	混凝土外加剂	(无)	
11	泵送类型	(混凝土泵)	
12	泵送高度(m)		
13	内/外墙标志	(外墙)	☑
14	类别	混凝土墙	☐
15	起点顶标高(m)	层顶标高	☐
16	终点顶标高(m)	层顶标高	☐
17	起点底标高(m)	层底标高	☐
18	终点底标高(m)	层底标高	☐
19	备注		☐
20	⊞ 钢筋业务属性		
33	⊞ 土建业务属性		
41	⊞ 显示样式		

图 6.6

	属性名称	属性值	附加
1	名称	Q-1	☐
2	厚度(mm)	300	☐
3	轴线距左墙皮...	(150)	☐
4	水平分布钢筋	(2)Φ12@180	☐
5	垂直分布钢筋	(2)Φ14@150	☐
6	拉筋	Φ6@300*300	☐
7	材质	现浇混凝土	☐
8	混凝土类型	(砾石 GD40 细砂水泥4...	☐
9	混凝土强度等级	(C30)	
10	混凝土外加剂	(无)	
11	泵送类型	(混凝土泵)	
12	泵送高度(m)		
13	内/外墙标志	(外墙)	☑
14	类别	混凝土墙	☐
15	起点顶标高(m)	层顶标高	☐
16	终点顶标高(m)	层顶标高	☐
17	起点底标高(m)	层底标高	☐
18	终点底标高(m)	层底标高	☐
19	备注		☐
20	⊞ 钢筋业务属性		
33	⊞ 土建业务属性		
41	⊞ 显示样式		

图 6.7

	属性名称	属性值	附加
1	名称	Q-2	☐
2	厚度(mm)	300	☐
3	轴线距左墙皮...	(150)	☐
4	水平分布钢筋	(2)Φ12@180	☐
5	垂直分布钢筋	(2)Φ14@200	☐
6	拉筋	Φ6@300*300	☐
7	材质	现浇混凝土	☐
8	混凝土类型	(砾石 GD40 细砂水泥4...	☐
9	混凝土强度等级	(C30)	
10	混凝土外加剂	(无)	
11	泵送类型	(混凝土泵)	
12	泵送高度(m)		
13	内/外墙标志	(外墙)	☑
14	类别	混凝土墙	☐
15	起点顶标高(m)	层顶标高	☐
16	终点顶标高(m)	层顶标高	☐
17	起点底标高(m)	层底标高	☐
18	终点底标高(m)	层底标高	☐
19	备注		☐
20	⊞ 钢筋业务属性		
33	⊞ 土建业务属性		
41	⊞ 显示样式		

图 6.8

4）做法套用

外墙做法套用如图 6.9—图 6.11 所示。

图 6.9

图 6.10

图 6.11

5）画法讲解

①用直线功能绘制即可，操作方法同首层。

②偏移，方法同首层。完成后如图 6.12 所示。

图 6.12

③暗梁。暗梁信息在结施-02 中，属性定义如图 6.13 所示。

用智能布置功能，选中剪力墙即可完成暗梁的绘制。

④连梁。剪力墙上有连梁，其属性信息如图 6.14 和图 6.15 所示。

属性列表

	属性名称	属性值	附加
1	名称	AL-1	
2	类别	暗梁	□
3	截面宽度(mm)	300	
4	截面高度(mm)	500	
5	轴线距梁左边	(150)	
6	上部钢筋	4Φ20	□
7	下部钢筋	4Φ20	□
8	箍筋	Φ10@200(2)	□
9	侧面纵筋(总配...		□
10	胶数	2	
11	拉筋		□
12	材质	现浇混凝土	□
13	混凝土强度等级	(C30)	□
14	混凝土外加剂	(无)	
15	泵送类型	(混凝土泵)	
16	泵送高度(m)		
17	终点为顶层暗梁	否	
18	起点为顶层暗梁	否	
19	起点顶标高(m)	层顶标高	□
20	终点顶标高(m)	层顶标高	□
21	备注		□
22	⊞ 钢筋业务属性		
31	⊞ 土建业务属性		
38	⊞ 显示样式		

图 6.13

定义

第-1层 ▾ 层间复制 存档 ▾ 添加前后缀 删除未使用构

导航树　　　　构件列表

⬛ 常用构件类型　　📄 新建 ▾ 复制 删除

⬛ 轴线　　　　搜索构件...

⬛ 柱　　　　◢ 连梁

⬛ 墙　　　　　 LL1(1)

⬛ 门窗洞　　　　LL2(1)

⬛ 梁

　　🡇 梁(L)　　**属性列表**

　　🗔 连梁(G)　| | 属性名称 | 属性值 | 附加 |
|---|---|---|---|
| 1 | 名称 | LL1(1) | |
| 2 | 截面宽度(mm) | 200 | □ |
| 3 | 截面高度(mm) | 1000 | □ |
| 4 | 轴线距梁左边 | (100) | □ |
| 5 | 全部纵筋 | | |
| 6 | 上部纵筋 | 4Φ22 | □ |
| 7 | 下部纵筋 | 4Φ22 | □ |
| 8 | 箍筋 | Φ10@100(2) | □ |
| 9 | 胶数 | 2 | |
| 10 | 拉筋 | (Φ6) | |
| 11 | 侧面纵筋(总配 | G Φ12@200 | □ |
| 12 | 材质 | 现浇混凝土 | □ |
| 13 | 混凝土类型 | (砾石 GD40 细砂水... | □ |
| 14 | 混凝土强度等级 | (C30) | □ |
| 15 | 混凝土外加剂 | (无) | |
| 16 | 泵送类型 | (混凝土泵) | |
| 17 | 泵送高度(m) | | |
| 18 | 截面周长(m) | 2.4 | □ |
| 19 | 截面面积(m²) | 0.2 | □ |

　　　🗔 圆梁(E)

⬛ 板

⬛ 楼梯

⬛ 装修

⬛ 土方

⬛ 基础

⬛ 其它

⬛ 自定义

图 6.14

属性列表

	属性名称	属性值	附加
1	名称	LL2(1)	
2	截面宽度(mm)	300	□
3	截面高度(mm)	1050	□
4	轴线距梁左边	(150)	□
5	全部纵筋		
6	上部纵筋	2Φ20	□
7	下部纵筋	2Φ20	□
8	箍筋	Φ10@100/200(2)	□
9	胶数	2	
10	拉筋	(Φ6)	□
11	侧面纵筋(总配	G Φ12@200	□
12	材质	现浇混凝土	□
13	混凝土类型	(砾石 GD40 细砂水泥4...	□
14	混凝土强度等级	(C30)	□
15	混凝土外加剂	(无)	
16	泵送类型	(混凝土泵)	
17	泵送高度(m)		
18	截面周长(m)	2.7	□
19	截面面积(m²)	0.315	□
20	起点顶标高(m)	层顶标高	□
21	终点顶标高(m)	层顶标高	□
22	备注		□
23	⊞ 钢筋业务属性		
41	⊞ 土建业务属性		
46	⊞ 显示样式		

图 6.15

在相应位置用直线功能绘制即可，完成后如图 6.16 所示。

图 6.16

四、任务结果

汇总计算,统计地下一层剪力墙的清单、定额工程量,见表 6.4。

表 6.4　地下一层剪力墙的清单、定额工程量

项目编码	项目名称及特征描述	单位	工程量
010504001001	直形墙 (1)混凝土种类:商品混凝土 (2)混凝土强度等级:C30	m³	7.541
010504001002	直形墙 (1)混凝土种类:商品防水混凝土 (2)混凝土强度等级:C30	m³	166.8005
010504002001	弧形墙 (1)混凝土种类:商品防水混凝土 (2)混凝土强度等级:C30	m³	8.0518
011702011001	直形墙 模板高度:3.74 m	m²	74.478
011702011003	防水直形墙 模板高度:3.74 m	m²	1001.4827
011702012001	防水弧形墙 模板高度:3.74 m	m²	24.2314

五、总结拓展

地下一层剪力墙的中心线和轴线位置不重合,如果每段墙体都采用"修改轴线距边的距离"比较麻烦。而图纸中显示剪力墙的外边线和柱的外边线平齐,因此,可先在轴线上绘制剪力墙,然后使用"单对齐"功能将墙的外边线和柱的外边线对齐即可。

问 题思考

结合软件,分析剪力墙钢筋的锚固方式是怎样的。

6.3 地下一层梁、板、砌体墙的工程量计算

通过本节的学习,你将能够:
统计本层梁、板及砌体墙的工程量。

一、任务说明

①完成地下一层梁、板及砌体墙的属性定义、做法套用及绘制。
②汇总计算,统计地下一层梁、板及砌体墙的工程量。

二、任务分析

地下一层梁、板及砌体墙和首层有什么不同?

三、任务实施

①分析结施-05 和结施-06,地下一层梁和首层梁基本相同,在⑧轴④~⑤轴处原位标注信息不同。
②分析结施-09 可得到板的信息。
③分析建施-03 可得到砌体墙的信息。
地下一层梁、板及砌体墙的属性定义与做法套用等操作同首层梁、板及砌体墙的操作方法。

四、任务结果

汇总计算,统计地下一层梁、板及砌体墙的清单、定额工程量,见表 6.5。

表 6.5　地下一层梁、板及砌体墙的清单、定额工程量

项目编码	项目名称及特征描述	单位	工程量
010402001001	砌块墙 (1)砌块品种、规格、强度等级:陶粒混凝土空心砌块 (2)墙体类型:直形墙 (3)墙体厚度:190 mm (4)砂浆强度等级、配合比:M5 水泥砂浆 (5)填充材料种类:C20 混凝土	m^3	83.3006
010505001001	有梁板 (1)混凝土种类:商品混凝土 (2)混凝土强度等级:C30	m^3	99.551
011201005001	墙面钉(挂)网 0.5 mm 镀锌铁丝网(网眼 25 mm×25 mm)	m^2	185.934
011702011001	直形墙 模板高度:3.74 m	m^2	6.292
011702014001	有梁板 模板高度:3.74 m	m^2	707.7883

五、总结拓展

结合清单定额规范,套取相应的定额子目时应注意超高部分量的提取。

问题思考

如何计算框架间墙的长度?

6.4 地下一层门洞口、圈梁的工程量计算

通过本节的学习,你将能够:
统计地下一层门洞口、圈梁的工程量。

一、任务说明

①完成地下一层门洞口、过梁的属性定义、做法套用及绘制。
②汇总计算,统计地下一层门洞口、过梁的工程量。

二、任务分析

①地下一层门洞口、过梁和首层有什么不同?
②地下一层中有哪些剪力墙构件不需要绘制?

三、任务实施

1)图纸分析

分析结施-03,可得到地下室门窗洞口信息。

2)门洞口属性定义及做法套用

门洞口属性定义及做法套用同首层。

四、任务结果

汇总计算,统计地下一层门洞口、过梁的清单、定额工程量,见表6.6。

表 6.6　地下一层门洞口、过梁的清单、定额工程量

项目编码	项目名称及特征描述	单位	工程量
010503004002	地圈梁 (1)混凝土种类:商品混凝土 (2)混凝土强度等级:C25	m³	1.2616
010503005001	过梁 (1)混凝土种类:商品混凝土 (2)混凝土强度等级:C25	m³	0.8239
010801001001	木质夹板门 M1021	m²	37.8

续表

项目编码	项目名称及特征描述	单位	工程量
010801004001	木质乙级防火门 FM 乙1121	m²	2.31
010801004002	木质甲级防火门 FM 甲1021	m²	4.2
010807001001	塑钢窗	m²	7.68
010811001001	防火锁	把	3
010811001002	闭门器	套	3
010811001003	防火铰链	副	9
010811002001	门窗周边塞缝	m	125.3
011702008002	地圈梁模板	m²	15.7682
011702009001	过梁	m²	13.2445

五、总结拓展

结合清单定额规范,套取相应的定额子目时应注意超高部分量的提取。

 题思考

门窗洞口与墙体间的相互扣减关系是怎样的。

7 基础层工程量计算

通过本章的学习,你将能够:
(1)分析基础层需要计算的内容;
(2)定义独立基础、垫层、止水板、土方等构件;
(3)统计基础层工程量。

7.1 独立基础、垫层、止水板的定义与绘制

通过本节的学习,你将能够:
(1)依据定额、清单分析独立基础、垫层、止水板的计算规则,确定计算内容;
(2)定义独立基础、垫层、止水板;
(3)绘制独立基础、垫层、止水板;
(4)统计独立基础、垫层、止水板工程量。

一、任务说明

①完成独立基础、垫层、止水板的属性定义、做法套用及绘制。
②汇总计算,统计独立基础、垫层、止水板的工程量。

二、任务分析

①基础层都有哪些需要计算的构件工程量?
②独立基础、垫层、止水板如何定义和绘制?

三、任务实施

1)分析图纸

①分析结施-03 可知,本工程为独立基础,混凝土强度等级为 C30,独立基础顶标高为止水板顶标高(−3.95 m)。

②分析结施-03 可知,本工程基础垫层为 100 mm 厚的混凝土,顶标高为基础底标高,出边距离为 100 mm。

③分析结施-03 可知,基础部分止水板的厚度为 350 mm,止水板采用筏板基础进行处理。

2)清单、定额计算规则学习

(1)清单计算规则学习

满堂基础、垫层、零星砌砖清单计算规则,见表 7.1。

表 7.1　满堂基础、垫层清单计算规则

编号	项目名称	单位	计算规则
010501001	垫层	m³	按设计图示尺寸以体积计算。不扣除嵌入承台基础的桩头所占体积
010501004	满堂基础（筏板及独立基础）		
010401012	零星砌砖（砖胎模）	m³	以立方米计量,按设计图示尺寸截面积乘以长度计算

（2）定额计算规则学习

满堂基础、垫层定额计算规则,见表7.2。

表 7.2　满堂基础、垫层定额计算规则

编号	项目名称	单位	计算规则
A4-3	基础垫层商品混凝土	m³	按设计图示尺寸以体积计算。不扣除嵌入承台基础的桩头所占体积
A4-10	满堂基础（无梁式）商品混凝土	m³	
A3-37	砖胎模	m³	按实砌体积以立方米计算

3) 构件属性定义

（1）独立基础属性定义

独立基础属性定义（以 JC-1 为例）,如图 7.1 所示。

图 7.1

新建独立基础后,单击鼠标右键,新建矩形独立基础单元,其属性定义如图 7.2 所示。

	属性名称	属性值	附加
1	名称 ↓	JC-2-1	
2	截面长度(mm)	3000	☐
3	截面宽度(mm)	3000	☐
4	高度(mm)	600	☐
5	横向受力筋	Φ14@150	☐
6	纵向受力筋	Φ14@150	☐
7	短向加强筋		☐
8	顶部柱间配筋		☐
9	材质	现浇混凝土	
10	混凝土类型	(碎石 GD20 粗砂水泥4...	☐
11	混凝土强度等级	(C30)	
12	混凝土外加剂	(无)	
13	泵送类型	(混凝土泵)	
14	相对底标高(m)	(0)	☐
15	截面面积(m²)	9	
16	备注		☐
17	⊞ 钢筋业务属性		
21	⊞ 土建业务属性		
24	⊞ 显示样式		

图 7.2

(2)止水板属性定义

新建筏板基础,修改其名称为止水板,其属性如图 7.3 所示。

(3)垫层属性定义

新建面式垫层,垫层的属性定义,如图 7.4 所示。

图 7.3

图 7.4

4)做法套用

(1)独立基础

独立基础的做法套用,与底板一起浇捣的独立基础,其工程量应合并到地下室底板工程量,如图 7.5 所示。

图 7.5

其他独立基础清单的做法套用相同。可采用做法刷功能完成做法套用,如图 7.6 所示。

图 7.6

(2)止水板

止水板的做法套用,如图 7.7 所示。

	编码	类别	名称	项目特征	单位	工程量表达式	表达式说明	单价	综合单价	措施项目	专业	自动套
1	010501004	项	满堂基础	1、混凝土种类:商品混凝土 2、混凝土强度等级:C30	m3	TJ	TJ〈体积〉			□	建筑装饰装修工程	□
2	A4-10 HD043104003 043104005	换	混凝土满堂基础 无梁式(碎石) 换为【碎石 GD40商品普通砼 C30】		m3	TJ	TJ〈体积〉	2849.89		□	土建	□
3	011001006	项	100厚聚苯板	地下室底板底	m²	KDJDBMJ	KDJDBMJ〈扣独基底部面积〉			□	建筑装饰装修工程	□
4	A8-344	定	楼地面及其他保温 干铺聚苯乙烯板 厚度 50mm		m²	KDJDBMJ	KDJDBMJ〈扣独基底部面积〉	2065.55		□	土建	□
5	010904001	项	地下室底板卷材防水	三元乙丙防水卷材	m²	SPTYMJ+XMMJ	SPTYMJ〈水平投影面积〉+XMMJ〈斜面面积〉			□	建筑装饰装修工程	□
6	B-	补	三元乙丙防水卷材		m2	SPTYMJ+XMMJ	SPTYMJ〈水平投影面积〉+XMMJ〈斜面面积〉			□		□

图 7.7

(3)垫层

垫层的做法套用,如图 7.8 所示。

	编码	类别	名称	项目特征	单位	工程量表达式	表达式说明	单价	综合单价	措施项目	专业	自动套
1	010501001	项	垫层	1、混凝土种类:商品混凝土 2、混凝土强度等级:C15	m3	TJ	TJ〈体积〉			□	建筑装饰装修工程	□
2	A4-3 HD043104003 043104002	换	混凝土垫层(碎石) 换为【碎石 GD40商品普通砼 C15】		m3	TJ	TJ〈体积〉	2910.58		□	土建	□
3	011702001	项	基础垫层		m²	MBMJ	MBMJ〈模板面积〉			☑	建筑装饰装修工程	□
4	A17-1	定	混凝土基础垫层 木模板木支撑		m²	MBMJ	MBMJ〈模板面积〉	1740.29		☑	土建	□

图 7.8

5)画法讲解

（1）独立基础

独立基础在绘制前,需先建好独立基础,然后在其后建好独立基础单元,用参数化独立基础设置方法,选独立基础,按图纸要求修改尺寸,最后以"点"画的方式完成,绘制方法同柱。

（2）筏板基础

①止水板用"矩形"功能绘制,用鼠标左键单击①/⑩轴交点,再在⑧/Ⓐ轴交点处单击鼠标左键即可完成,如图 7.9 所示。

图 7.9

②由结施-02 可知,止水板左右侧外边线距轴线尺寸为 2200 mm,上下侧外边线距轴线尺寸为 2700 mm,选中止水板,鼠标右键单击"偏移",鼠标移动至止水板的外侧输入 2200 mm,按"Enter"键;再次选中止水板,单边偏移尺寸为 500 mm,即可完成止水板的绘制。在独立基础 JC-7 处是没有止水板的,用分割功能沿着独立基础的边线分割即可完成,如图 7.10—图 7.12 所示。

止水板内钢筋操作方法与板钢筋类似。新建筏板主筋,修改钢筋信息如图 7.13—图 7.14 所示。鼠标左键单击止水板即可完成钢筋布置。

③垫层在独立基础的下方,属于面式构件,选择"智能布置"→"独立基础",在弹出的对话框中输入出边距离"100 mm",单击"确定"按钮,框选独立基础,即可完成垫层的布置。

图 7.10

图 7.11

图 7.12

图 7.13

图 7.14

四、任务结果

汇总计算,统计筏板基础、垫层的清单、定额工程量,见表 7.3。

表 7.3 筏板基础、垫层的清单、定额工程量

项目编码	项目名称及特征描述	单位	工程量
010401012001	零星砌砖 (1)部位:砖胎膜 (2)砖品种、规格、强度等级:标准砖 (3)砂浆种类、强度等级:M5 水泥砂浆	m³	25.136
A3-37	零星砌体标准砖 240 mm×115 mm×53 mm 换为【水泥砂浆中砂 M5】	10 m³	2.5136
010501001002	垫层 (1)混凝土种类:商品混凝土 (2)混凝土强度等级:C15	m³	95.9115
A4-3	混凝土垫层(碎石) 换为【碎石 GD40 商品普通混凝土 C15】	10 m³	9.59115

项目编码	项目名称及特征描述	单位	工程量
010501004001	满堂基础 (1)混凝土种类:商品混凝土 (2)混凝土强度等级:C30	m³	382.085
A4-10	混凝土满堂基础无梁式(碎石) 换为【碎石 GD40 商品普通混凝土 C30】	10 m³	38.2085
010904001001	地下室底板卷材防水 三元乙丙防水卷材	m²	905.02
B-	三元乙丙防水卷材	m²	905.02
011001006001	100 mm 厚聚苯板 地下室底板底	m²	236.8
A8-344	楼地面及其他保温干铺聚苯乙烯板厚度 50 mm	100 m²	2.368
011702001001	基础垫层	m²	21.036
A17-1	混凝土基础垫层木模板 木支撑	100 m²	0.21036

五、总结拓展

建模四棱台独立基础

软件在独立基础里提供了多种参数图供选择,如图 7.15 所示,选择"新建独立基础单元"后,再选择参数化图形,用点画法绘制图元,如图 7.16 所示。

图 7.15

图 7.16

问题思考

(1)基础部分需要绘制哪些构件,应如何定义?

(2)如何绘制面式垫层?

7.2 土方工程量计算

通过本节的学习,你将能够:

(1)依据清单、定额分析挖土方的计算规则;

(2)定义基坑土方和大开挖土方;

(3)统计挖土方的工程量。

一、任务说明

①完成土方工程的属性定义、做法套用及绘制。

②汇总计算土方工程量。

二、任务分析

①哪些地方需要挖土方?

②基础回填土方应如何进行计算?

三、任务实施

1)分析图纸

分析结施-02 可知,本工程独立基础的土方属于基坑土方,止水板的土方为大开挖土方,依据定额可知挖土方有工作面 300 mm,根据挖土深度独立基础 JC-7 及大开挖土方需要放坡,放坡土方增量按照定额规定计算。

2)清单、定额计算规则学习

（1）清单计算规则学习

土方清单计算规则，见表7.4。

表7.4　土方清单计算规则

编号	项目名称	单位	计算规则
010101002	挖一般土方	m³	按设计图示尺寸以体积计算，因工作面和放坡增加的工程量并入挖一般土方工程量计算
010101004	挖基坑土方	m³	按设计图示尺寸以体积计算，因工作面（支挡土板）和放坡增加的工程量并入挖基坑土方工程量计算
010103001	回填方	m³	回填区分夯填、松填按图示回填体积并依据下列规定，以体积计算 （1）场地回填：回填面积乘以平均回填厚度计算 （2）室内回填：主墙之间的净面积乘以回填厚度计算，不扣除间隔墙 （3）基础回填：按挖方工程量减去自然地坪以下埋设基础体积（包括基础垫层及其他构筑物）

（2）定额计算规则学习

土方定额计算规则，见表7.5。

表7.5　土方定额计算规则

编号	项目名称	单位	计算规则
A1-4	人工挖土方（辅助机械）	m³	挖一般土石方工程量乘以0.96
A1-18	机械挖土方	m³	挖一般土石方工程量乘以0.94
A1-9	人工挖基坑（辅助机械）	m³	挖基坑土石方工程量乘以0.9
A1-18	机械挖基坑土方	m³	挖基坑土石方工程量乘以0.1
A1-82	回填土	m³	回填区分夯填、松填按图示回填体积并依据下列规定，以体积计算 （1）场地回填：回填面积乘以平均回填厚度计算 （2）室内回填：主墙之间的净面积乘以回填厚度计算，不扣除间隔墙 （3）基础回填：按挖方工程量减去自然地坪以下埋设基础体积（包括基础垫层及其他构筑物）

3)定义、绘制土方

（1）基坑土方绘制

用反建构件法，在垫层界面单击"生成土方"，如图7.17所示。

选择独立基础JC-7下方的垫层，单击鼠标右键即可完成基坑土方的定义和绘制。

（2）挖一般土方绘制

在垫层基础定义界面，选择"生成土方"→"大开挖土方"，如图7.18所示。

图 7.17

图 7.18

用鼠标左键选择止水板,单击鼠标右键,即可完成大开挖土方的定义和绘制,如图 7.19 所示。

4)土方做法套用

大开挖、基坑土方做法套用,如图 7.20 和图 7.21 所示。

图 7.19

图 7.20

	编码	类别	名称	项目特征	单位	工程量表达式	表达式说明	单价	综合单价	措施项目	专业	自动套
1	⊟ 010101004	项	挖基坑土方	1、土壤类别：三类土 2、挖土深度：2M 3、运距：坑边5米以内就地堆放	m3	TFTJ	TFTJ〈土方体积〉			☐	建筑装饰装修工程	☐
2	A1-18	定	液压挖掘机挖土 斗容量1.0m3		m3	TFTJ*.9	TFTJ〈土方体积〉*0.9	3687.06		☐	土建	☐
3	A1-6	定	人工挖沟槽(基坑)一、二类土 深2m以内		m3	TFTJ*.1	TFTJ〈土方体积〉*0.1	1243.87		☐	土建	☐
4	⊟ 010103001	项	基础回填土	1、密实度：压实系数≥0.94 2、运距：坑边土回填	m3	STHTTJ	STHTTJ〈素土回填体积〉			☐	建筑装饰装修工程	☐
5	A1-105	定	挖掘机回填 土		m3	STHTTJ*.9	STHTTJ〈素土回填体积〉*0.9	348.73		☐	土建	☐
6	A1-82	定	人工回填土 夯填		m3	STHTTJ*.1	STHTTJ〈素土回填体积〉*0.1	1550.58		☐	土建	☐
7	⊟ 010103002	项	余土弃置	1、运距：1KM	m3	TFTJ-STHTTJ	TFTJ〈土方体积〉-STHTTJ〈素土回填体积〉			☐	建筑装饰装修工程	☐
8	A1-156	定	液压挖掘机挖土 斗容量1m3 自卸汽车运土(运距1km以内) 10t		m3	TFTJ-STHTTJ	TFTJ〈土方体积〉-STHTTJ〈素土回填体积〉	9729.05		☐	土建	☐
9	⊟ 010103003	项	土(石)方运输增(减)m3·km		m3	TFTJ-STHTTJ	TFTJ〈土方体积〉-STHTTJ〈素土回填体积〉			☐	建筑装饰装修工程	☐
10	A1-173	定	自卸汽车运土方(每增加1km运距) 10t		m3	TFTJ-STHTTJ	TFTJ〈土方体积〉-STHTTJ〈素土回填体积〉	1813.32		☐	土建	☐

图 7.21

四、任务结果

汇总计算,统计土方清单、定额工程量,见表 7.6。

表 7.6 土方清单、定额工程量

项目编码	项目名称及特征描述	单位	工程量
010101002001	挖一般土方 (1)土壤类别:三类土 (2)挖土深度:4 m (3)运距:坑边 5 m 以内就地堆放	m³	4171.9612
A1-4	人工挖土方深 1.5 m 以内三类土	100 m³	1.668784
A1-18	液压挖掘机挖土斗容量 1.0 m³	1000 m³	4.0050828
010101004001	挖基坑土方 (1)土壤类别:三类土 (2)挖土深度:2 m (3)运距:坑边 5 m 以内就地堆放	m³	159.0436
A1-9	人工挖沟槽(基坑)三类土深度 2 m 以内	100 m³	0.159045
A1-18	液压挖掘机挖土斗容量 1.0 m³	1000 m³	0.1431392
010103001001	基础回填土 (1)密实度:压实系数≥0.94 (2)运距:坑边土回填	m³	1601.1034
A1-82	人工回填土夯填	100 m³	1.601108
A1-105	挖掘机回填土	100 m³	14.409927
010103002001	余土弃置 运距:1 km	m³	2729.9014
A1-156	液压挖掘机挖土斗容量 1 m³ 自卸汽车运土(运距 1 km 以内)10 t	1000 m³	2.7299014
010103003001	土(石)方运输增(减) m³·km	m³	2729.9014
A1-173	自卸汽车运土方(每增加 1 km 运距)10 t	1000 m³	2.7299014

五、总结拓展

土方的定义和绘制可采用自动生成功能实现,也可手动绘制。

问题思考

(1)大开挖土方如何定义与绘制?

(2)土方回填的智能布置如何完成?

8 装修工程量计算

通过本章的学习,你将能够:
(1)定义楼地面、天棚、墙面、踢脚、吊顶;
(2)在房间中添加依附构件;
(3)统计各层的装修工程量。

8.1 首层装修工程量计算

通过本节的学习,你将能够:
(1)定义房间;
(2)分类统计首层装修工程量。

一、任务说明
①完成全楼装修工程的楼地面、天棚、墙面、踢脚、吊顶的属性定义及做法套用。
②建立首层房间单元,添加依附构件并绘制。
③汇总计算,统计首层装修工程的工程量。

二、任务分析
①楼地面、天棚、墙面、踢脚、吊顶的构件做法在图中的什么位置可以找到?
②各装修做法套用清单和定额时,如何正确地编辑工程量表达式?
③装修工程中如何用虚墙分割空间?
④外墙保温如何定义、套用做法? 地下与地上一样吗?

三、任务实施

1)分析图纸

分析建施-01的室内装修做法表,首层有6种装修类型的房间:大堂、办公室1、办公室2、楼梯间、走廊、卫生间;装修做法有楼面1、楼面2、楼面3、楼面4、踢脚1、踢脚2、踢脚3、内墙1、内墙2、天棚1、吊顶1、吊顶2。

2)清单、定额规则学习

(1)清单计算规则学习

装饰装修清单计算规则,见表8.1。

表 8.1　装饰装修清单计算规则

编号	项目名称	单位	计算规则
011102001	石材楼地面	m²	按设计图示尺寸以面积计算。门洞、空圈、暖气包槽、壁龛的开口部分并入相应的工程量内
011102003	块料楼地面	m²	按设计图示尺寸以面积计算。门洞、空圈、暖气包槽、壁龛的开口部分并入相应的工程量内
011105002	石材踢脚线	m	按设计图示尺寸以面积计算
011105003	块料踢脚线	m	按设计图示尺寸以面积计算
桂 011204007	块料墙面	m²	(1)粘贴、干挂、挂贴，按设计图示结构尺寸以面积计算 (2)以骨架干挂的,按设计图示外围饰面尺寸以面积计算
011407002	天棚喷刷涂料	m²	按设计图示尺寸以面积计算
011302001	吊顶天棚	m²	按设计图示尺寸以水平投影面积计算。天棚面中的灯槽及跌级、锯齿形、吊挂式、藻井式天棚面积不展开计算。不扣除间壁墙、检查口、附墙烟囱、柱躲和管道所占面积,扣除单个>0.3 m² 的孔洞、独立柱与开棚相连的窗帘盒所占的面积
011407001	墙面喷刷涂料	m²	按设计图示尺寸以面积计算

（2）定额计算规则学习

①楼地面装修定额计算规则(以楼面 2 为例),见表 8.2。

表 8.2　楼地面装修定额计算规则

编号	项目名称	单位	计算规则
A-81	陶瓷地砖楼地面每块周长 1600 mm 以内水泥砂浆密缝	m²	块料面层按设计图示尺寸以平方米计算。门洞、空圈、暖气包槽、壁龛的开口部分并入相应的工程量内
A7-130	聚合物水泥防水涂料涂膜 1.2 mm 厚平面	m²	建筑物地面防水、防潮层,按主墙间净空面积计算,扣除凸出地面的构筑物、设备基础等所占的面积,不扣除间壁墙及单个 0.3 m² 以内柱、垛、烟囱和孔洞所占面积。与墙面连接处上卷高度在 300 mm 以内者按展开面积计算,并入平面工程量内,超过 300 mm 时,按立面防水层计算
A9-4	细石混凝土找平层 40 mm	m²	找平层、整体面层(除本规则第 14 条注明者外)均按设计图示尺寸以平方米计算,扣除凸出地面的构筑物、设备基础、室内管道、地沟等所占面积,不扣除间壁墙、单个 0.3 m² 以内的柱、垛、附墙烟囱及孔洞所占面积,门洞、暖气包槽、壁龛的开口部分不增加面积

②踢脚定额计算规则,见表 8.3。

表 8.3　踢脚定额计算规则

编号	项目名称	单位	计算规则
A9-99	陶瓷地砖踢脚线水泥砂浆	m²	按设计图示尺寸以平方米计算
A9-37	大理石踢脚线直形水泥砂浆	m²	按设计图示尺寸以平方米计算
A9-15	水泥砂浆踢脚线	m²	按设计图示尺寸以平方米计算

③内墙面、独立柱装修定额计算规则(以内墙 1 为例),见表 8.4。

表 8.4　内墙面、独立柱装修定额计算规则

编号	项目名称	单位	计算规则
A10-20	内墙水泥砂浆砖墙(15+5)mm	m²	墙面抹灰、勾缝按设计图示尺寸以平方米计算。扣除墙裙、门窗洞口、单个 0.3 m² 以外的孔洞及装饰线条、零星抹灰所占面积,不扣除踢脚线、挂镜线和墙与构件交接的面积,门窗洞口和孔洞的侧壁及顶面不增加面积。附墙柱、梁、垛、烟囱侧壁并入相应的墙面面积内
A13-210	乳胶漆内墙、柱、天棚抹灰面两遍	m²	按设计图示尺寸展开面积以平方米计算
A13-204	刮熟胶粉腻子内墙面两遍	m²	按设计图示尺寸展开面积以平方米计算

④天棚、吊顶定额计算规则(以天棚 1、吊顶 1 为例),见表 8.5。

表 8.5　天棚、吊顶定额计算规则

编号	项目名称	单位	计算规则
A11-5	混凝土面天棚混合砂浆现浇(5+5)mm	m²	各种天棚抹灰面积,按设计图示尺寸以水平投影面积计算。不扣除间壁墙、垛、柱、附墙烟囱、检查口和管道所占的面积,带梁天棚的梁两侧抹灰面积并入天棚面积内。圆弧形、拱形等天棚的抹灰面积按展开面积计算。板式楼梯底面抹灰按斜面积计算,锯齿形楼梯底板抹灰按展开面积计算
A13-204 换	刮熟胶粉腻子内墙面两遍 如为梁、柱、天棚面挂腻子	m²	按设计图示尺寸展开面积以平方米计算
A13-210	乳胶漆内墙、柱、天棚抹灰面两遍	m²	按设计图示尺寸展开面积以平方米计算
A11-72	铝合金条板 天棚龙骨	m²	各种天棚吊顶龙骨,按设计图示尺寸以水平投影面积计算。不扣除间壁墙、检查口、附墙烟囱、柱、垛和管道所占面积
A11-109	铝合金条板 天棚闭缝	m²	天棚基层及装饰面层按实钉(胶)面积以平方米计算,不扣除间壁墙、检查口、附墙烟囱、垛和管道所占面积,应扣除单个 0.3 m² 以上的独立柱、灯槽与天棚相连的窗帘盒及孔洞所占的面积

3)装修构件的属性定义及做法套用

(1)楼地面的属性定义

单击导航树中的"装修"→"楼地面",在"构件列表"中选择"新建"→"新建楼地面",在"属性编辑框"中输入相应的属性值,如有房间需要计算防水,需在"是否计算防水"选择"是",如图 8.1—图 8.4所示。

图 8.1

图 8.2

图 8.3

图 8.4

（2）踢脚的属性定义

新建踢脚构件的属性定义，如图 8.5—图 8.7 所示。

图 8.5

图 8.6

图 8.7

（3）内墙面的属性定义

新建内墙面构件的属性定义，如图 8.8—图 8.9 所示。

图 8.8

图 8.9

(4)天棚的属性定义

天棚构件的属性定义,如图 8.10 所示。

图 8.10

(5)吊顶的属性定义

分析建施-01 可知,吊顶 1 距地的高度,吊顶 1 的属性定义,如图 8.11 和图 8.12 所示。

图 8.11

图 8.12

(6)房间的属性定义

通过"添加依附构件",建立房间中的装修构件。构件名称下"楼面 1"可以切换成"楼面 2"或是"楼面 3",其他的依附构件也是同理进行操作,如图 8.13 所示。

图 8.13

4)房间的绘制

点画。按照建施-04 中房间的名称,选择软件中建立好的房间,在需要布置装修的房间处单击一下,房间中的装修即自动布置上去。绘制好的房间,用三维查看效果。为保证大厅的"点"功能绘制,可在④~⑤/⑧轴上补画一道虚墙,如图 8.14 所示。

图 8.14

四、任务结果

汇总计算,统计首层的装饰装修的清单、定额工程量,见表 8.6。

表 8.6　装饰装修的清单、额定工程量

编号	项目名称	单位	计算规则
010904002001	楼(地)面涂膜防水(楼面 2) (1)1.2 mm 厚聚合物水泥防水涂料,四周沿墙上翻 150 mm (2)刷冷底子油一遍	m²	59.4654
011101001001	水泥砂浆楼地面(楼面 4) (1)20 mm 厚 1:2 水泥砂浆抹面压光 (2)素水泥浆结合层一道	m²	65.0854
011101003001	细石混凝土楼地面(楼面 2) 最薄处 30 mm 厚 C20 细石混凝土找坡层抹平	m²	43.4634
011102001001	石材楼地面(楼面 3) (1)20 mm 厚大理石铺实拍平,水泥浆擦缝 (2)30 mm 厚 1:4 干硬性水泥砂浆结合层 (3)素水泥浆结合层一遍	m²	123.7562
011102003001	块料楼地面(楼面 1) (1)8~10 mm 厚 600 mm×600 mm 陶瓷地砖铺实拍平,水泥浆擦缝 (2)20 mm 厚 1:4 干硬性水泥砂浆 (3)素水泥浆结合层一遍	m²	325.5794

续表

编号	项目名称	单位	计算规则
011102003002	块料楼地面(楼面2) (1)8~10 mm 厚 400 mm×400 mm 防滑砖砖铺实拍平,水泥浆擦缝 (2)20 mm 厚 1:4 干硬性水泥砂浆	m²	43.8534
011105001001	水泥砂浆踢脚线(踢脚3) (1)15 mm 厚 1:3 水泥砂浆 (2)10 mm 厚 1:2 水泥抹面砂浆压光 (3)高度:100 mm	m²	3.742
011105002001	石材踢脚线(踢脚2) (1)15 mm 厚 1:3 水泥砂浆 (2)5~6 mm 厚 1:1 水泥砂浆加水重 20% 建筑胶镶贴 (3)10 mm 厚大理石板 (4)高度:100 mm	m²	6.773
011105003001	块料踢脚线(踢脚1) (1)17 mm 厚 1:3 水泥砂浆 (2)3~4 mm 厚 1:1 水泥砂浆加水重 20% 建筑胶镶贴 (3)8~10 mm 厚面砖,水泥浆擦缝 (4)高度:100 mm	m²	27.9007
011201001001	墙面一般抹灰(内墙面1) (1)15 mm 厚 1:1:6 水泥石灰砂浆 (2)5 mm 厚 1:0.5:3 水泥石灰砂浆	m²	1196.1279
011204005001	石材墙面(墙裙1) (1)15 mm 厚 1:3 水泥砂浆 (2)刷素水泥浆一遍 (3)4~5 mm 厚 1:1 水泥砂浆加水重 20% 建筑胶镶贴 (4)10 mm 厚大理石,白水泥浆擦缝 (5)高度:1200 mm	m²	14.6826
011204007002	300 mm×300 mm 釉面砖块料墙面(内墙面2) (1)15 mm 厚 1:3 水泥砂浆 (2)刷素水泥浆一遍 (3)4~5 mm 厚 1:1 水泥砂浆加水重 20% 建筑胶镶贴 (4)4~5 mm 厚 300 mm×300 mm 釉面砖,白水泥浆擦缝	m²	157.9096
011301001001	天棚抹灰(天棚1) (1)钢筋混凝土板底面清理干净 (2)5 mm 厚 1:1:4 水泥石灰砂浆 (3)5 mm 厚 1:0.5:3 水泥石灰砂浆	m²	77.1467
011302001001	铝合金板条吊顶天棚(吊顶1) (1)0.8~1.0 mm 厚铝合金条板面层 (2)条板轻钢龙骨 TG45×48(或 50×26),中距≤1200 mm (3)U 形轻钢大龙骨[38×12×1.2,中距≤1200 mm,与钢筋吊杆固定 (4)φ6 钢筋吊杆,双向中距≤1200 mm,与板底预埋吊环固定 (5)现浇混凝土板底预留 φ10 钢筋吊环,双向中距≤1200 mm(预制板可在板缝内预留吊环)	m²	406.7518

编号	项目名称	单位	计算规则
011302001002	岩棉吸音板吊顶天棚(吊顶2) (1)12 mm 厚矿棉吸声音板用专用黏结剂粘) (2)9.5 mm 厚纸面石膏板(3000 mm×1200 mm)用自攻螺丝固定中距≤200 mm (3)U 形轻钢横撑龙骨 U27×60×0.63,中距 1200 mm (4)U 形轻钢中龙骨 U27×60×0.63,中距等于板材 1/3 宽度 (5)ϕ8 螺栓吊杆,双向中距≤1200 mm,与钢筋吊环固定 (6)现浇混凝土板底预留 ϕ10 钢筋吊环,双向中距≤1200 mm	m²	43.4634
011406003001	内墙面刮腻子(内墙面 1) 刮双飞粉腻子两遍	m²	1196.1279
011406003002	天棚面刮腻子(天棚 1) 刮双飞粉腻子两遍	m²	77.1467
011407001001	刷(喷)内墙涂料(内墙面 1) 刷白色乳胶漆两遍	m²	1196.1279
011407001002	喷(刷)外墙涂料(外墙 3) (1)喷或滚刷底涂料一遍 (2)喷或滚刷涂料两遍	m²	8.7731
011407002001	刷(喷)天棚涂料(天棚 1) 刷白色乳胶漆两遍	m²	77.1467

五、总结拓展

装修的房间必须是封闭的

在绘制房间图元时,要保证房间必须是封闭的,如不封闭,可使用虚墙将房间封闭。

问 题思考

(1)虚墙是否计算内墙面工程量?

(2)虚墙是否影响楼面的面积?

8.2 其他层装修工程量计算

通过本节的学习,你将能够:

(1)分析软件在计算装修时的计算思路;

(2)计算各层装修工程量。

其他楼层装修方法同首层,也可考虑从首层复制图元。

一、任务说明

完成各楼层工程装修的工程量。

二、任务分析

①其他楼层与首层做法有何不同?

②装修工程量的计算与主体构件的工程量计算有何不同?

三、任务实施

1) 分析图纸

由建施-01 中室内装修做法表可知,地下一层所用的装修做法和首层装修做法基本相同,地面做法为地面1、地面2、地面3。二层至四层装修做法基本和首层的装修做法相同,可以把首层构件复制到其他楼层,然后重新组合房间即可。

2) 清单、定额规则学习

(1) 清单计算规则学习

其他层装修清单计算规则,见表8.7。

表 8.7 其他层装修清单计算规则

编号	项目名称	单位	计算规则
011102003	块料楼地面	m²	按设计图示尺寸以面积计算。门洞、空圈、暖气包槽、壁龛的开口部分并入相应的工程量内
011102001	石材楼地面	m²	按设计图示尺寸以面积计算。门洞、空圈、暖气包槽、壁龛的开口部分并入相应的工程量内
011101001	水泥砂浆楼地面	m²	按设计图示尺寸以面积计算,扣除凸出地面的构筑物、设备基础、室内管道、地沟等所占面积,不扣除间壁墙、单个 ≤0.3 m² 柱、垛、附墙烟囱及孔洞所占面积,门洞、空圈、暖气包槽、壁龛的开口部分不增加面积

(2) 定额计算规则学习

其他层装修定额计算规则,以楼面 2 为例,见表8.8。

表 8.8 其他层装修定额计算规则

编号	项目名称	单位	计算规则
A-81	陶瓷地砖楼地面每块周长 1600 mm 以内水泥砂浆密缝	m²	块料面层按设计图示尺寸以平方米计算。门洞、空圈、暖气包槽、壁龛的开口部分并入相应的工程量内
A7-130	聚合物水泥防水涂料涂膜 1.2 mm 厚平面	m²	建筑物地面防水、防潮层,按主墙间净空面积计算,扣除凸出地面的构筑物、设备基础等所占的面积,不扣除间壁墙及单个 0.3 m² 以内柱、垛、烟囱和孔洞所占面积。与墙面连接处上卷高度在 300 mm 以内者按展开面积计算,并入平面工程量内,超过 300 mm 时,按立面防水层计算
A9-4	细石混凝土找平层 40 mm	m²	找平层、整体面层(除本规则第 14 条注明者外)均按设计图示尺寸以平方米计算,扣除凸出地面的构筑物、设备基础、室内管道、地沟等所占面积,不扣除间壁墙、单个 0.3 m² 以内的柱、垛、附墙烟囱及孔洞所占面积,门洞、暖气包槽、壁龛的开口部分不增加面积

四、任务结果

汇总计算,统计地下一层装修的清单、定额工程量,见表8.9。

表8.9 地下一层装修的清单、定额工程量

项目编码	项目名称及特征描述	单位	工程量
010904002001	楼(地)面涂膜防水(楼面2) (1)1.2 mm 厚聚合物水泥防水涂料,四周沿墙上翻150 mm (2)刷冷底子油一遍	m²	58.2089
011101001001	水泥砂浆楼地面(楼面4) (1)20 mm 厚1:2水泥砂浆抹面压光 (2)素水泥浆结合层一道	m²	38.806
011101003001	细石混凝土楼地面(楼面2) 最薄处30 mm 厚C20细石混凝土找坡层抹平	m²	42.3719
011102001001	石材楼地面(楼面3) (1)20 mm 厚大理石铺实拍平,水泥浆擦缝 (2)30 mm 厚1:4干硬性水泥砂浆结合层 (3)素水泥浆结合层一遍	m²	260.7691
011102003001	块料楼地面(楼面1) (1)8~10 mm 厚600 mm×600 mm 陶瓷地砖铺实拍平,水泥浆擦缝 (2)20 mm 厚1:4干硬性水泥砂浆 (3)素水泥浆结合层一遍	m²	207.7032
011102003002	块料楼地面(楼面2) (1)8~10 mm 厚400 mm×400 mm 防滑砖砖铺实拍平,水泥浆擦缝 (2)20 mm 厚1:4干硬性水泥砂浆	m²	42.7619
011105001001	水泥砂浆踢脚线(踢脚3) (1)15 mm 厚1:3水泥砂浆 (2)10 mm 厚1:2水泥抹面砂浆压光 (3)高度:100 mm	m²	3.686
011105002001	石材踢脚线(踢脚2) (1)15 mm 厚1:3水泥砂浆 (2)5~6 mm 厚1:1水泥砂浆加水重20%建筑胶镶贴 (3)10 mm 厚大理石板 (4)高度:100 mm	m²	16.7909
011105003001	块料踢脚线(踢脚1) (1)17 mm 厚1:3水泥砂浆 (2)3~4 mm 厚1:1水泥砂浆加水重20%建筑胶镶贴 (3)8~10 mm 厚面砖,水泥浆擦缝 (4)高度:100 mm	m²	13.4142

续表

项目编码	项目名称及特征描述	单位	工程量
011201001001	墙面一般抹灰(内墙面1) (1)15 mm 厚1:1:6水泥石灰砂浆 (2)5 mm 厚1:0.5:3水泥石灰砂浆	m²	1310.1243
011204007001	300 mm×300 mm 釉面砖块料墙面(内墙面2) (1)15 mm 厚1:3水泥砂浆 (2)刷素水泥浆一遍 (3)4~5 mm 厚1:1水泥砂浆加水重20%建筑胶镶贴 (4)4~5 mm 厚300 mm×300 mm 釉面砖,白水泥浆擦缝	m²	161.358
011301001001	天棚抹灰(天棚1) (1)钢筋混凝土板底面清理干净 (2)5 mm 厚1:1:4水泥石灰砂浆 (3)5 mm 厚1:0.5:3水泥石灰砂浆	m²	46.2511
011302001001	铝合金板条吊顶天棚(吊顶1) (1)0.8~1.0 mm 厚铝合金条板面层 (2)条板轻钢龙骨 TG45×48(或50×26),中距≤1200 mm (3)U 形轻钢大龙骨[38×12×1.2,中距≤1200 mm,与钢筋吊杆固定 (4)ϕ6 钢筋吊杆,双向中距≤1200 mm,与板底预埋吊环固定 (5)现浇混凝土板底预留 ϕ10 钢筋吊环,双向中距≤1200 mm(预制板可在板缝内预留吊环)	m²	851.0968
011302001002	岩棉吸声板吊顶天棚(吊顶2) (1)12 mm 厚矿棉吸声板用专用黏结剂粘贴 (2)9.5 mm 厚纸面石膏板(3000 mm×1200 mm)用自攻螺丝固定中距≤200 mm (3)U 形轻钢横撑龙骨 U27×60×0.63,中距≤1200 mm (4)U 形轻钢中龙骨 U27×60×0.63,中距等于板材1/3 宽度 (5)ϕ8 螺栓吊杆,双向中距≤1200 mm,与钢筋吊环固定 (6)现浇混凝土板底预留 ϕ10 钢筋吊环,双向中距≤1200 mm	m²	85.8353
011406003001	天棚面刮腻子(天棚1) 刮双飞粉腻子两遍	m²	46.2511
011406003002	内墙面刮腻子(内墙面1) 刮双飞粉腻子两遍	m²	1310.1243
011407001001	刷(喷)内墙涂料(内墙面1) 刷白色乳胶漆两遍	m²	1310.1243
011407002001	刷(喷)天棚涂料(天棚1) 刷白色乳胶漆两遍	m²	46.2511

8.3 外墙保温层计算

通过本节的学习,你将能够:
(1)定义外墙保温层;
(2)统计外墙保温层的工程量。

一、任务说明

完成各楼层外墙保温层的工程量。

二、任务分析

①地上外墙与地下部分保温层的做法有何不同?
②保温层增加后是否会影响外墙装修的工程量计算?

三、任务实施

1)分析图纸

由分析建施-01 中"(六)墙体设计"可知,外墙外侧作 50 mm 厚的保温。

2)清单、定额计算规则学习

(1)清单计算规则学习

外墙保温层清单计算规则,见表 8.10。

表 8.10　外墙保温层清单计算规则

编号	项目名称	单位	计算规则
011001003	外墙外保温胶粉聚苯颗粒厚度50 mm涂料饰面	m²	按设计图示尺寸以面积计算。扣除门窗洞口以及面积>0.3 m²梁、孔洞所占面积;门窗洞口侧壁以及与墙相连的柱,并入保温墙体工程量内

(2)定额计算规则学习

外墙保温层定额计算规则,见表 8.11。

表 8.11　外墙保温层定额计算规则

编号	项目名称	单位	计算规则
A8-63 换	外墙外保温胶粉聚苯颗粒厚度 50 mm 涂料饰面	2 m	按设计图示尺寸以面积计算。扣除门窗洞口以及面积>0.3 m²梁、孔洞所占面积;门窗洞口侧壁以及与墙相连的柱,并入保温墙体工程量内

新建外墙面,如图 8.15—图 8.17 所示。

图 8.15

图 8.16

图 8.17

用"点"绘制,鼠标在外墙外侧左键即可,如图 8.18 所示。

或者选择"智能布置"→"外墙外边线",即可完成外墙的外侧保温层。

其他楼层的操作方法相同。

选择④~⑤轴的外墙面 1,修改属性值"起点和终点的底标高为 3.4",如图 8.19 所示。

墙面 2 的操作方法同墙面 1,布置位置同墙面 1。

选择④~⑤轴的外墙面 2,修改属性值"起点和终点的顶标高为 3.4"(因已经绘制了外墙面 1 和外墙面 2,选中时可以在三维状态下,选中外墙面 2),如图 8.20 所示。

外墙面 3 的绘制,如图 8.21 所示。

图 8.18

图 8.19

图 8.20

图 8.21

 题思考

外墙保温层增加后是否影响建筑面积的计算?

9 零星及其他工程量计算

通过本章的学习,你将能够:
(1)掌握平整场地、建筑面积的工程量计算;
(2)掌握挑檐、雨篷的工程量计算;
(3)掌握台阶、散水及栏杆的工程量计算。

9.1 平整场地、建筑面积工程量计算

通过本节的学习,你将能够:
(1)依据定额和清单分析平整场地、建筑面积的工程量计算规则;
(2)定义平整场地、建筑面积的属性及做法套用;
(3)绘制平整场地、建筑面积;
(4)统计平整场地、建筑面积工程量。

一、任务说明
①完成平整场地、建筑面积的属性定义、做法套用及图元绘制。
②汇总计算,统计首层平整场地、建筑面积的工程量。

二、任务分析
①平整场地的工程量计算如何定义? 此任务中应选用地下一层还是首层的建筑面积?
②首层建筑面积中门厅外雨篷的建筑面积应如何计算? 工程量表达式作何修改?
③与建筑面积相关的现浇混凝土运输通道和垂直运输如何套用清单定额?

三、任务实施
1)分析图纸
分析首层平面图可知,本层建筑面积分为楼层建筑面积和雨篷建筑面积两部分。
2)清单、定额计算规则学习
(1)清单计算规则学习
平整场地清单计算规则,见表9.1。

表 9.1 平整场地清单计算规则

编号	项目名称	单位	计算规则
010101001	平整场地	m²	按设计图示尺寸以建筑物首层建筑面积计算
桂 011701009	基础现浇混凝土运输道	m²	按建筑面积计算 (1)深度>3 m(3 m 以内不得计算)的带形基础按基槽底设计图示尺寸以面积计算 (2)满堂式基础、箱形基础、基础底宽度>3 m 的柱基础及宽度>3 m 的设备基础按基础底设计图示尺寸以面积计算
桂 011701011	楼板现浇混凝土运输道	m²	按楼板浇捣部分的建筑面积计算
011703001	垂直运输	m²	按建筑面积计算

(2)定额计算规则学习

平整场地定额计算规则,见表 9.2。

表 9.2 平整场地定额计算规则

编号	项目名称	单位	计算规则
A1-1	人工平整场地	m²	平整场地工程量按设计图示尺寸以建筑物首层建筑面积计算。按竖向布置进行大型挖土或回填土时,不得再计算平整场地的工程量
A15-26	钢管现浇混凝土运输道 满堂基础 6 m 内	100 m²	现浇混凝土基础运输道满堂基础运输道适用于满堂式基础、箱形基础、基础底短边大于 3 m 的柱基础、设备基础,其工程量按基础底面积计算
A15-28	钢管现浇混凝土 运输道楼板钢管架	100 m²	现浇混凝土楼板运输道,适用于框架柱、梁、墙、板整体浇捣工程,工程量按浇捣部分的建筑面积计算
A16-2	建筑物垂直运输高度 20 m 以内框架结构卷扬机	m²	(1)建筑物垂直运输区分不同建筑物的结构类型和檐口高度,按建筑物设计室外地坪以上的建筑面积以平方米计算。高度超过 120 m 时,超过部分按每增加 10 m 定额子目(高度不足 10 m 时,按比例)计算 (2)地下室的垂直运输按地下层的建筑面积以平方米计算

3)属性定义

(1)平整场地的属性定义

在导航树中选择"其他"→"平整场地",在"构件列表"中选择"新建"→"新建平整场地",如图 9.1 所示。

(2)建筑面积的属性定义

在导航树中选择"其他"→"建筑面积",在"构件列表"中选择"新建"→"新建建筑面积",在"属性编辑框"中输入相应的属性值,如图 9.2 所示。

图 9.1　　　　　　　　　　　　　　　　图 9.2

4) 做法套用

①平整场地的做法在建筑面积里套用,如图 9.3 所示。

	编码	类别	名称	项目特征	单位	工程量表达式	表达式说明	单价	综合单价	措施项目	专业	自动套
1	⊟ 010101001	项	平整场地	1、土壤类别:三类土	m²	MJ	MJ<面积>			☐	建筑装饰装修工程	☐
2	└ A1-1	定	人工平整场地		m²	MJ	MJ<面积>	388.8		☐	土建	☐

图 9.3

②建筑面积的做法套用,如图 9.4 所示。

	编码	类别	名称	项目特征	单位	工程量表达式	表达式说明	单价	综合单价	措施项目	专业	自动套
1	⊟ 011701011	项	楼板现浇混凝土运输道	1.运输通道材质:楼板钢管架 2.结构类型:框架结构 3.泵送	m²	MJ	MJ<面积>			☑	建筑装饰装修工程	☐
2	A15-28	定	钢管现浇混凝土运输道 楼板钢管架		m²	MJ	MJ<面积>	742.75		☑	土建	☐
3	⊟ 011703001	项	建筑物垂直运输	1.建筑物建筑类型及结构形式:框架结构 2.建筑物垂直高度:20m以内	m²	MJ	MJ<面积>			☑	建筑装饰装修工程	☐
4	A16-2	定	建筑物垂直运输高度 20m以内 框架结构 卷扬机		m²	MJ	MJ<面积>	2206.53		☑	土建	☐

图 9.4

5) 画法讲解

(1)平整场地绘制

平整场地属于面式构件,可以点画也可以直线绘制。本工程注意飘窗部分不计算建筑面积,下面以直线绘制为例,沿着建筑外墙外边线进行绘制,形成封闭区域,单击鼠标右键即可,如图 9.5 所示。

图 9.5

(2)建筑面积绘制

首层建筑面积绘制同平整场地,应特别注意此处飘窗部分不需要计算建筑面积,如图 9.6 所示。

图 9.6

四、任务结果

汇总计算,统计本层场地平整、建筑面积的清单、定额工程量,见表 9.3。

表 9.3 场地平整、建筑面积的清单、定额工程量

项目编码	项目名称及特征描述	单位	工程量
010101001001	平整场地土壤类别:三类土	m²	636.35
A1-1	人工平整场地	m²	636.35

五、总结拓展

①平整场地习惯上是计算首层建筑面积区域,但是地下室建筑面积大于首层建筑面时,平整场地以地下室为准。

②当一层建筑面积计算规则不一样时,有几个区域就要建立几个建筑面积属性。

问题思考

(1)平整场地与建筑面积属于面式图元,与用直线绘制其他面式图元有什么区别?需要注意哪些问题?

(2)平整场地与建筑面积绘制图元范围是一样的,计算结果是否有区别?

(3)工程中的转角窗处的建筑面积是否按全面积计算?

9.2 首层雨篷、栏板的工程量计算

通过本节的学习,你将能够:

(1)依据定额和清单分析首层雨篷、栏板的工程量计算规则;

(2)定义首层雨篷、栏板;

(3)绘制首层雨篷、栏板；

(4)统计首层雨篷、栏板的工程量。

一、任务说明

①完成首层雨篷、栏板的定义、做法套用及图元绘制。

②汇总计算，统计首层雨篷、栏板的工程量。

二、任务分析

①首层雨篷涉及哪些构件？这些构件的图纸如何分析？钢筋工程量如何计算？这些构件的做法都一样吗？工程量表达式如何选用？

②首层栏板部位在哪里？如何区分栏板、板边反檐？做法套用分别都是些什么？工程量表达式如何选用？

三、任务实施

1)分析图纸

分析结施-10,可以从板平面图中得到飘窗处飘窗板的剖面详图信息,本层的飘窗板是一个异形构件,也可以采用栏板来计算这部分的钢筋和土建工程量。

分析建施-01,雨篷属于玻璃钢雨篷,面层是玻璃钢,底层为钢管网架,属于成品,由厂家直接定做安装。

2)清单、定额计算规则学习

(1)清单计算规则学习

雨篷清单计算规则,见表9.4。

表 9.4   雨篷、栏板清单计算规则

编号	项目名称	单位	计算规则
010505008	雨篷、悬挑板、阳台板	m³	按设计图示尺寸以体积计算
011702023	雨篷、悬挑板、阳台板模板	m²	按外挑部分的水平投影面积计算,伸出墙外的牛腿、挑梁及板边的模板不另计算
011303002	采光天棚	m²	按设计图示尺寸以展开面积计算
010505006	栏板	m³	按设计图示尺寸以体积计算,不扣除单个面积≤0.3 m² 的柱、垛以及孔洞所占体积 压形钢板混凝土楼板扣除构件内压形钢板所占体积 各类板伸入墙内的板头并入板体积内
011702021	栏板模板	m²	栏板按垂直投影面积计算

(2)定额计算规则(部分)学习

雨篷、栏板定额计算规则(部分),见表9.5。

表 9.5　雨篷、栏板定额计算规则(部分)

编号	项目名称	单位	计算规则
A4-38	混凝土 悬挑板	10	悬挑板是指单独现浇的混凝土阳台、雨篷及类似相同的板。悬挑板包括伸出墙外的牛腿、挑梁,按图示尺寸以立方米计算,其嵌入墙内的梁,分别按过梁或圈梁计算 如遇下列情况,另按相应子目执行: 现浇混凝土阳台、雨篷与屋面或楼板相连时,应并入屋面板或楼板计算 有主次梁结构的大雨篷,应按有梁板计算
A17-109	悬挑板 直形木模板 木支撑	10 m² 投影面积	现浇悬挑板按外挑部分的水平投影面积计算,伸出墙外的牛腿、挑梁及板边的模板不另计算
A4-36	混凝土 栏板(碎石)	10 m³	栏板按图示面积乘以板厚以立方米计算。高度小于 1200 mm 时,按栏板计算,高度大于 1200 mm 时,按墙计算
A17-107	栏板 木模板 木支撑	100 m² 投影面积	栏板按垂直投影面积计算

3)雨篷、栏板的属性定义

(1)栏板的属性定义

在导航树中选择"其他"→"栏板",在"构件列表"中选择"新建"→"新建异性栏板",新建 1—1 剖面飘窗板,根据图纸中的尺寸标注,在弹出的"异形截面编辑器"中,将飘窗板的截面绘制好,如图 9.7 所示。

图 9.7

单击"确定"按钮,在"属性编辑框"中输入相应的属性值,如图9.8所示。

	属性名称	属性值	附加
1	名称	飘窗下	☐
2	截面形状	异形	☐
3	截面宽度(mm)	250	☐
4	截面高度(mm)	650	☐
5	轴线距左边线...	(125)	☐
6	材质	现浇混凝土	☐
7	混凝土类型	(砾石 GD40 细...	☐
8	混凝土强度等级	(C25)	☐
9	截面面积(m²)	0.163	☐
10	起点底标高(m)	-0.05	☐
11	终点底标高(m)	-0.05	☐
12	备注		☐

图 9.8

在"截面编辑"中,完成钢筋信息的编辑,如图9.9所示。

图 9.9

(2)雨篷的属性定义

因为该工程的雨篷为成品雨篷,可灵活采用"自定义面"的方式计算雨篷面积的工程量。在导航树中选择"自定义"→"自定义面",在"构件列表"中选择"新建"→"新建自定义面",在"属性编辑框"中输入相应的属性值,如图9.10所示。

图 9.10

4)做法套用

①栏板的做法套用与现浇板有所不同,主要有以下几个方面,如图 9.11 所示。

	编码	类别	名称	项目特征	单位	工程量表达式	表达式说明	单价
1	⊟ 010505006	项	栏板	1、混凝土种类:商品混凝土 2、混凝土强度等级: C30	m3	TJ	TJ〈体积〉	
2	A4-36 HD43104003 043104005	换	混凝土 栏板(碎石) 换为【碎石 GD40商品普通砼 C30】		m3	TJ	TJ〈体积〉	4204.14
3	⊟ 011702021	项	栏板		m²	MBMJ	MBMJ〈模板面积〉	
4	A17-107	定	栏板 木模板木支撑		m²投影面积	MBMJ	MBMJ〈模板面积〉	4756.13

图 9.11

②雨篷的做法套用,如图 9.12 所示。

	编码	类别	名称	项目特征	单位	工程量表达式	表达式说明	单价
1	⊟ 010505008	项	雨篷、悬挑板、阳台板	1、混凝土种类:商品混凝土 2、混凝土强度等级: C30	m3	TJ	TJ〈体积〉	
2	A4-38	定	混凝土 悬挑板(碎石)		m3	TJ	TJ〈体积〉	3703.77
3	⊟ 011702023	项	雨篷、悬挑板、阳台板	1、模板高度:3.6m以内	m²	MBMJ	MBMJ〈底面模板面积〉	
4	A17-109	定	悬挑板 直形 木模板木支撑		m²投影面积	MBMJ	MBMJ〈底面模板面积〉	806.13

	编码	类别	名称	项目特征	单位	工程量表达式	表达式说明	单价
1	⊟ 011303002	项	玻璃钢雨棚	1、材料品种、规格:玻璃钢雨篷,面层是玻璃钢,低层为钢管网架 2、雨篷宽度: 3.85	m²	MJ	MJ〈面积〉	
2	B-	补	玻璃钢雨棚		m2	MJ	MJ〈面积〉	

图 9.12

5)栏板、雨篷绘制

（1）直线绘制栏板

单击"直线",再用鼠标左键单击起点与终点即可绘制栏板,如图 9.13 所示。

图 9.13

或者采用"Shift+左键"的方式进行偏移绘制直线。

（2）直线绘制雨篷

首先根据图纸尺寸做好辅助轴线，或者用"Shift+左键"的方法绘制雨篷，如图9.14所示。

图9.14

四、任务结果

汇总计算，统计本层栏板、挑檐、雨篷的清单、定额工程量，见表9.6。

表9.6 栏板、挑檐、雨篷的清单、定额工程量

项目编码	项目名称及特征描述	单位	工程量
010505008001	雨篷、悬挑板、阳台板 （1）混凝土种类：商品混凝土 （2）混凝土强度等级：C30	m^3	0.816
A4-38	混凝土悬挑板（碎石）	$10\ m^3$	0.0816
011702023001	雨篷、悬挑板、阳台板 模板高度：3.6 m以内	m^2	8.16
A17-109	悬挑板直形木模板木支撑	$10\ m^2$ 投影面积	0.816
011303002001	玻璃钢雨篷	m^2	27.72
B-	玻璃钢雨篷	m^2	27.72
010505006001	栏板 （1）混凝土种类：商品混凝土 （2）混凝土强度等级：C30	m^3	2.337
A4-36	混凝土 栏板（碎石）	$10\ m^3$	0.2337
011702021001	栏板模板	m^2	38.923
A17-107	栏板 木模板 木支撑	$100\ m^2$ 投影面积	0.389

五、总结拓展

①栏板既属于线性构件，与墙画法一样。

②雨篷的形式不一样，所采用的计算方式也不一样。

问题思考

(1)若不使用辅助轴线,怎样才能快速绘制上述栏板?

(2)如果采用现浇混凝土雨篷,该如何绘制雨篷?

9.3 台阶、散水、栏杆的工程量计算

通过本节的学习,你将能够:

(1)依据定额和清单分析首层台阶、散水、栏杆的工程量计算规则;

(2)定义台阶、散水、栏杆的属性;

(3)绘制台阶、散水、栏杆;

(4)统计首层台阶、散水、栏杆的工程量。

一、任务说明

①完成首层台阶、散水、栏杆的定义、做法套用、图元绘制。

②汇总计算,统计首层台阶、散水、栏杆的工程量。

二、任务分析

①首层台阶的尺寸能够从哪个图中的什么位置找到? 都有些什么工作内容? 如何套用清单定额?

②首层散水的尺寸能够从哪个图中的什么位置找到? 都有些什么工作内容? 如何套用清单定额?

③首层栏杆的尺寸能够从哪个图中的什么位置找到? 都有些什么工作内容? 如何套用清单定额?

三、任务实施

1)图纸分析

分析建施-04,可以从平面图中得到台阶、散水、栏杆的信息,本层台阶、散水、栏杆的截面尺寸如下:

①台阶的踏步宽度为 300 mm,踏步个数为 3,顶标高为首层层底标高。

②散水的宽度为 900 mm,沿建筑物周围布置。

③由平面图可知,阳台栏杆为 0.9 m 高的不锈钢栏杆。

分析建施-12,可以从散水做法详图和台阶做法详图中得到以下信息:

①台阶做法:a.20 mm 厚花岗岩板铺面;b.素水泥面;c.30 mm 厚 1∶4 硬性水泥砂浆黏结层;d.素水泥浆一道;e.100 mm 厚 C15 混凝土;f.300 mm 厚 3∶7 灰土垫层分两步夯实;g.素土夯实。

②散水做法:a.60 mm 厚 C15 细石混凝土面层;b.150 mm 厚 3∶7 灰土宽出面层 300 mm;c.素土夯实,向外坡 4%。散水宽度为 900 mm,沿建筑物周围布置。

2)清单、定额计算规则学习

(1)清单计算规则学习

台阶、散水清单计算规则,见表 9.7。

表 9.7　台阶、散水清单计算规则

编号	项目名称	单位	计算规则
010404001	垫层	m³	按设计图示尺寸以体积计算。扣除凸出地面的构筑物、设备、基础、室内管道、地沟等所占体积,不扣除间壁墙和单个面积 0.3 m² 的柱、垛、附墙烟囱及孔洞所占体积
010507004	台阶	m³	按设计图示尺寸以体积计算
011107001	石材台阶面	m²	按设计图示尺寸以台阶(包括最上层踏步边沿加 300 mm)水平投影面积计算
011702027	台阶模板	m²	台阶模板按水平投影面积计算,台阶两侧模板面积不另计算
010507001	散水、坡道	m²	散水按设计图示尺寸以面积计算,不扣除单个 ≤0.3 m² 的孔洞所占面积
010904004	楼(地)面变形缝散水	m	按设计图示以长度计算
011702029	散水	m²	按混凝土散水水平投影面积计算
011503001	金属扶梯、栏杆	m	按设计图示以扶手中心线长度(不扣除弯头所占长度)计算

(2)定额计算规则学习

台阶、散水定额计算规则,见表9.8。

表 9.8　台阶、散水定额计算规则

编号	项目名称	单位	计算规则
A3-89	灰土垫层	10 m³	垫层按设计图示面积乘以设计厚度以立方米计算,应扣除凸出地面的构筑物、设备基础、室内管道、地沟等所占体积,不扣除间壁墙和单个 0.3 m² 以内的柱、垛、附墙烟囱及孔洞所占体积
A4-58	混凝土台阶	10 m²	包括休息平台、梁、斜梁及板的连接梁,按设计图示尺寸以水平投影面积计算。当台阶与现浇楼板无梁连接时,以台阶的最后一个踏步边缘加下一级踏步的宽度为界,伸入墙内的体积已考虑在定额内,不得重复计算
A9-54	花岗岩台阶直形水泥砂浆	100 m²	台阶面层(包括踏步及最上一层踏步边沿加 300 mm)按水平投影面积以平方米计算
A17-122	台阶木模板木支撑	10 m² 投影面积	台阶模板按水平投影面积计算,台阶两侧模板面积不另计算。架空式混凝土台阶,按现浇楼梯计算
A4-60	散水混凝土 60 mm 厚随捣随光面	100 m²	散水按设计图示尺寸以平方米计算,不扣除单个 0.3 m² 以内的孔洞所占面积
A7-194	沥青砂浆填缝	100 m	按设计图示以长度计算
A17-123	混凝土散水混凝土 60 mm 厚木模板木支撑	100 m²	现浇混凝土散水按水平投影面积以平方米计算
A14-108	不锈钢管栏杆直线形竖条式(圆管)	10 m	栏杆、栏板、扶手按设计图示中心线长度以延长米计算(不扣除弯头所占长度)
A14-120	不锈钢管扶手直形 φ76	10 m	
A14-125	不锈钢弯头 φ76	10 个	弯头按设计数量以个计算

3) 台阶、散水、栏杆的属性定义

（1）台阶的属性定义

在导航树中选择"其他"→"台阶"，在"构件列表"中选择"新建"→"新建台阶"，新建室外台阶，根据图纸中台阶的尺寸标注，在"属性编辑框"中输入相应的属性值，如图 9.15 所示。

（2）散水的属性定义

在导航树中选择"其他"→"散水"，在"构件列表"中选择"新建"→"新建散水"，新建散水，根据散水图纸中的尺寸标注，在"属性编辑框"中输入相应的属性值，如图 9.16 所示。

属性列表	图层管理		
	属性名称	属性值	附加
1	名称	室外台阶	
2	台阶高度(mm)	450	☐
3	踏步高度(mm)	450	☐
4	材质	商品混凝土	☐
5	混凝土类型	(特细砂塑性混凝土(坍...	☐
6	混凝土强度等级	(C30)	☐
7	顶标高(m)	0	☐
8	备注		☐
9	⊞ 钢筋业务属性		
12	⊞ 土建业务属性		
14	⊞ 显示样式		

图 9.15

属性列表	图层管理		
	属性名称	属性值	附加
1	名称	SS-1	
2	厚度(mm)	60	☐
3	材质	商品混凝土	☐
4	混凝土类型	(特细砂塑性混凝土(坍...	☐
5	混凝土强度等级	C15	☐
6	底标高(m)	-0.51	☐
7	备注		☐
8	⊞ 钢筋业务属性		
11	⊞ 土建业务属性		
13	⊞ 显示样式		

图 9.16

（3）栏杆的属性定义

在导航树中选择"其他"→"栏杆扶手"，在"构件列表"中选择"新建"→"新建栏杆扶手"，新建"900高不锈钢栏杆护窗扶手"，根据图纸中的尺寸标注，在"属性编辑框"中输入相应的属性值，如图 9.17 所示。

属性列表	图层管理		
	属性名称	属性值	附加
1	名称	900高不锈钢栏杆护窗...	
2	材质	金属	☐
3	类别	栏杆扶手	☐
4	扶手截面形状	矩形	☐
5	扶手截面宽度(mm)	50	☐
6	扶手截面高度(mm)	50	☐
7	栏杆截面形状	矩形	☐
8	栏杆截面宽度(mm)	20	☐
9	栏杆截面高度(mm)	20	☐
10	高度(mm)	900	☐
11	间距(mm)	110	☐
12	起点底标高(m)	层底标高	☐
13	终点底标高(m)	层底标高	☐
14	备注		☐
15	⊞ 土建业务属性		
17	⊞ 显示样式		

图 9.17

4)做法套用

①台阶做法套用,如图9.18所示。

	编码	类别	名称	项目特征	单位	工程量表达式	表达式说明	单价
1	⊟ 011107001	项	石材台阶面	台阶 1、20厚花岗岩面层;正、背面及四周边离条防污剂,稀水泥浆擦缝 2、撒素水泥面。 3、30厚1:4硬性水泥砂浆结合层,向外坡1%。 4、素水泥浆一道。	m²	TBKLMCMJ	TBKLMCMJ<踏步块料面层面积>	
2	A9-54 H800102006 800102005	换	花岗岩台阶 直形 水泥砂浆 换为【水泥砂浆 1:3】		m²	TBKLMCMJ	TBKLMCMJ<踏步块料面层面积>	27646.14
3	⊟ 010501001	项	垫层	台阶入口平台 5、100厚C15混凝土	m3	PTSPTYMJ*0.1	PTSPTYMJ<平台水平投影面积>*0.1	
4	A4-3 H043104003 043104002	换	混凝土垫层(碎石) 换为【碎石GD40商品普通砼 C15】		m3	PTSPTYMJ*0.1	PTSPTYMJ<平台水平投影面积>*0.1	2910.58
5	⊟ 010404001	项	垫层	6、300厚3:7灰土垫层分两层夯实	m3	MJ*0.3	MJ<台阶整体水平投影面积>*0.3	
6	A3-89	定	灰土 垫层		m3	MJ*0.3	MJ<台阶整体水平投影面积>*0.3	1662.52
7	⊟ 011702027	项	台阶	台阶模板	m²	TBSPTYMJ	TBSPTYMJ<踏步水平投影面积>	
8	A17-122	定	台阶 木模板木支撑		m²投影面积	TBSPTYMJ	TBSPTYMJ<踏步水平投影面积>	235.09
9	⊟ 010507004	项	台阶	台阶 5、100厚C15混凝土	m3	TBSPTYMJ*0.1	TBSPTYMJ<踏步水平投影面积>*0.1	
10	A4-58 H043103003 043103002	换	混凝土 台阶(碎石) 换为【碎石GD20商品普通砼 C15】		m3	TBSPTYMJ*0.1	TBSPTYMJ<踏步水平投影面积>*0.1	3246.33
11	⊟ 011102001	项	石材楼地面	台阶入口平台 1、20厚花岗岩面层;正、背面及四周边离条防污剂,稀水泥浆擦缝 2、撒素水泥面。 3、30厚1:3硬性水泥砂浆结合层,向外坡1%。 4、水泥浆一道。	m²	PTSPTYMJ	PTSPTYMJ<平台水平投影面积>	
12	A9-48 H800102006 800102005	换	花岗岩楼地面 不拼花 水泥砂浆 换为【水泥砂浆 1:3】		m²	PTSPTYMJ	PTSPTYMJ<平台水平投影面积>	17381.41

图9.18

②散水做法套用,如图9.19所示。

	编码	类别	名称	项目特征	单位	工程量表达式	表达式说明	单价
1	⊟ 010507001	项	散水、坡道	1、60厚C15混凝土撒1:1水泥砂子,压实赶光	m²	MJ	MJ<面积>	
2	A4-60	定	散水 混凝土 60mm厚 随捣随光面(碎石)		m²	MJ	MJ<面积>	4348.12
3	⊟ 011702029	项	散水	散水 模板	m²	MJ	MJ<面积>	
4	A17-123	定	混凝土散水 混凝土 60mm厚 木模板木支撑		m²	MBMJ	MBMJ<模板面积>	511.69
5	⊟ 010404001	项	垫层	1、部位:散水 2、150厚3:7灰土垫层,宽出面层300	m3	(MJ+WWCD*0.3)*0.15	(MJ<面积>+WWCD<外围长度>*0.3)*0.15	
6	A3-89	定	灰土 垫层		m3	(MJ+WWCD*0.3)*0.15	(MJ<面积>+WWCD<外围长度>*0.3)*0.15	1662.52
7	⊟ 010904004	项	楼(地)面变形缝	1、部位:散水 2、沥青砂浆伸缩缝	m	TQCD	TQCD<贴墙长度>	
8	A7-194	定	沥青砂浆 填缝		m	TQCD	TQCD<贴墙长度>	1025.18

图9.19

③栏杆做法套用,如图9.20所示。

	编码	类别	名称	项目特征	单位	工程量表达式	表达式说明	单价
1	⊟ 011503001	项	金属扶手、栏杆、栏板(护窗栏杆)	1、900mm高不锈钢栏杆	m	CDWWT	CDWWT<长度(不含弯头)>	
2	A14-108	定	不锈钢管栏杆 直线型 竖条式(圆管)		m	CDWWT	CDWWT<长度(不含弯头)>	1122.91
3	A14-120	定	不锈钢管扶手 直形 φ76		m	CDWWT	CDWWT<长度(不含弯头)>	382.5
4	A14-125	定	不锈钢弯头 φ76		个	WTGS	WTGS<弯头个数>	521.35

	编码	类别	名称	项目特征	单位	工程量表达式	表达式说明	单价	综合单价
8	⊟ 011503001	项	竖条式不锈钢扶手栏杆(楼梯)	1、做法采用11ZJ401 W/12 15/37 2、不锈钢材质:201	m	LGCD	LGCD<栏杆扶手长度>		
9	A14-141	定	铁花栏杆 钢筋		m	LGCD	LGCD<栏杆扶手长度>	1051.7	
10	⊟ 011503002	项	硬木扶手(楼梯)	1、部位:楼梯 2、硬木扶手 直型 100*60	m	LGCD	LGCD<栏杆扶手长度>		
11	A14-152	定	硬木扶手 直型 100*60		m	LGCD	LGCD<栏杆扶手长度>	405.78	

图9.20

5)台阶、散水、栏杆画法讲解

（1）绘制台阶

台阶属于面式构件,因此可以直线绘制、三点画弧,也可以点绘制,这里用直线和三点画弧绘制法。首先做好辅助轴线,依据图纸,然后根据建施-04选择"直线"和"三点画弧",单击交点形成闭合区域即可绘制台阶轮廓,如图9.21所示。

图 9.21

（2）智能布置散水

散水同样属于面式构件,因此,可以直线绘制,也可以点绘制,这里用智能布置法比较简单,选择"智能布置"→"外墙外边线",在弹出的对话框中输入"900",单击鼠标右键确定即可,如图9.22所示。

图 9.22

（3）直线布置栏杆

栏杆同样属于线式构件,因此,可以直线绘制。依据图纸位置和尺寸,绘制直线,单击鼠标右键确定即可,如图9.23所示。

图 9.23

四、任务结果

汇总计算,统计本层台阶、散水、栏杆的清单、定额工程量,见表 9.9。

表 9.9　台阶、散水、栏杆的清单、定额工程量

项目编码	项目名称及特征描述	单位	工程量
010404001001	垫层 (1)部位:台阶 (2)30 mm 厚 3∶7 灰土垫层分两层夯实	m³	2.304
A3-89	灰土垫层	10 m³	0.2304
010501001001	垫层 (1)部位:台阶入口平台 (2)100 mm 厚 C15 混凝土	m³	2.781
A4-3	混凝土垫层(碎石)	10 m³	0.278
010507004001	台阶 100 mm 厚 C15 混凝土	m³	0.768
A4-58	混凝土台阶(碎石)	10 m³	0.0768
011102001002	石材楼地面 (1)部位:台阶入口平台 (2)20 mm 厚花岗岩面层,正、背面及四周边满涂防污剂,稀水泥浆擦缝 (3)撒素水泥面 (4)30 mm 厚 1∶4 干硬性水泥砂浆结合层,向外坡 1% (5)水泥浆一道	m²	27.8077
A9-48	花岗岩楼地面 不拼花水泥砂浆	100 m²	0.278077

续表

项目编码	项目名称及特征描述	单位	工程量
011107001001	石材台阶面 (1)20 mm 厚花岗岩面层,正、背面及四周边满涂防污剂,稀水泥浆擦缝 (2)撒素水泥面。 (3)30 mm 厚 1:4干硬性水泥砂浆结合层,向外坡1% (4)素水泥浆一道	m²	19.5204
A9-54	花岗岩台阶直形水泥砂浆	100 m²	0.1152
011702027001	台阶	m²	7.68
A17-122	台阶木模板木支撑	10 m² 投影面积	0.768
010404001002	垫层 (1)部位:散水 (2)150 mm 厚 3:7灰土垫层,宽出面层 300 mm	m³	26.294
A3-89	灰土垫层	10 m³	2.6294
010507001001	散水、坡道 60 mm 厚 C15 细石混凝土面层,撒 1:1水泥砂子,压实赶光	m²	106.9963
A4-60	散水混凝土 60 mm 厚随捣随光面(碎石)	100 m²	1.069963
010904004001	楼(地)面变形缝 (1)部位:散水 (2)沥青砂浆伸缩缝	m	22.51
A7-194	沥青砂浆填缝	100 m	0.2251
011702029001	散水	m²	106.9963
A17-123	混凝土散水混凝土 60 mm 厚木模板木支撑	100 m²	0.139047
011503001001	金属扶手、栏杆、栏板(护窗栏杆) 900 mm 高不锈钢栏杆	m	19.558
A14-108	不锈钢管栏杆直线型竖条式(圆管)	10 m	1.9558
A14-120	不锈钢管扶手直形 φ76	10 m	1.9558
A14-125	不锈钢弯头 φ76	10 个	0
011503001002	竖条式不锈钢扶手栏杆(楼梯) (1)做法采用 11ZJ401W/1215/37 (2)不锈钢材质:201	m	9.3207
A14-141	铁花栏杆钢筋	10 m	0.93207
011503002001	硬木扶手	m	9.3207
A14-152	硬木扶手直形 100 mm×60 mm	10 m	0.93207

五、总结拓展

①台阶绘制后,还要根据实际图纸设置台阶起始边。

②台阶属性定义只给出台阶的顶标高。

③如果在封闭区域,台阶也可以使用点绘制。

④栏杆还可以采用智能布置的方式绘制。

问题思考

(1)智能布置散水的前提条件是什么?

(2)表9.9中散水的工程量是最终工程量吗?

(3)散水与台阶相交时,软件会自动扣减吗?若扣减,谁的级别大?

(4)台阶、散水、栏杆在套用清单与定额时,与主体构件有哪些区别?

10 表格输入

通过本章的学习,你将能够:

(1)通过参数输入法计算钢筋工程量;

(2)通过直接输入法计算钢筋工程量。

10.1 参数输入法计算钢筋工程量

通过本节的学习,你将能够:

掌握参数输入法计算钢筋工程量的方法。

一、任务说明

表格输入中,通过"参数输入",完成所有层楼梯梯板的钢筋量计算。

二、任务分析

以首层楼梯为例,参考结施-13及建施-13,读取梯板的相关信息,如梯板厚度、钢筋信息及楼梯具体位置。

三、任务实施

参考3.7.2节楼梯梯板钢筋量的属性定义及绘制。

四、任务结果

查看报表预览中的构件汇总信息明细表,见表10.1。

表 10.1 所有楼梯构件钢筋汇总表

汇总信息	汇总信息钢筋总质量(kg)	构件名称	构件数量	HRB400
楼层名称:第-1层(表格输入)				387.314
梁	156.96	TL-1-3200	3	104.682
		TL-1-1250	3	52.278
		合计		156.96

汇总信息	汇总信息钢筋总质量(kg)	构件名称	构件数量	HRB400
楼梯	223.529	AT1	2	160.576
		PTB1	1	62.953
		合计		223.529
其他	6.825	放射筋	1	6.825
		合计		6.825
楼层名称:首层(表格输入)				387.314
梁	156.96	TL-1-3200	3	104.682
		TL-1-1250	3	52.278
		合计		156.96
楼梯	223.529	AT1	2	160.576
		PTB1	1	62.953
		合计		223.529
其他	6.825	放射筋	1	6.825
		合计		6.825
楼层名称:第2层(表格输入)				392.492
梁	156.96	TL-1-3200	3	104.682
		TL-1-1250	3	52.278
		合计		156.96
楼梯	228.707	BT1	1	83.744
		AT2	1	82.01
		PTB1	1	62.953
		合计		228.707
其他	6.825	放射筋	1	6.825
		合计		6.825
楼层名称:第3层(表格输入)				390.758
梁	156.96	TL-1-3200	3	104.682
		TL-1-1250	3	52.278
		合计		156.96
楼梯	226.973	AT2	2	164.02
		PTB1	1	62.953
		合计		226.973

续表

汇总信息	汇总信息钢筋总质量(kg)	构件名称	构件数量	HRB400
其他	6.825	放射筋	1	6.825
		合计		6.825
	楼层名称:第4层(表格输入)			6.825
其他	6.825	放射筋	1	6.825
		合计		6.825

10.2 直接输入法计算钢筋工程量

通过本节的学习,你将能够:
掌握直接输入法计算钢筋工程量的方法。

一、任务说明

根据"顶板配筋结构图",电梯井右下角所在楼板处有阳角放射筋,本工程以该处的阳角放射筋为例,介绍表格直接输入法。

二、任务分析

表格输入中的直接输入法与参数输入法的新建构件操作方法一致。

三、任务实施

①如图 10.1 所示,切换到"工程量"选项卡,单击"表格输入"。

②在表格输入中,单击"构件"新建构件,修改名称为"阳角放射筋",输入构件数量,单击"确定"按钮,如图 10.2 所示。

③在直接输入的界面,"筋号"中输入"放射筋1",在"直径"中选择相应的直径(如10),选择"钢筋级别"。

④如图 10.3 所示,选择图号,根据放射筋的形式选择相应的钢筋形式,如选择"两个弯折",弯钩选择"90°弯折,不带弯钩",选择图号完毕后单击"确定"按钮。

图 10.1

图 10.2

图 10.3

⑤在直接输入的界面中输入"图形"钢筋尺寸,如图 10.4 所示。软件会自动给出计算公式和长度,用户可以在"根数"中输入这种钢筋的根数。

筋号	直径(mm)	级别	图号	图形	计算公式	公式描述	号四钢套	长度	根数
1	10	Φ	63	130 ⌐ 1300 ┐	1300+2*130		46	1514	7
2									

图 10.4

采用同样的方法可以进行其他形状的钢筋输入,并计算钢筋量。

问 题思考

表格输入中的直接输入法适用于哪些构件?

11 汇总计算工程量

通过本章的学习,你将能够:
(1)掌握查看三维的方法;
(2)掌握汇总计算的方法;
(3)掌握查看构件钢筋计算结果的方法;
(4)掌握云检查及云指标查看的方法;
(5)掌握报表结果查看的方法。

11.1 查看三维

通过本节的学习,你将能够:
正确查看工程的三维模型。

一、任务说明
①完成整体构件的绘制并使用三维查看构件。
②检查缺漏的构件。

二、任务分析
三维动态观察可在"显示设置"面板中选择楼层,若要检查整个楼层的构件,选择全部楼层即可。

三、任务实施
①对照图纸完成所有构件的输入之后,可查看整个建筑结构的三维视图。
②在"视图"菜单下选择"显示设置",如图 11.1 所示。

图 11.1

③在"显示设置"的"楼层显示"中,选择"全部楼层",如图 11.2 所示。在"图元显示"中设置"显示图元",如图 11.3 所示,可使用"动态观察"旋转角度。

图 11.2　　　　　　　　　　　　　　　　　图 11.3

四、任务结果

查看整个结构,如图 11.4 所示。

图 11.4

11.2 汇总计算

通过本节的学习,你将能够:
正确进行汇总计算。

一、任务说明

本节的任务是汇总土建及钢筋工程量。

二、任务分析

钢筋计算结果查看的原则:对水平的构件(如梁),在某一层绘制完毕后,只要支座和钢筋信息输入完成,就可以汇总计算,查看计算结果。但是对于竖向构件(如柱),因为和上下层的柱存在搭接关系,和上下层的梁与板也存在节点之间的关系,所以需要在上下层相关联的构件都绘制完毕后,才能按照构件关系准确计算。对于土建结果查看的原则:构件与构件之间有相互影响的,需要将有影响的构件都绘制完毕,才能按照构件关系准确计算,构件相对独立,不受其他构件的影响,只要把该构件绘制完毕,即可汇总计算。

三、任务实施

①需要计算工程量时,单击"工程量"选项卡上的"汇总计算",将弹出如图 11.5 所示的"汇总计算"对话框。

全楼:可以选中当前工程中的所有楼层,在全选状态下再次单击,即可将所选的楼层全部取消选择。

图 11.5

土建计算:计算所选楼层及构件的土建工程量。钢筋计算:计算所选楼层及构件的钢筋工程量。表格输入:在表格输入前打钩,表示只汇总表格输入方式下的构件的工程量。若土建计算、钢筋计算和表格输入前都打钩,则工程中所有的构件都将进行汇总计算。

②选择需要汇总计算的楼层,单击"确定"按钮,软件开始计算并汇总选中楼层构件的相应工程量,计算完毕,弹出如图 11.6 所示的对话框,根据所选范围的大小和构件数量的多少,需要不同的计算时间。

图 11.6

11.3 查看构件钢筋计算结果

通过本节的学习,你将能够:
正确查看构件钢筋计算结果。

一、任务说明
本节任务是查看构件钢筋量。

二、任务分析
对于同类钢筋量的查看,可使用"查看钢筋量"功能,查看单个构件图元钢筋的计算公式,也可使用"编辑钢筋"的功能。在"查看报表"中还可查看所有楼层的钢筋量。

三、任务实施
汇总计算完毕后,可采用以下几种方式查看计算结果和汇总结果。

1)查看钢筋量

①使用"查看钢筋量"的功能,在"工程量"选项卡中选择"查看钢筋量",然后选择需要查看钢筋量的图元,可以单击选择一个或多个图元,也可以拉框选择多个图元,此时将弹出如图 11.7 所示的对话框,显示所选图元的钢筋计算结果。

②要查看不同类型构件的钢筋量时,可以使用"批量选择"功能。按"F3"键,或者在"工具"选项卡中选择"批量选择",选择相应的构件(如选择柱和剪力墙),如图 11.8 所示。

选择"查看钢筋量",弹出"查看钢筋量"表。表中将列出所有柱和剪力墙的钢筋计算结果(按照级别和钢筋直径列出),同时列出合计钢筋量,如图 11.9 所示。

图 11.7

图 11.8

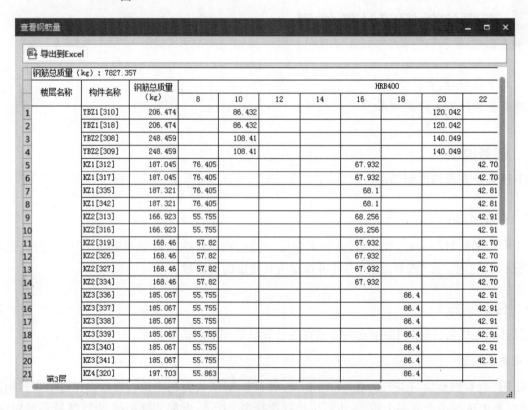

楼层名称	构件名称	钢筋总质量 （kg）	HRB400								
			8	10	12	14	16	18	20	22
1		YBZ1[310]	206.474		86.432					120.042	
2		YBZ1[318]	206.474		86.432					120.042	
3		YBZ2[308]	248.459		108.41					140.049	
4		YBZ2[309]	248.459		108.41					140.049	
5		KZ1[312]	187.045	76.405				67.932			42.70
6		KZ1[317]	187.045	76.405				67.932			42.70
7		KZ1[335]	187.321	76.405				68.1			42.81
8		KZ1[342]	187.321	76.405				68.1			42.81
9		KZ2[313]	166.923	55.755				68.256			42.91
10		KZ2[316]	166.923	55.755				68.256			42.91
11		KZ2[319]	168.46	57.82				67.932			42.70
12		KZ2[326]	168.46	57.82				67.932			42.70
13		KZ2[327]	168.46	57.82				67.932			42.70
14		KZ2[334]	168.46	57.82				67.932			42.70
15		KZ3[336]	185.067	55.755					86.4		42.91
16		KZ3[337]	185.067	55.755					86.4		42.91
17		KZ3[338]	185.067	55.755					86.4		42.91
18		KZ3[339]	185.067	55.755					86.4		42.91
19		KZ3[340]	185.067	55.755					86.4		42.91
20		KZ3[341]	185.067	55.755					86.4		42.91
21	第3层	KZ4[320]	197.703	55.863					86.4		

钢筋总质量（kg）：7827.357

图 11.9

2）编辑钢筋

要查看单个图元钢筋计算的具体结果，可以使用"编辑钢筋"功能。下面以首层⑤轴与①轴交点处的柱 KZ3 为例，介绍"编辑钢筋"查看的计算结果。

①在"工程量"选项卡中选择"编辑钢筋"。然后选择 KZ3 图元。绘图区下方将显示编辑钢筋列表，如图 11.10 所示。

②"编辑钢筋"列表从上到下依次列出 KZ3 的各类钢筋的计算结果，包括钢筋信息（直径、级别、根数等），以及每根钢筋的图形和计算公式，并且对计算公式进行了描述，用户可以清楚地看到计算过程。例

单构件钢筋总重(kg):185.067

筋号	直径(mm)	级别	图号	图形	计算公式	公式描述	长度	根数	搭接	损耗(%)	单重(kg)	总重(kg)	钢筋归类	搭接形式	钢筋类型
1 角筋.1	22	Φ	1	3600	3600-500+max(2750/6,500,50 0)	层高-本层的露出...	3600	4	1	0	10.728	42.912	直筋	直螺纹连接	普通钢筋
2 B边纵筋.1	18	Φ	1	3600	3600-1130+max(2750/6,500,5 00)+1*35*d	层高-本层的露出...	3600	4	1	0	7.2	28.8	直筋	直螺纹连接	普通钢筋
3 B边纵筋.2	18	Φ	1	3600	3600-500+max(2750/6,500,50 0)	层高-本层的露出...	3600	2	1	0	7.2	14.4	直筋	直螺纹连接	普通钢筋
4 H边纵筋.1	18	Φ	1	3600	3600-1130+max(2750/6,500,5 00)+1*35*d	层高-本层的露出...	3600	4	1	0	7.2	28.8	直筋	直螺纹连接	普通钢筋
5 H边纵筋.2	18	Φ	1	3600	3600-500+max(2750/6,500,50 0)	层高-本层的露出...	3600	2	1	0	7.2	14.4	直筋	直螺纹连接	普通钢筋
6 箍筋.1	8	Φ	195	450 [450]	2*(450+450)+2*(13.57*d)		2017	27	0	0	0.797	21.519	箍筋	绑扎	普通钢筋
7 箍筋.2	8	Φ	195	244 [450]	2*(450+244)+2*(13.57*d)		1605	54	0	0	0.634	34.236	箍筋	绑扎	普通钢筋

图 11.10

如,第一行列出的是 KZ3 的角筋,从中可以看到角筋的所有信息。

使用"编辑钢筋"的功能,可以清楚显示构件中每根钢筋的形状、长度、计算过程以及其他信息,明确掌握计算的过程。另外,还可以对"编辑钢筋"的列表进行编辑和输入,列表中的每个单元格都可以手动修改,可根据自己的需要进行编辑。

还可以在空白行进行钢筋的添加:输入"筋号"为"其他"。选择钢筋直径和型号,选择图号来确定钢筋的形状,然后在图形中输入长度、输入需要的根数和其他信息。软件计算的钢筋结果显示为淡绿色底色,手动输入的行显示为白色底色,便于区分。这样,不仅能够清楚地看到钢筋计算的结果,还可以对结果进行修改以满足不同的需求,如图 11.11 所示。

单构件钢筋总重(kg):185.067

筋号	直径(mm)	级别	图号	图形	计算公式	公式描述	长度	根数	搭接	损耗(%)	单重(kg)	总重(kg)	钢筋归类	搭接形式	钢筋类型
1 角筋.1	22	Φ	1	3600	3600-500+max(2750/6,500,50 0)	层高-本层的露出...	3600	4	1	0	10.728	42.912	直筋	直螺纹连接	普通钢筋
2 B边纵筋.1	18	Φ	1	3600	3600-1130+max(2750/6,500,5 00)+1*35*d	层高-本层的露出...	3600	4	1	0	7.2	28.8	直筋	直螺纹连接	普通钢筋
3 B边纵筋.2	18	Φ	1	3600	3600-500+max(2750/6,500,50 0)	层高-本层的露出...	3600	2	1	0	7.2	14.4	直筋	直螺纹连接	普通钢筋
4 H边纵筋.1	18	Φ	1	3600	3600-1130+max(2750/6,500,5 00)+1*35*d	层高-本层的露出...	3600	4	1	0	7.2	28.8	直筋	直螺纹连接	普通钢筋
5 H边纵筋.2	18	Φ	1	3600	3600-500+max(2750/6,500,50 0)	层高-本层的露出...	3600	2	1	0	7.2	14.4	直筋	直螺纹连接	普通钢筋
6 箍筋.1	8	Φ	195	450 [450]	2*(450+450)+2*(13.57*d)		2017	27	0	0	0.797	21.519	箍筋	绑扎	普通钢筋
7 箍筋.2	8	Φ	195	244 [450]	2*(450+244)+2*(13.57*d)		1605	54	0	0	0.634	34.236	箍筋	绑扎	普通钢筋
8 拉筋	20	Φ		L	0		0	1	0	0	0	0	直筋	直螺纹连接	普通钢筋

图 11.11

【注意】

用户需要对修改后的结果进行锁定,可使用"建模"选项卡下"通用操作"中的"锁定"和"解锁"功能对构件进行锁定和解锁,如图 11.12 所示。如果修改后不进行锁定,那么重新汇总计算时,软件会按照属性中的钢筋信息重新计算,手动输入的部分将被覆盖。

图 11.12

其他种类构件的计算结果显示与此类似,都是按照同样的项目进行排列,列出每种钢筋的计算结果。

3)钢筋三维

在汇总计算完成后,还可利用"钢筋三维"功能来查看构件的钢筋三维排布。钢筋三维可显示构件钢筋的计算结果,按照钢筋实际的长度和形状在构件中排列和显示,并标注各段的计算长度,供直观查看计算结果和钢筋对量。钢筋三维能够直观真实地反映当前所选择图元的内部钢筋骨架,清楚显示钢筋骨架中每根钢筋与编辑钢筋中的每根钢筋的对应关系,且"钢筋三维"中的数值可修改。钢筋三维和钢筋计算结果还保持对应,相互保持联动,数值修改后,可以实时看到自己修改后的钢筋三维效果。

当前 GTJ 软件中已实现钢筋三维显示的构件包括柱、暗柱、端柱、剪力墙、梁、板受力筋、板负筋、螺旋板、柱帽、楼层板带、集水坑、柱墩、筏板主筋、筏板负筋、独基、条基、桩承台、基础板带共 18 种 21 类构件。

钢筋三维显示状态应注意以下几点:

①查看当前构件的三维效果:直接用鼠标单击当前构件即可看到钢筋三维显示效果。同时配合绘图区右侧的动态观察等功能,全方位查看当前构件的三维显示效果,如图 11.13 所示。

图 11.13

②钢筋三维和编辑钢筋对应显示。

a.选中三维的某根钢筋线时,在该钢筋线上显示各段的尺寸,同时在"编辑钢筋"的表格中对应的行亮显。如果数字为白色字体则表示此数字可供修改,否则,将不能修改。

b.在编辑钢筋的表格中选中某行时则钢筋三维中所对应的钢筋线对应亮显,如图 11.14 所示。

图 11.14

③可以同时查看多个图元的钢筋三维。选择多个图元,然后选择"钢筋三维"命令,即可同时显示多个图元的钢筋三维。

④在执行"钢筋三维"时,软件会根据不同类型的图元,显示一个浮动的"钢筋显示控制面板",如图11.14所示梁的钢筋三维,左上角的白框即为"钢筋显示控制面板"。用于设置当前类型的图元中隐藏、显示的哪些钢筋类型。勾选不同项时,绘图区会及时更新显示,其中的"显示其他图元"可以设置是否显示本层其他类型构件的图元。

11.4　查看土建计算结果

通过本节的学习,你将能够:
正确查看土建计算结果。

一、任务说明
本节任务是查看构件土建量。

二、任务分析
查看构件土建工程量,可使用"工程量"选项卡下的"查看工程量"功能,查看构件土建工程量的计算式,可使用"查看计算式"的功能。在"查看报表"中还可查看所有构件的土建量。

三、任务实施
汇总计算完毕后,用户可采用以下几种方式查看计算结果和汇总结果。

1)查看工程量

在"工程量"选项卡中选择"查看钢筋量",然后选择需要查看工程量的图元,可以单击选择一个或多个图元,也可以拉框选择多个图元,此时将弹出如图11.15所示的对话框,显示所选图元的工程量结果。

图 11.15

2)查看计算式

使用"查看计算式"的功能,在"工程量"选项卡中选择"查看计算式",然后选择需要查看土建工程量的图元。可以单击选择一个或多个图元,也可以拉框选择多个图元,此时将弹出如图 11.16 所示的对话框,显示所选图元的钢筋计算结果。

图 11.16

11.5　云检查

通过本节的学习,你将能够:
灵活运用云检查功能。

一、任务说明

当完成了 CAD 识别或模型定义与绘制工作后,即将进入工程量汇总工作,为了保证算量结果的正确性,可以对所做的工程进行云检查。

二、任务分析

本节任务是对所做的工程进行检查,从而发现工程中存在的问题,方便进行修正。

三、任务实施

当模型定义及绘制完毕后,用户可采用"云检查"功能进行整楼检查、当前楼层检查、自定义检查,得到检查结果后,可以对检查进行查看处理。

1) 云模型检查

(1) 整楼检查

整楼检查是为了保证整楼算量结果的正确性,对整个楼层进行的检查。单击"云应用"选项卡下的"云检查"功能,在弹出的窗体中,单击"整楼检查",如图 11.17 所示。

图 11.17

进入检查后,软件自动根据内置的检查规则进行检查。也可自行设置检查规则,可以根据工程的具体情况,进行检查具体数据的设置,以便于更合理地检查工程错误。单击"规则设置",根据工程情况作相应的参数调整,如图 11.18 所示。

图 11.18

设置后,单击"确定"按钮,再次执行云检查时,软件将按照设置的规则参数进行检查。

(2) 当前楼检查

工程的单个楼层完成了 CAD 识别或模型绘制工作,为了保证算量结果的正确性,希望对当前楼层进行检查,发现当前楼层中存在的错误,方便及时修正。在云模型检查界面,单击"当前层检查"即可。

(3) 自定义检查

当工程 CAD 识别或模型绘制完成后,认为工程部分模型信息,如基础层、四层的建模模型可能存在问题,希望有针对性地进行检查,便于在最短的时间内关注最核心的问题,从而节省时间。在云模型检查界面,单击"自定义检查",选择检查的楼层及检查的范围。

2）查看处理的检查结果

"整楼检查/当前层检查/自定义检查"之后，在"云检查结果"界面中，可以看到结果列表，如图 11.19 所示。

在结果窗体中，软件根据当前检查问题的情况进行了分类，包含确定错误、疑似错误、提醒等。用户可根据当前问题的重要等级分别关注。

（1）忽略

在结果列表中逐一排查工程问题，经排查，某些问题不算作错误，可以忽略，则执行"忽略"操作🗎，当前忽略的问题，将在"忽略列表"中展示出来，如图 11.20 所示。假如没有，则忽略列表错误为空。

（2）定位

对检查结果逐一进行排查时，希望能定位到当前存在问题的图元或详细的错误位置。此时，可以使用"定位"功能。

在云检查窗体中，错误问题支持双击定位，同时可以单击"定位"按钮进行定位，功能位置如图 11.21 所示。

单击"定位"后，软件自动定位到图元的错误位置，且会给出气泡提示，如图 11.22 所示。

图 11.19

图 11.20

图 11.21

图 11.22

接下来,可以进一步进行定位,查找问题,进行错误问题修复。

(3)修复

在"检查结果"中逐一排查问题时,发现了工程的错误问题,需要进行修改,软件内置了一些修复规则,支持快速修复。此时,可单击"修复"按钮,进行问题修复,如图 11.23 所示。

图 11.23

修复后的问题,在"修复列表"中呈现,可在修复列表中再次关注已修复的问题。

11.6 云指标

通过本节的学习,你将能够:

正确运用云指标。

一、任务说明

当工程完成汇总计算后,为了确定工程量的合理性,可以查看"云指标",对比类似工程指标进行判断。

二、任务分析

本节任务是对所做工程进行云指标的查看对比,从而判断该工程的工程量计算结果是否合理。

三、任务实施

当工程汇总完毕后,用户可以采用"云指标"功能进行工程指标的查看及对比。包含汇总表及钢筋、混凝土、模板、装修等不同维度的 8 张指标表,分别是工程指标汇总表、钢筋-部位楼层指标表、钢筋-构件类型楼层指标表、混凝土-部位楼层指标表、混凝土-构件类型楼层指标表、模板-部位楼层指标表、模板-构件类型楼层指标表、装修-装修指标表、砌体-砌体指标表。

1)云指标的查看

云指标可以通过"工程量"→"云指标"进行查看,也可通过"云应用"→"云指标"进行查看,如图11.24所示。

图 11.24

【注意】

在查看云指标之前,可以对"工程量汇总规则"进行设置,也可以从"工程量汇总规则"表中查看数据的汇总归属设置情况。

(1)工程指标汇总表

工程量计算完成后,希望查看整个建设工程的钢筋、混凝土、模板、装修等指标数据,从而判断该工程的工程量计算结果是否合理。"工程指标汇总表"是计算以上各个维度的指标数据。单击"汇总表"分类下的"工程指标汇总表",查看"1 m² 单位建筑面积指标"数据,帮助判断工程量的合理性,如图 11.25 所示。

图 11.25

（2）部位楼层指标表

工程量计算完成后,在查看建筑工程总体指标数据时,发现钢筋、混凝土、模板等指标数据不合理,希望能深入查看地上、地下部分各个楼层的钢筋、混凝土等指标值。此时,可以查看"钢筋/混凝土/模板"分类下的"部位楼层指标表",进行指标数据分析。

单击"钢筋"分类下"部位楼层指标表",查看"单位建筑面积指标(kg/m²)"值,如图 11.26 所示。

图 11.26

混凝土、模板查看部位楼层指标数据的方式与钢筋类似,分别位于"混凝土""模板"分类下,表名称相同,均为"部位楼层指标表"。

（3）构件类型楼层指标表

工程量计算完成后,查看建设工程总体指标数据后,发现钢筋、混凝土、模板等指标数据中有些不合理,希望能进一步定位到具体不合理的构件类型,如具体确定柱、梁、墙等的哪个构件的指标数据不合理,具体在哪个楼层出现了不合理。

此时,可以查看"钢筋/混凝土/模板"下的"构件类型楼层指标表",从该表数据中,可依次查看"单方建筑面积指标(kg/m²)",从而进行详细分析。单击"钢筋/混凝土/模板"分类下的"构件类型楼层指标表",查看详细数据,如图 11.27 所示。

图 11.27

混凝土、模板查看不同构件类型楼层指标数据的方式与钢筋相同,分别单击"混凝土""模板"分类下对应的"构件类型楼层指标表"即可。

(4)单方混凝土标号指标

在查看工程指标数据时,希望能区分不同的混凝土标号进行对比,由于不同的混凝土标号价格不同,需要区分指标数据分别进行关注。此时,可查看"混凝土"分组的"单方混凝土标号指标表"数据。

单击"选择云端模板",选中"混凝土"分类下的"单方混凝土标号指标表",单击"确定并刷新数据",如图 11.28 所示。

图 11.28

云指标页面的对应表数据,如图 11.29 所示。

图 11.29

（5）装修指标表

在查看"工程指标汇总表"中的装修数据后，发现有些装修量有问题，希望能进一步分析装修指标数据，定位问题出现的具体构件、楼层。此时，可查看"装修指标表"的"单位建筑面积指标（m^2/m^2）"数据。

单击"装修"分类下的"装修指标表"，如图11.30所示。

图 11.30

（6）砌体指标表

工程量计算完成后，查看完工程总体指标数据后，发现砌体指标数据不合理，希望能深入查看内、外墙各个楼层的砌体指标值。此时，可以查看"砌体指标表"中"单位建筑面积指标（m^3/m^2）"数据。

单击"砌体"分类下的"砌体指标表"，如图11.31所示。

图 11.31

2)导入指标进行对比

在查看工程的指标数据时,不能直观地核对出指标数据是否合理,为了更快捷地核对指标数据,需要导入指标数据进行对比,直接查看对比结果。在"云指标"窗体中,单击"导入指标",如图 11.32 所示。

图 11.32

在弹出的"选择模板"对话框中,选择要对比的模板,如图 11.33 所示。

图 11.33

设置模板中的指标对比值,如图 11.34 所示。

单击"确定"按钮后,可看到当前工程指标的对比结果,如图 11.35 所示。

图 11.34

图 11.35

11.7 云对比

通过本节的学习,你将能够:
正确运用云对比的方法。

一、任务说明

当工程完成汇总计算后,为了确定工程量的准确性,可通过"云对比"来保证工程的准确性。

二、任务分析

本节任务是对所做工程进行云对比的查看,从而判断该工程的工程量计算结果是否合理及准确。

三、任务实施

在完成工程绘制,需要核对工程量准确性时,学生以老师下发的答案工程为准,核对自己绘制的工程所出的问题并找出错误原因,此时,可以使用软件提供的"云对比"功能,快速、多维度的对比两个工程文件的工程量差异,并分析工程量差异原因,帮助学生和老师依据图纸对比、分析,消除工程量差异,快速、精准地确定最终工程量。云对比具体操作如下:

可以通过两种方式打开云对比软件:

①打开 GTJ2021 软件,在开始界面左侧的应用中心,启动云对比功能,如图 11.36 所示。

图 11.36

②打开 GTJ2021 软件,在云应用页签下,启动云对比功能,如图 11.37 所示。

图 11.37

1)加载对比工程

(1)将工程文件上传至云空间

①打开"GTJ2021"→"开始"→"另存为"→"云空间(个人空间或企业空间)"→"保存",如图 11.38 所示。

图 11.38

②GTJ2021 开始界面—造价云管理平台—上传,如图 11.39 所示。

图 11.39

(2)选择主送审工程

工程上传至云空间后,选择云空间中要对比的主审工程(答案工程)和送审工程文件(自己做的工程)。主审、送审工程满足以下条件:工程版本,土建计算规则,钢筋计算规则,工程楼层范围均需一致;且仅支持 1.0.23.0 版本以后的单区域工程,如图 11.40 所示。

欢迎使用

GTJ 2021 云对比

上传工程云文件

选择主审工程　　　　　　　选择送审工程

图 11.40

(3)选择对比范围

云对比支持单钢筋对比、单土建对比、土建钢筋对比 3 种对比模式。

(4)对比计算

当加载完主送审工程,选择完对比计算,单击"开始对比",云端就开始自动对比两个 GTJ 工程文件的差异。

2)差异信息总览

云对比主要功能如下:

(1)对比主送审双方工程文件

基本对比的内容包括建筑面积、楼层信息、清单定额规则,如图 11.41 所示。

图 11.41

（2）直观查看主送审双方工程设置差异（图 11.42）

图 11.42

①单击右侧工程设置差异项，调整扇形统计图统计范围。

②单击扇形统计图工程设置差异项，链接至相应工程设置差异分析详情位置。

（3）直观查看主、送审双方工程量差异（图 11.43）

图 11.43

①从楼层、构件类型、工程量类别（钢筋、混凝土、模板、土方）等维度，以直方图形式展示工程量差异。

②单击直方图工程量差异项,链接到相应工程量差异分析详情位置。

(4)直观查看主送审双方工程量差异原因(图11.44)

量差分析原因包括属性不一致、一方未绘制、绘制差异、平法表格不一致及截面编辑不一致。

图 11.44

(5)直观查看主送审双方模型差异及原因(图11.45)

①模型差异包括绘制差异和一方未绘制。

②单击直方图模型差异项,链接至相应模型差异分析详情位置。

图 11.45

3)工程设置差异(图11.46)

图 11.46

(1)对比范围

对比范围包括基础设置、工程信息、基础设置、楼层设置、土建设置、计算设置、土建设置、计算规则、钢筋设置、计算设置、钢筋设置、比重设置、钢筋设置、弯钩设置、钢筋设置、弯钩调整值设置、钢筋设置、损耗设置。

（2）主要功能

①以图表的形式,清晰对比两个 GTJ 工程文件全部工程设置的差异。

②单击直方图工程设置差异项,链接到工程设置差异详情。

（3）查看工程设置差异详情(图 11.47)

图 11.47

4）工程量差异分析

（1）对比范围

对比范围包括钢筋工程量对比、混凝土工程量对比、模板工程量对比、装修工程量对比、土方工程量对比,如图 11.48 所示。

图 11.48

（2）主要功能

①楼层、构件类型筛选,过滤、排序辅助查找。

②以图表形式直观察看工程量差异。

③以表格形式,按照楼层、构件、图元分层级展开,定位工程量差异来源。

④以图元为单位,确定工程量差异原因,包括属性不一致、绘制差异、一方未绘制、平法表格不一致及截面编辑不一致。

⑤查看图元属性差异。

5）量差原因分析

（1）分析原因

分析原因包括:属性不一致、绘制差异、一方未绘制、平法表格不一致及截面编辑不一致,如图 11.49 所示。

（2）主要功能

①查看属性不一致:工程量差异分析—展开至图元差异—量差原因分析—属性不一致。

②查看绘制差异:模型差异,主、送审双方工程存在某些图元,双方绘制不一致;模型对比—模型差异

图 11.49

详情—绘制差异。

③查看一方未绘制:模型差异,主、送审双方工程存在某些图元,仅一方进行了绘制;模型对比—模型差异详情一方未绘制,如图 11.50 所示。

④查看截面编辑不一致。

⑤查看平法表格不一致。

6)模型对比

①按楼层、构件类型对模型进行筛选,如图 11.51 所示。

图 11.50　　　　　　　　　　　　　　　　图 11.51

②主审、送审 GTJ 工程模型,在 Web 端轻量化展示,其中,紫色图元为一方未绘制,黄色图元为绘制差异,如图 11.52 所示。选择模型差异(紫色、黄色)图元,可以定位查看差异详情,如图11.53所示。

图 11.52

图 11.53

③查看模型差异详情,如图 11.54 所示。

模型差异详情	
● 一方未绘制 (27) ⌄	
主审工程	**送审工程**
＞ 剪力墙 (1)	剪力墙 (1)
⌄ 楼地面 (3)	楼地面 (3)
⌄ 地面1	无对应匹配项
[7073]	无对应匹配项
⌄ 地面2	无对应匹配项
[15478]	无对应匹配项
[15504]	无对应匹配项
＞ 踢脚 (17)	踢脚 (17)
＞ 墙裙 (1)	墙裙 (1)
＞ 天棚 (4)	天棚 (4)
＞ 吊顶 (1)	吊顶 (1)

图 11.54

7) 导出 Excel

工程设置差异、工程量差异对比结果可以导出 Excel 文件,方便用户进行存档和线下详细分析。操作步骤如下:

①导出报表功能,如图 11.55 所示。

图 11.55

②选择导出范围,包括工程设置差异表、钢筋工程量差异表及土建工程量差异表,如图 11.56 所示。

③选择文件导出的位置。

④解压缩导出的文件夹。

⑤查看导出结果 Excel 文件,包括工程设置差异、钢筋工程量差异、混凝土工程量差异、模板工程量差异、土方工程量差异及装修工程量差异,如图 11.57 所示。

图 11.56   图 11.57

11.8 报表结果查看

通过本节的学习,你将能够:
正确查看报表结果。

一、任务说明

本节任务是查看工程报表。

二、任务分析

在"查看报表"中还可查看所有楼层的钢筋量及所有楼层构件的土建工程量。

三、任务实施

汇总计算完毕后,用户可以采用"查看报表"的方式查看钢筋汇总结果和土建汇总结果。

1)查看钢筋报表

汇总计算整个工程楼层的计算结果之后,还需要查看构件钢筋的汇总量时,可通过
"查看报表"功能来实现。

①单击"工程量"选项卡中的"查看报表",切换到报表界面,如图 11.58 所示。

图 11.58

②单击"设置报表范围",弹出如图 11.59 所示的界面进入设置报表范围。

图 11.59

在查看报表部分,软件还提供了报表反查、报表分析等功能,具体介绍请参照软件内置的"文字帮助"。

2)查看报表

汇总计算整个工程楼层的计算结果之后,还需要查看构件土建的汇总量时,可通过"查看报表"功能来实现。单击"工程量"选项卡中的"查看报表",选择"土建报表量"即可查看土建工程量。

四、任务结果

所有层构件的钢筋工程量见表11.1。

五、总结拓展

在查看报表部分,软件还提供了报表反查、报表分析、土建报表项目特征添加位置、显示费用项、分部整理等特有功能,具体介绍请参照软件内置的"文字帮助"。

表 11.1　钢筋统计汇总表(包含措施筋)

工程名称:1号办公楼　　　　　　　　编制日期:2019-05-24　　　　　　　　单位:t

构件类型	合计(t)	级别	4	6	8	10	12	14	16	18	20	22	25
柱	0.051	Φ			0.051								
	34.586	砶			10.042	0.052			1.962	8.977	4.805	3.048	5.7
暗柱/端柱	0.012	Φ			0.012								
	5.098	砶			0.113	2.307	0.144	0.105			2.429		
构造柱	0.043	Φ		0.043									
	1.702	砶		0.306			1.396						
剪力墙	0.795	Φ	0.795										
	21.364	砶		0.561	0.058	0.412	8.3	12.033					
砌体墙	3.01	Φ		3.01									
暗梁	3.64	砶				0.642				2.998			
飘窗	0.284	砶			0.068	0.216							
过梁	0.563	Φ		0.334		0.229							
	1.194	砶	0.605	0.379	0.05		0.16						
梁	0.36	Φ		0.36									
	59.769	砶			0.237	8.812	2.096	0.377	0.528		1.254	4.044	42.421
连梁	0.008	Φ		0.008									
	0.696	砶				0.106	0.162				0.056	0.372	
圈梁	0.216	Φ		0.125			0.091						
	1.645	砶		0.275			1.37						
现浇板	2.792	Φ			2.792								
	35.767	砶			1.584	23.004	11.179						
板洞加筋	0.014	砶	0.014										
楼梯	0.902	砶			0.406	0.325	0.171						
筏板基础	23.18	砶			0.167		23.013						
独立基础	4.798	砶	2.052	2.746									
栏板	1.375	砶		0.003	0.459	0.362	0.551						
压顶	0.295	Φ		0.295									
其他	0.034	砶				0.034							
合计(t)	8.144	Φ	0.795	4.174	2.855	0.229	0.091						
	196.049	砶		1.145	13.134	36.272	51.053	15.64	2.541	8.977	11.702	7.464	48.121

所有层构件的土建工程量见计价部分。

12 CAD 识别做工程

通过本章的学习,你将能够:
(1)了解 CAD 识别的基本原理;
(2)了解 CAD 识别的构件范围;
(3)了解 CAD 识别的基本流程;
(4)掌握 CAD 识别的具体操作方法。

12.1 CAD 识别的原理

通过本节的学习,你将能够:
了解 CAD 识别的基本原理。

CAD 识别是软件根据建筑工程制图规则,快速从 AutoCAD 的结果中拾取构件和图元,快速完成工程建模的方法。同使用手工画图的方法一样,需要先识别构件,然后再根据图纸上构件边线与标注的关系,建立构件与图元的联系。

GTJ2018 软件提供了 CAD 识别功能,可以识别 CAD 图纸文件(.dwg)。支持 AutoCAD2015/2013/2011/2010/200/2007/2006/2005/2004/2000 及 AutoCADR14 版生成的图形格式文件。CAD 识别是绘图建模的补充。CAD 识别的效率,一方面取决于图纸的完整程度和标准化程度;另一方面取决于对广联达 BIM 土建计量软件的熟练程度。

12.2 CAD 识别的构件范围及流程

通过本节的学习,你将能够:
了解 CAD 识别的构件范围及流程。

1)GTJ2018 软件 CAD 能够识别的构件范围

①表格类:楼层表、柱表、门窗表、装修表、独基表。

②构件类:轴网,柱、柱大样,梁,墙、门窗、墙洞,板钢筋(受力筋、跨板受力筋、负筋),独立基础,承台,桩,基础梁。

2）CAD 识别做工程的流程

CAD 识别做工程主要通过"新建工程—图纸管理—符号转换—识别构件—构件校核"的方式,将 CAD 图纸中的线条及文字标注转化成广联达 BIM 土建计量平台中的基本构件图元(如轴网、梁、柱等),从而快速地完成构件的建模操作,提高整体绘图效率。CAD 识别的大体方法如下:

①首先需要新建工程,导入图纸,识别楼层表,并进行相应的设置。

②与手动绘制相同,需要先识别轴网,再识别其他构件。

③识别构件,按照绘图类似的顺序,先识别竖向构件,再识别水平构件。

在进行实际工程的 CAD 识别时,软件的基本操作流程如图 12.1 所示。

图 12.1

软件的识别流程:添加图纸—分割图纸—提取构件—识别构件。顺序:楼层—轴网—柱—墙—梁—板钢筋—基础。

识别过程与绘制构件类似,先首层再其他层,识别完一层的构件后,通过同样的方法识别其他楼层的构件,或者复制构件到其他楼层,最后"汇总计算"。通过以上流程,即可完成 CAD 识别做工程的过程。

3）图纸管理/图层管理

软件提供了完善的图纸管理功能,能够将原电子图进行有效管理,并随工程统一保存,提高做工程的效率。图纸管理工程在使用时,其流程如图 12.2 所示。

图 12.2

12.3 CAD 识别实际案例工程

通过本节的学习,你将能够:

掌握 CAD 识别的具体操作方法。

本小节主要讲解通过 CAD 识别,完成案例工程中构件的定义、绘制及钢筋信息的录入操作。

12.3.1 建工程、识别楼层

通过本小节的学习,你将能够:

进行楼层的 CAD 识别。

一、任务说明

使用 CAD 识别中"识别楼层表"的功能,完成楼层的建立。

二、任务分析

需提前确定好楼层表所在的图纸。

三、任务实施

①建立工程完毕后,单击"图纸管理"面板,选择"添加图纸",在弹出的对话框中选择有楼层表的图纸,如"1 号办公楼",如图 12.3 所示。

图 12.3

②当导入的 CAD 图纸文件中有多个图纸时,需要通过"分割"功能将所需的图纸分割出来,如现将"一三层顶梁配筋图"分割出来。单击"图纸管理"面板下的"分割",左键拉框选择"一三层顶梁配筋图",单击右键确定,

弹出"手动分割"对话框,如图 12.4 所示。

图 12.4

【注意】

除了手动分割外,还可以采用"自动分割"图纸,自动分割能够快速完成图纸分割,操作步骤如下:

单击"图纸管理"→"分割"下拉选择"自动分割",如图12.5所示。

图 12.5

软件会自动根据CAD图纸的图名定义图纸名称,也可手动输入图纸名称,单击"确定"即可完成图纸分割,图纸管理面板下便会有"一三层顶梁配筋图",如图12.6所示。

图 12.6

双击"图纸管理"面板中的"一三层顶梁配筋图",绘图界面就会进入"一三层顶梁配筋图",如图12.7所示。

图 12.7

③单击"识别楼层表"功能,如图12.8所示。

④用鼠标框选图纸中的楼层表,单击右键确定,弹出"识别楼层表"对话框,如图12.9所示。

图 12.9

图 12.8

假如识别的楼层信息有误,在"识别楼层表"对话框中,我们可以在识别的楼层表信息进行修改。可以对应识别信息,选择抬头属性,可以删除多余的行或列,或通过插入,增加行和列等。

⑤确定楼层信息无误后,单击"确定"按钮,弹出"楼层表识别完成"对话框。这样就可以通过 CAD 识别将楼层表导入软件中。

楼层设置的其他操作,与前面介绍的"建楼层"相同。

四、任务结果

导入楼层表后,其结果可参考 2.3 节。

12.3.2 CAD 识别选项

通过本小节的学习,你将能够:
进行 CAD 识别选项的设置。

一、任务说明

在"CAD 识别选项"中完成柱、墙、门窗洞、梁和板钢筋的设置。

二、任务分析

在识别构件前,先进行"CAD 识别选项"的设置,如图 12.10 所示。选择"CAD 识别选项"后,会弹出如图 12.11 所示的对话框。

图 12.11

图 12.10

三、任务实施

在"CAD 识别选项"对话框中,可以设置识别过程中的各个构件属性,每一列属性所表示的含义都在对话框左下角进行描述。"CAD 识别选项"设置的正确与否关系到后期识别构件的准确率,需要准确进行设置。

12.3.3　识别轴网

通过本小节的学习,你将能够:

进行轴网的 CAD 识别。

一、任务说明

①完成图纸添加及图纸整理。

②完成轴网的识别。

二、任务分析

首先分析哪张图纸是轴网最完整的,一般按照首层建筑图设置。

三、任务实施

完成图纸分割后,双击进入"首层平面图",进行 CAD 轴线识别。

1)选择导航栏构件

将目标构件定位至"轴网",如图 12.12 所示。

图 12.12

2)提取轴线

①单击选项卡"建模"→"识别轴网"→"提取轴线",如图 12.13 所示。

图 12.13

②用"点选"快捷键选择,利用"单图元选择""按图层选择"及"按颜色选择"的功能点选或框选需要提取的轴线 CAD 图元,如图 12.14 所示。

按"Ctrl+左键"代表按图层选择,"Alt+左键"代表按颜色选择。需要注意的是,不管在框中设置何种选择方式,都可以通过键盘来操作,优先实现选择同图层或同颜色的图元。通过"按图层选择"选择所有轴线,被选中的轴线全部变成深蓝色。

③单击鼠标右键确认选择,则选择的 CAD 图元将自动消失,并存放在"已提取的 CAD 图层"中,如图 12.15 所示。这样就完成了轴网的提取工作。

图 12.14　　　　　　　　　　　　　　　　　　图 12.15

3)提取标志

①单击"提取标注",利用"单图元选择""按图层选择""按颜色选择"的功能点选或框选需要提取的轴网标注 CAD 图元,如图 12.16 所示。

图 12.16

②单击鼠标右键确认选择,则选择的 CAD 图元自动消失,并存放在"已提取的 CAD 图层"。方法与提取轴线相同。

4)识别轴网

提取轴线及标志后,进行识别轴网的操作。识别轴网有 3 种方法供选择,如图 12.17所示。

自动识别轴网:用于自动识别 CAD 图中的轴线。

选择识别轴网:通过手动选择来识别 CAD 图中的轴线。

识别辅助轴线:用于手动识别 CAD 图中的辅助轴线。

图 12.17

本工程采用"自动识别轴网",可快速地识别出工程的轴网,如图 12.18 所示。

识别轴网成功后,同样可利用"轴线"部分的功能对轴网进行编辑和完善。

图 12.18

四、总结拓展

导入 CAD 之后,如图纸比例与实际不符,则需要重新设置比例,在"CAD 操作"绘图工具栏中单击"设置比例"功能,如图 12.19 所示。

根据提示,利用鼠标选择两点,软件会自动量取两点距离,并弹出如图 12.20 所示的对话框。

图 12.19　　　　　　　　　　　图 12.20

如果量取的距离与实际不符,可在对话框中输入两点间实际尺寸,单击"确定"按钮,软件即可自动调整比例。

12.3.4　识别柱

通过本小节的学习,你将能够:

进行柱的 CAD 识别。

一、任务说明

用 CAD 识别的方式完成框架柱的定义和绘制。

二、任务分析

CAD 识别柱有两种方法:识别柱表生成柱构件和识别柱大样生成柱构件。需要用到的图纸是"柱墙结构平面"。

三、任务实施

分割完图纸后,双击进入"柱墙结构平面图",进入下一步操作。

【注意】

当分割的"柱墙结构平面图"位置与前面所识别的轴网位置有出入时,可采用"定位"功能,将图纸定位到轴网正确的位置。单击"定位",选择图纸某一点,比如①轴与Ⓐ轴的交点,将其拖动到前面所识别轴网的①轴与Ⓐ轴交点处。

1)选择导航栏构件

将目标构件定位至"柱",如图 12.21 所示。

图 12.21

2)识别柱表生成柱构件

①单击选项卡"建模"→"识别柱表",软件可以识别普通柱表和广东柱表,遇到有广东柱表的工程,即可采用"识别广东柱表"。本工程为普通柱表,则选择"识别柱表"功能,拉框选择柱表中的数据,如图黄色线框为框选的柱表范围,按右键确认选择,如图 12.22 所示。

图 12.22

②弹出"识别柱表"窗体,使用窗体上方的"查找替换""删除行"等功能对柱表信息进行调改。调整后,如图 12.23 所示。

图 12.23

在表格中,可利用表格的这些功能对表格内容进行核对和调整,删除无用的部分后单击"确定"按钮。如表格中存在不符合的数据,单元格会以"红色"来进行显示,方便查找和修改。当遇到广东柱表时,则使用"识别广东柱表"。

③确认信息准确无误后单击"识别"即可,软件会根据窗体中调改的柱表信息生成柱构件,如图12.24所示。

3)提取柱边线

通过识别柱表定义柱属性后,可以通过柱的绘制功能,参照 CAD 图将柱绘制到图上,也可使用"CAD识别"提供的快速"识别柱"构件的功能。

①单击选项卡"建模"→"识别柱",如图 12.25 所示。

图 12.24

图 12.25

②单击"提取柱边线",如图 12.26 所示。

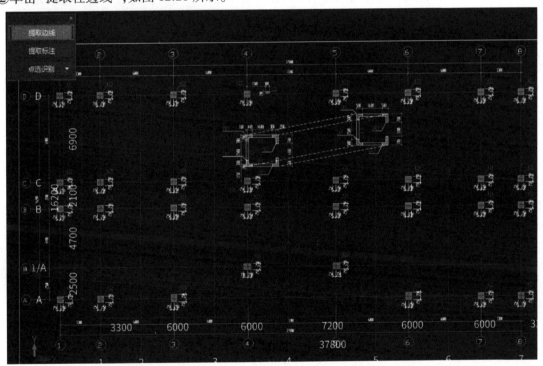

图 12.26

③利用"单图元选择""按图层选择"及"按颜色选择"的功能点选或框选需要提取的柱边线 CAD 图元。通过"按图层选择"选择所有轴线,被选中的轴线全部变成深蓝色。

④单击鼠标右键确认选择,则选择的 CAD 图元将自动消失,并存放在"已提取的 CAD 图层"中,如图 12.27 所示。这样就完成了柱边线的提取工作,如图 12.28 所示。

图 12.27

图 12.28

4) 提取柱标注

单击"提取标注",采用同样的方法选择所有柱的标志(包括标注及引线),单击右键确定,即完成柱边线及标志的提取工作,如图 12.29 所示。

图 12.29

图 12.30

5) 识别柱

识别柱表,提取边线及标志完成后,接下来进行识别柱构件的操作。选择"点选识别",如图 12.30 所示,有以下 4 个功能。

①自动识别。软件自动根据所识别的柱表、提取的边线和标志来自动识别整层柱,本工程采用"自动识别"。单击"自动识别"进行柱构件识别,识别完成后,弹出识别柱构件的个数的提示。单击"确定"按钮,完成柱构件的识别,如图 12.31 所示。

图 12.31

图 12.32

②框选识别。当需要你识别某一区域的柱时,可使用此功能,根据鼠标框选的范围,软件会自动识别框选范围内的柱。

③点选识别。点选识别即通过鼠标点选的方式逐一识别柱构件。完成提取柱边线和提取柱标志操作后,单击"识别柱"→"点选识别柱",单击需要识别的柱标志 CAD 图元,则"识别柱"窗口会自动识别柱标志信息,如图 12.32 所示。

单击"确定"按钮,在图形中选择符合该柱标志的柱边线和柱标志,再单击右键确认选择,此时所选柱边线和柱标志被识别为柱构件,如图 12.33 所示。

④按名称识别。比如图纸中有多个 KZ6,通常只会对一个柱进行详细标注(截面尺寸、钢筋信息等),而其他柱只标注柱名称,对于这种 CAD 图纸,就可以使用"按名称识别柱"进行柱识别操作。

图 12.33

完成提取柱边线和提取柱标志操作后,单击绘图工具栏"识别柱"→"按名称识别柱",然后单击需要识别的柱标志 CAD 图元,则"识别柱"窗口会自动识别柱标志信息,如图 12.34 所示。

图 12.34

图 12.35

单击"确定"按钮,此时满足所选标志的所有柱边线会被自动识别为柱构件,并弹出识别成功的提示,如图 12.35 所示。

四、任务结果

任务结果参考 3.1 节的任务结果。

五、总结拓展

1)利用"CAD 识别"来识别柱构件

首先需要"添加图纸",通过"识别柱表"或"识别柱大样",先进行柱的定义,再利用"提取柱边线""提取柱标志"提取柱边线和标志(包括标注引线),最后再通过"自动识别柱"来生成柱构件。其流程如下:添加图纸→识别柱表(柱大样)→提取柱边线→提取柱标识→自动识别柱。

通过以上流程,则可完成柱构件的识别。

2)识别柱大样生成构件

如果图纸中柱或暗柱采用柱大样的形式来作标记,则可单击选项卡"建模"→"识别柱""识别柱大样"的功能,如图 12.36 所示。

图 12.36

①提取柱大样边线及标志。参照前面的方法,单击"提取柱边线"和"提取柱标志"完成柱大样边线、标志的提取。

②提取钢筋线。单击"提取钢筋线"提取到所有柱大样的钢筋线,单击右键确定,如图 12.37 所示。

③识别柱大样。提取完成后,单击"点选识别",如图 12.38 所示,有 3 种识别方式。

图 12.37   图 12.38

点选识别柱大样:通过鼠标选择来识别柱大样。

自动识别柱大样:即软件自动识别柱大样。框选识别柱大样:框选需要识别的柱,进行识别柱大样。如果单击"点选识别柱大样",状态栏提示点取柱大样的边线,则用鼠标选择柱大样的一根边线,然后软件提示"请点取柱的标注或直接输入柱的属性",则点取对应的柱大样的名称,弹出如图 12.39 所示的对话框。

图 12.39

在此对话框中,可以直接利用"CAD 底图读取",在 CAD 中读取柱的信息,对柱的信息进行修改。在"全部纵筋"一行,软件支持"读取"和"追加"的操作。

读取:从 CAD 中读取钢筋信息,对栏中的钢筋信息进行替换。

追加:如遇到纵筋信息分开标注的情况,可通过"追加"将多处标注的钢筋信息进行追加求和处理。

操作完成后,软件通过识别柱大样信息定义柱属性。

④识别柱。在识别柱大样完成之后,软件定义了柱属性,最后还需通过前面介绍的"提取柱边线""提取柱标志"和"自动识别柱"的功能来生成柱构件,这里不再赘述。

3)墙柱共用边线的处理方法

某些剪力墙图纸中,墙线和柱线共用,柱没有封闭的图线,导致直接识别柱时摘不到封闭区域,识别柱不成功。在这种情况下,软件提供两种解决方法。

①使用"框选识别柱"。使用"提取柱边线""提取柱标识"完成对柱信息的提取(将墙线提取到柱边线),使用提取柱边线拉框(反选),如图 12.40 所示的区域,即可完成识别柱。

②使用"生成柱边线"的功能来进行处理。提取墙边线后,进入"识别柱"界面,单击"生成柱边线",按照状态栏提示,在柱内部左键点取一点,或是通过"自动生成柱边线"让软件自动搜索,生成封闭的柱

边线。利用此功能生成柱的边线后,再利用"自动识别柱"识别柱,即可解决墙、柱共用边线的情况,如图12.41 所示。

4) 图层管理

在识别构件菜单下,通过"视图"→"用户面板"→"图层管理",可进行图层控制的相关操作,如图12.42所示。

①在提取过程中,如果需要对 CAD 图层进行管理,单击"图层管理"功能。通过此对话框,即可控制"已提取的 CAD 图层"和"CAD 原始图层"的显示与关闭,如图 12.43 所示。

图 12.40　　　　　　　　　　　　　　　　图 12.41

图 12.42　　　　　　　　　　　　　　　　图 12.43

②只显示选中 CAD 图元所在的图层,可利用此功能将其他图层的图元隐藏。

③隐藏选中的 CAD 图元所在的图层,将选中的 CAD 图元所在的图层进行隐藏,其他图层显示。可通过此工具栏来运行选择同图层或是同颜色图元的功能,如图 12.44 所示。

图 12.44

12.3.5 识别梁

通过本小节的学习,你将能够:

进行梁的 CAD 识别。

一、任务说明

用 CAD 识别的方式完成梁的定义和绘制。

二、任务分析

在梁的支座柱、剪力墙等识别完成后,进行识别梁的操作。双击"一三层顶梁配筋图"。进入"CAD 识别"→"识别梁"。

三、任务实施

1)选择导航栏构件

将目标构件定位至"梁",如图 12.45 所示。

2)提取梁边线

①单击选项卡"建模"→"识别梁",如图 12.46 所示。

图 12.45　　　　　　　　　　　　　　　　　图 12.46

②单击"提取边线",如图 12.47 所示。

图 12.47

③利用"单图元选择""按图层选择"及"按颜色选择"的功能点选或框选需要提取的柱边线 CAD 图元,如图 12.48 所示。

图 12.48

④单击鼠标右键确认选择,则选择的 CAD 图元自动消失,并存放在"已提取的 CAD 图层"中,这样就完成了边线的提取工作。

3)提取梁标注

提取梁标注包含 3 个功能:自动提取标注、提取集中标注和提取原位标注。

①"自动提取标注"可一次提取 CAD 图中全部的梁标注,软件会自动区别梁原位标注与集中标注,一般集中标注与原位标注在同一图层时使用。

单击"自动提取梁标注",选中图中所有同图层的梁标注,如果集中标注与原位标注在同一图层,就会被选择到。此时,直接单击右键确定,如图 12.49 所示。

图 12.49

GTJ 在最新版做了优化后,软件会自动区分集中标注和原位标注,弹出"标注提取完成"的提示。

完成提取之后,集中标注以黄色显示,原位标注以粉色显示,如图 12.50 所示。

图 12.50

②如果集中标注与原位标注分别在两个图层,则分别采用"提取集中标注"和"提取原位标注"分开提取,方法与自动提取类似。

4)识别梁

提取梁边线和标注完成后,接着进行识别梁构件的操作。识别梁有自动识别梁、框选识别梁、点选识别梁 3 种方法。

①自动识别梁。软件自动根据提起的梁边线和梁集中标注对图中所有梁一次全部识别。

a.提取梁边线和提取梁集中标注操作后,单击识别面板"点选识别梁"的倒三角,在下拉菜单中单击"自动识别梁",软件弹出"识别梁选项"对话框,如图 12.51 所示。

图 12.51

【说明】

①在识别梁选项界面可以查看、修改、补充梁集中标注信息，可以提高梁识别的准确性。

②识别梁之前，应先完成柱、墙等图元的模型创建，这样识别出来的梁会自动延伸到现有的柱、墙、梁中，计算结果更准确。

b.单击"继续"按钮，则按照提取的梁边线和梁集中标注信息自动生成梁图元，如图 12.52 所示。

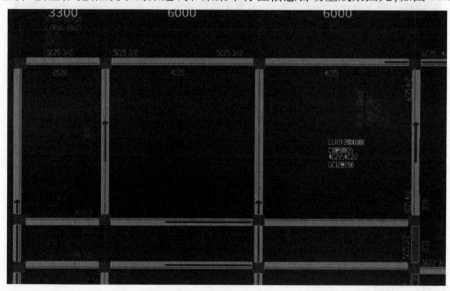

图 12.52

c.识别梁完成后，软件自动启用"校核梁图元"功能，如识别的梁跨与标注的梁跨数量不符，则弹出提示，并且梁会以红色显示，如图 12.53 所示。需要检查进行修改。

②点选识别梁。"点选识别梁"功能可以通过选择梁边线和梁集中标注的方法进行梁识别操作。

a.完成"提取梁边线"和"提取梁集中标注"操作后，单击识别梁面板"点选识别梁"，则弹出"点选识别梁"对话框，如图 12.54 所示。

图 12.53

图 12.54

b.单击需要识别的梁集中标注,则"点选识别梁"窗口自动识别梁集中标注信息,如图 12.55 所示。

c.单击"确定"按钮,在图形中选择符合该梁集中标注的梁边线,被选择的梁边线以高亮显示,如图 12.56 所示。

图 12.55

图 12.56

d.单击右键确认选择,此时所选梁边线则被识别为梁图元,如图 12.57 所示。

③框选识别梁。"框选识别梁"可满足分区域识别的需求,对于一张图纸中存在多个楼层平面的情况,可选中当前层识别,也可框选一道梁的部分梁线,完成整道梁的识别。

图 12.57

图 12.58

a.完成提取梁边线和提取梁集中标注操作后,单击识别面板"点选识别梁"的倒三角,下拉选择"框选识别梁";状态栏提示:左键拉框选择集中标准。

b.拉框选择需要识别的梁集中标注,如图 12.58 所示。

c.右键确定选择,软件弹窗同自动识别梁,单击继续,即可完成识别,如图 12.59 所示。

图 12.59

【说明】

①识别梁完成后,与集中标注中跨数一致的梁以粉色显示,与标注不一致的梁以红色显示,方便用户检查,如图 12.60 所示。

图 12.60

②梁识别的准确率与"计算设置"部分有关。

a.在"钢筋设置"中的"计算设置"→"框架梁"部分,第 3 项如图 12.61 所示。此项设置可修改,并会影响后面的梁识别,注意应准确设置。

3	截面小的框架梁是否以截面大的框架梁为支座	是

图 12.61

b.在"计算设置"→"非框架梁"部分,第 3、4 项如图 12.62 所示。

3	宽高均相等的非框架梁L型、十字相交互为支座	否
4	截面小的非框架梁是否以截面大的非框架梁为支座	是

图 12.62

此两项需要根据实际工程情况准确设置。

③梁跨校核。当识别梁完成之后,手动检查是否存在识别不正确的梁,比较麻烦,软件自动进行"梁跨校核",智能进行检查。梁跨校核是自动提取梁跨,然后将提取到的跨数与标注中的跨数进行对比,二者不同时弹出提示。

a.软件框选/自动识别梁之后,会自动进行梁跨校核。或是单击"校核梁图元"命令,如图 12.63 所示。软件会对梁图元进行梁跨校核。

图 12.63

b.如存在跨数不符的梁则会弹出提示,如图 12.64 所示。

图 12.64

c.在"校核梁图元"对话框中,双击梁构件名称,软件可以自动定位到此道梁,如图 12.65 所示。

图 12.65

编辑支座:可直接在对话框调用编辑支座功能。

重新校核:对梁进行修改后,可实时调用"重新校核"功能进行刷新梁跨调改结果。

【注意】

梁跨校核只针对有跨信息的梁,手动绘制的没有跨信息的粉色梁不会进行校核。

5) 编辑支座

当"校核梁图元"完成后,如果存在梁跨数与集中标注中不符的情况,则可使用此功能进行支座的增加、删除以调整梁跨。

"编辑支座"是对以前"设置支座"和"删除支座"两个功能的优化,可以通过"编辑支座"对梁跨信息进行快速修改。

①选择一根梁,单击识别梁面板中的"编制支座"功能,如图 12.66 所示。也可通过选项卡"建模"→"识别梁"→"编辑支座"进行选择,如图 12.67 所示。

图 12.66   图 12.67

命令行提示:左键选择需要删除的支座点,或者选择作为支座的图元。

②如要删除支座,直接点取图中支座点的标志即可。如要增加支座,则点取作为支座的图元,右键确定即可。这样即可完成编辑支座的操作。

【说明】

①"校核梁图元"与"编辑支座"并配合修改功能(例如打断、延伸、合并等)使用,来修改和完善梁图元,保证梁图元和跨数正确,然后再识别原位标注。

②识别梁时,自动启动"校核梁图元",只针对本次生成的梁,要对所有梁校核需要"重新校核"或手动启用"校核梁图元"。

6)识别原位标注

识别梁构件完成后,应识别原位标注。识别原位标注有自动识别原位标注、框选识别原位标注、点选识别原位标注和单构件识别原位标注 4 个功能,如图 12.68 所示。

图 12.68

①自动识别原位标注:可以将已经提取的梁原位标注一次性全部识别。

a.完成识别梁操作后,单击识别面板"点选识别原位标注"的倒三角,下拉选择"自动识别原位标注"。

b.软件自动对已经提取的全部原位标注进行识别,识别完成后,弹出"原位标注识别完毕"的提示框。

c.单击"确定"按钮,软件自动会进行校核。

【注意】

识别原位标注功能之后,识别成功的原位标注变色显示,未识别的保持粉色。

②框选识别原位标注:如果需要识别某一区域内的原位标注,则可使用"框选识别原位标注"功能。

a.完成识别梁操作后,单击识别面板"点选识别原位标注"的倒三角,下拉选择"框选识别原位标注"。

b.框选某一区域的梁,单击右键确定,即完成识别。

【注意】

识别完成后,识别成功的原位标注会变色显示,未识别的仍粉色显示。

③点选识别原位标注:可以将提取的梁原位标注一次全部识别。

a.完成自动识别梁(点选识别梁)和提取梁原位标注(自动提取梁标注)操作后,单击识别面板"点选识别原位标注"。

b.选择需要识别的梁图元,此时构件处于选择状态,如图 12.69 所示。

c.单击鼠标选择 CAD 图中的原位标注信息,软件自动寻找最近的梁支座位置并进行关联,如图 12.70 所示。

图 12.69

图 12.70

d.单击鼠标右键,则选择的 CAD 图元被识别为所选梁支座的钢筋信息;用同样的方法可将梁上的所有原位标注识别到对应的方框。

e.单击鼠标右键,则退出"点选识别梁原位标注"命令。

④单构件识别原位标注:可以将单根梁的原位标注进行快速提取识别。

a.完成识别梁操作后,单击识别面板"点选识别原位标注"的倒三角,下拉选择"单构件识别原位标注"。

b.选择需要识别的梁,此时构件处于选择状态,如图 12.71 所示。

图 12.71

c.单击鼠标右键,则提取的梁原位标注就被识别为软件中梁构件的原位标注,如图 12.72 所示。

图 12.72

【说明】

①所有原位标注识别成功后,其颜色都会变为深蓝色,而未识别成功的原位标注保持粉色,方便查找和修改。

②识别原位标注的 4 个功能可以按照实际工程的特点来结合使用,从而提高识别原位标注的准确率。实际工程图纸中,可能存在一些画图不规范或是错误的情况,会导致实际识别原位标注并不能完全进行识别。此时,只需找到"粉色"的原位标注进行单独识别,或是直接对梁进行"原位标注"即可。

7)识别吊筋

所有梁识别完成之后,如果图纸中绘制了吊筋和次梁加筋,则可以使用"识别吊筋"功能,对 CAD 图中的吊筋、次梁加筋进行识别。

识别吊筋功能由以下功能组成:提取钢筋和标注、自动识别吊筋、框选识别吊筋、点选识别吊筋。

①提取钢筋和标注:在 CAD 图中,绘制有吊筋、次梁加筋线和标注,可用此功能进行提取。

a.单击菜单栏"建模"分栏中的识别吊筋按钮,弹出识别吊筋面板。

b.在识别吊筋面板中,单击提取钢筋和标注功能。

c.根据提示,选中吊筋和次梁加筋的钢筋线及标注(如无标注则不选),单击右键确定,完成提取。

②自动识别吊筋:在 CAD 图中,绘制有吊筋、加筋线和标注,通过识别可以快速完成吊筋和加筋信息的输入。

a.完成原位标注识别后,在"提取钢筋和标注"后,单击识别面板"点选识别"后面的倒三角,下拉选择"自动识别"。如提取的吊筋和次梁加筋存在没有标注的情况,则弹出"识别吊筋"对话框,如图 12.73 所示,直接在对话框中输入相应的钢筋信息。

b.修改完成后,单击"确定"按钮,软件自动识别所有提取的吊筋和次梁加筋,识别完成,弹出"识别吊筋(次深加筋)完成"对话框。

图中存在标注信息的,则按提取的钢筋信息进行识别;图中无标注信息的,则按输入的钢筋信息进行识别。识别成功的钢筋线,自动变色显示,同时吊筋信息在梁图元上同步显示,如图 12.74 所示。

图 12.73

图 12.74

【注意】

①所有的识别吊筋功能需要主次梁都已经变成绿色才能识别吊筋和加筋。

②识别后,已经识别的 CAD 图线变为蓝色,未识别的保持原来的颜色。

③图上有钢筋线的才识别,没有钢筋线的,不会自动生成。

④重复识别时会覆盖上次识别的内容。

③框选识别吊筋:当需要识别某一区域内的吊筋和加筋时,则使用"框选识别"。

a.完成梁原位标注的识别后,在"提取钢筋和标注"后,单击识别面板"点选识别"后面的倒三角,下拉选择"框选识别"。

b.拉框选择需要识别的吊筋和加筋线,右键确定选择,即可完成识别。

④点选识别吊筋:使用此功能可点选单个吊筋和加筋进行识别。

a.完成原位标注识别后,在"提取钢筋和标注"后,单击识别面板"点选识别"。

b.确定吊筋和次梁加筋信息,单击"确定"按钮,然后根据提示点取吊筋或次梁加筋钢筋线,如图 12.75所示。

单击鼠标右键确定,则识别吊筋和次梁加筋成功,如图 12.76 所示。

图 12.75

图 12.76

【注意】
　　①在 CAD 图中,若存在吊筋和次梁加筋标注,软件会自动提取;若不存在,则需要手动输入。
　　②所有的识别吊筋功能都需要主次梁已经变成绿色后,才能识别吊筋和加筋。
　　③识别后,已经识别的 CAD 图线变为蓝色,未识别的 CAD 图线保持原来的颜色。
　　④图上有钢筋线的才识别,没有钢筋线的不会自动生成。
　　⑤与自动生成吊筋一样,重复识别时会覆盖上次识别的内容。
　　⑥吊筋线和加筋线比较短且乱,必须有误差限制,因此,如果 CAD 图绘制的不规范,则有可能会影响识别率。

四、任务结果

任务结果同 3.3 节的任务结果。

五、总结拓展

1)识别梁的流程

CAD 识别梁可以按照以下基本流程来操作:添加图纸→符号转换→提取梁边线、标注→识别梁构件→识别梁标注→识别吊筋、次梁加筋。

①在识别梁的过程中,软件会对提取标注、识别梁、识别标注、识别吊筋等都进行验收的区分。

②CAD 识别梁构件、梁原位标注、吊筋时,因为 CAD 图纸的不规范可能会对识别的准确率造成影响,所以需要结合梁构件的其他功能进行修改完善。

2)点选识别梁构件

通过"点选识别梁"功能,可以把 CAD 图中的梁集中标注识别为软件的梁构件,从而达到快速建立梁构件的目的。

在"添加图纸"后,单击"点选识别梁",此时弹出"识别梁构件"窗口,如图 12.77 所示。

图 12.77

【说明】
　　"点选识别梁构件"窗口右侧会列出已经建立的梁构件。用左键单击 CAD 图上的梁集中标注,此时梁集中标注信息被识别至"点选识别梁"窗口,如图 12.78 所示。

图 12.78

核对梁集中标注信息,识别准确无误后单击"确定"按钮,则软件会按集中标注信息建立梁构件,并在窗口右侧梁构件列表中显示。

通过"点识别梁构件"功能,可快速完成新建梁构件的操作。新建完成后,可绘制梁或识别梁构件。

3)定位图纸

"定位图纸"的功能可用于不同图纸之间构件的重新定位。例如,先导入柱图并将柱都识别完成后,这时需要识别梁,然而导入梁图后,就会发现梁图与已经识别的图元不重合,此时就可以使用这个功能。

添加图纸后,单击"定位",在 CAD 图纸上选中定位基准点,再选择定位目标点,或打开动态输入坐标原点(0,0)完成定位,快速完成所有图纸中构件的对应位置关系,如图 12.79 所示。

图 12.79

若创建好了轴网,对整个图纸使用"移动"命令也可以实现图纸定位的目的。

12.3.6 识别板及板筋

通过本节的学习,你将能够:

进行板及板钢筋的 CAD 识别。

一、任务说明

①完成首层板的识别。

②完成首层板受力筋的识别。

③完成首层板负筋的识别。

二、任务分析

在梁识别完成之后,接着识别板。识别板筋之前,首先需要在图中绘制板。绘制板的方法,参见前面介绍的"现浇板的定义和绘制"。也可通过"识别板"的方法将板创建出来。

三、任务实施

1)识别板

双击进入"一三层板配筋图",进入下一步操作。

①选择导航栏构件,将目标构件定位至"板",如图 12.80 所示。

图 12.80

②单击选项卡"建模"→"识别板",如图 12.81 所示。

图 12.81

识别板菜单有以下 3 个功能:提取板标识、提取板洞线、自动识别板。

a.单击识别面板上的"提取板标识",如图 12.82 所示。利用"单图元选择""按图层选择"或"按颜色选择"的功能选中需要提取的 CAD 板标识,选中后变成蓝色;此过程中也可以点选或框选需要提取的 CAD 板标识。

图 12.82

按照软件下方的提示,单击鼠标右键确认选择,则选择的标识自动消失,并存放在"已提取的 CAD 图层"中。

b.单击识别面板上的"提取板洞线";利用"单图元选择""按图层选择"或"按颜色选择"的功能选中需要提取的 CAD 板洞线,选中后变成蓝色。

按照软件下方的提示,单击鼠标右键确认选择,则选择的板洞线自动消失,并存放在"已提取的 CAD 图层"中。

【注意】
若板洞图层不对,或板洞较少时,也可跳过该步骤,后期直接补画板洞即可。

c.单击识别面板上的"自动识别板",弹出"识别板选项"界面;单击"确定"按钮进行识别,如图 12.83 所示。

图 12.83

【注意】
①识别板前,请确认柱、墙梁等图元已绘制完成。
②通过复选框可以选择板支座的图元范围,从而调整板图元生成的大小。

2)识别板受力筋

①选择导航栏构件,将目标构件定位至"板受力筋",如图 12.84 所示。

图 12.84

②单击选项卡"建模"→"识别板受力筋"→"识别受力筋",如图 12.85 所示。

图 12.85

③提取板筋线。

a.单击识别受力筋面板上的"提取板筋线"。

b.利用"单图元选择""按图层选择"及"按颜色选择"的功能点选或框选需要提取的板钢筋线 CAD 图元,如图 12.86 所示。

图 12.86

c.单击鼠标右键确认选择,则选择的 CAD 图元自动消失,并存放在"已提取的 CAD 图层"中。

④提取板筋标注。

a.单击识别受力筋面板上的"提取板筋标注"。

b.利用"单图元选择""按图层选择"及"按颜色选择"的功能点选或框选需要提取的板钢筋标注 CAD 图元,如图 12.87 所示。

图 12.87

c.单击鼠标右键确认选择,则选择的 CAD 图元自动消失,并存放在"已提取的 CAD 图层"中。

⑤识别板受力筋。识别板受力筋的方式有"点选识别受力筋"和"自动识别板筋"两种。

a.点选识别受力筋的步骤:

第一步,完成提取板筋线、提取板筋标注和绘制板操作后,单击选项卡"建模"→"识别受力筋"→"点选识别受力筋",则弹出"受力筋信息"窗体,如图 12.88 所示。

图 12.88

【说明】

①名称:不允许为空且不能超过 255 个字符,下拉框可选择最近使用的构件名称。

②构件类型:受力筋(默认值)、跨板受力筋,下拉框选择。

③钢筋类别:底筋(默认值)、面筋、中间层筋、温度筋,下拉框选择。

④钢筋信息:不允许为空,下拉框可选择最近使用的钢筋信息。

⑤长度调整:默认为空,可根据实际调整。

⑥左右标注:默认(0,0),不允许为空,左右标注信息不能同时为 0。

第二步,在"已提取的 CAD 图元"中单击受力筋钢筋线,软件会根据钢筋线与板的关系判断构件类型,同时软件自动寻找与其最近的钢筋标注作为该钢筋线的钢筋信息,并识别到"受力筋信息"窗口中,如图 12.89 所示。

图 12.89

第三步,确认"受力筋信息"窗口准确无误后,单击"确定"按钮,然后将光标移动到该受力筋所属的板内,板边线加亮显示,此亮色区域即为受力筋的布筋范围,如图 12.90 所示。

第四步,单击鼠标左键,则提取的板钢筋线和板筋标注被识别为软件的板受力筋构件,如图 12.91 所示。

图 12.90   图 12.91

b.自动识别板筋的步骤:

第一步,完成"提取板筋线"和"提取板筋标注"操作后,在弹出的识别面板中,下拉选择"自动识别板筋"功能。

第二步,弹出"识别板筋选项"对话框,如图 12.92 所示。

图 12.92

第三步,单击"确定"按钮,软件弹出"自动识别板筋"窗体;在当前窗体中,触发"定位"图标,可以在 CAD 图纸中快速查看对应的钢筋线;对应的钢筋线会以蓝色显示,如图 12.93 所示。

图 12.93

【注意】

①对于缺少钢筋信息或类别的项,可以手动进行编辑。

②对于钢筋信息或类别为空的项所对应的钢筋线,软件不会生成图元。

第四步,单击"确定"按钮后,软件会自动生成板筋图元,识别完成后,自动执行板筋校核算法。

3)识别板负筋

①选择导航栏构件,将目标构件定位至"板负筋",如图12.94所示。

图12.94

②单击选项卡"建模"→"识别板负筋"→"识别负筋",如图12.95所示。

图12.95

③提取板筋线:方法与"识别受力筋"中的"提取板筋线"相同。

④提取板标注:方法与"识别受力筋"中的"提取板筋标注"相同。

⑤识别板负筋:有点选识别负筋和自动识别板筋两种。

a.点选识别负筋的步骤:

第一步,完成提取板筋线、提取板筋标注和绘制板操作后,单击选项卡"建模"→"识别负筋"→"点选识别负筋",则弹出"板负筋信息"对话框,如图12.96所示。

图12.96

【说明】

①名称:不允许为空且不能超过255个字符,下拉框可选择最近使用的构件名称。

②钢筋信息:不允许为空,下拉框可选择最近使用的钢筋信息。

③左右标注:默认(0,0),不允许为空,左右标注信息不能同时为0。

④双边标注:计算设置(默认值)、含支座、不含支座,下拉框选择。

⑤单边标注:计算设置(默认值)、支座内边线、支座轴线、支座中心线、支座外边线、负筋线长度,下拉框选择。

第二步,在"已提取的CAD图元"中,单击负筋钢筋线,软件会根据钢筋线与尺寸标注的关系判断单双边标注,同时软件自动寻找与其最近的钢筋标注作为该钢筋线钢筋信息,并识别到"板负筋信息"窗口中,如图12.97所示。

图12.97

第三步,确认"板负筋信息"窗口,准确无误后单击"确定"按钮,然后选择布筋方式和范围,选择的范围线会加亮显示,此亮色区域即为负筋的布筋范围,如图 12.98 所示。

图 12.98

第四步,单击鼠标左键,则提取的板钢筋线和板筋标注被识别为软件的板负筋构件,如图 12.99 所示。

图 12.99

b.自动识别负筋。其方法同"识别板受力筋"中的"自动识别板受力筋"。

四、任务结果

任务结果同 3.4 节的任务结果。

五、总结扩展

识别板筋(包含板和筏板基础)的操作流程如下:添加图纸→分割图纸→定位钢筋构件→提取板钢筋线→提取板钢筋标注→识别板筋。

【注意】

使用"自动识别板筋"之前,需要对"CAD 识别选项"中"板筋"选项进行设置,如图 12.100 所示。

在"自动识别板筋"之后,如果遇到有未识别成功的板筋,可灵活应用识别"点选识别受力筋""点选识别负筋"的相关功能进行识别,然后再使用板受力筋和负筋的绘图功能进行修改,这样可以提高对板钢筋建模的效率。

图 12.100

12.3.7　识别砌体墙

通过本小节的学习,你将能够:

进行砌体墙的 CAD 识别。

一、任务说明

用 CAD 识别的方式完成墙的定义和绘制。

二、任务分析

本工程首层结构为框架结构,首层墙为砌体墙,需使用的图纸含完整砌体墙体的"首层建筑平面图"。

三、任务实施

分割完图纸后,双击进入"首层建筑平面图",进入下一步操作。

1)选择导航栏构件

将目标构件定位至"墙",如图 12.101 所示。

图 12.101

2)识别砌体墙

在砌体墙构件下,选择"建模"→"识别砌体墙",如图 12.102 所示。

图 12.102

弹出如下识别面板,如图 1.103 所示。

3)提取砌体墙边线

①单击"提取砌体墙边线"按钮;利用"单图元选择""按图层选择(Ctrl+)"或"按颜色选择(Alt+)"功能,选中需要提取的砌体墙边线 CAD 图元。此过程中也可点选或框选需要提取的 CAD 图元,如图 12.104 所示。

图 12.103

图 12.104

②按软件下方提示,单击鼠标右键确认提取,则选择的墙边线 CAD 图元自动消失,并暂时存放在"已提取的 CAD 图层"中。

【说明】

砌体墙,用提取砌体墙边线的功能来提取,对于剪力墙,需要在剪力墙构件中选择提取混凝土墙边线,这样,识别出来的墙才能分开材质类别。

4)提取墙标识

①单击"提取墙标识"按钮,利用"按图层选择"或"按颜色选择"的功能选中需要提取的砌体墙的名称标识 CAD 图元;此过程中也可点选或框选需要提取的 CAD 图元。

②按软件下方提示,单击鼠标右键确认提取,则选择的墙标注 CAD 图元自动消失,并暂时存放在"已提取的 CAD 图层"中。

【说明】

当建筑平面图中无砌体墙标识时,需要先新建砌体墙,定义好砌体墙的属性。

5)提取门窗线

门窗洞口会影响墙的识别,在提取墙边线后,再提取门窗线,可以提升墙的识别率。

①在提取墙线完成后,单击选项卡中的"识别墙"→"提取门窗线",利用选择"相同图层图元"或选择"相同颜色图元",选择到所有的门窗线,右键完成提取,如图 12.105 所示。

图 12.105

②按软件下方提示,单击鼠标右键确认提取,则选择的墙标注 CAD 图元自动消失,并暂时存放在"已提取的 CAD 图层"中。

6)识别砌体墙

①完成提取墙边线和柱标注操作后,单击识别面板"识别砌体墙"按钮,软件提示如图 12.106 所示。

②对砌体墙进行识别,识别的方式有自动识别、点选识别和框选识别 3 种。

a.自动识别:选择"自动识别"按钮,弹出如图 12.107 所示的提示框。

图 12.106

图 12.107

如果在识别墙之前,先把柱识别完成,软件自动会将墙端头延伸到柱内,墙和柱构件自动进行正确的相交扣减。单击"是"完成识别。

b.点选识别:选择"点选识别"按钮,如图 12.108 所示。

图 12.108

选择需要识别的墙构件,单击"点选识别"按钮,然后在绘图区域根据状态栏提示,点选需要识别的墙线,如果墙厚匹配,则生成蓝色预览图。连续把该墙线全部点选后,单击鼠标右键确定,完成识别。

【说明】

"点选识别"功能可用于个别构件需要单独识别或自动识别未成功,有遗漏的墙图元;如果单击墙边线时,单击的图元厚度不等于构件属性中的厚度时,软件会给出提示,如图 12.109 所示。

图 12.109

单击"确定"按钮后,继续选择匹配的墙边线识别。

c.框选识别墙:选择"框选识别"按钮;在"识别列"中勾选需要识别的墙构件,单击"框选识别"按钮,在图中拉框选择墙边线图元,如图 12.110 所示。

根据提示,单击鼠标右键确认选择,然后被选中的墙边线被识别,如图 12.111 所示。

图 12.110　　　　　　　　　　　　　　　　　　图 12.111

【说明】

【说明】

完全框选到的墙才会被自动识别。

d.高级:单击"高级"按钮;为了提高软件的识别效率,软件可以针对图纸设计情况进行调整,如图12.112所示。

图 12.112

【注意】

识别墙中的"剪力墙"的操作和"砌体墙"的操作一样。

四、任务结果

任务结果同 3.5 节的任务结果。

五、知识扩展

①"识别墙"可识别剪力墙和砌体墙,因为墙构件存在附属构件,所以在识别时需要注意此类构件。对墙构件的识别,其流程如下:添加图纸→提取墙线→提取门窗线→识别墙→识别暗柱(存在时)→识别连梁(存在时)。通过以上流程,即可完成对整个墙构件的识别。

②识别暗柱。"识别暗柱"的方法与识别柱相同,可参照前面的"识别柱"部分。

③识别连梁表。有些图纸设计是按 16G101—1 规定的连梁表形式设计的,此时就可以使用软件提供的"识别连梁表"功能,对 CAD 图纸中的连梁表进行识别。

④识别连梁。识别连梁的操作步骤与"识别梁"完全一致。请参考"识别梁"的部分内容。

12.3.8　识别门窗

通过本小节的学习,你将能够:

进行门窗的 CAD 识别。

一、任务说明

通过 CAD 识别门窗表和门窗洞,完成首层门窗的定义和绘制。

二、任务分析

在墙、柱等识别完成后,进行识别门窗的操作。"添加图纸"功能导入 CAD 图,添加需使用的图纸有建筑设计说明(含门窗表),完成门窗表的识别;添加"首层建筑平面图",进行门窗洞的识别。

三、任务实施

往往设计图纸会在总说明中列出一张门窗表,其中有门窗的名称及尺寸,此时我们就可以使用软件提供的"识别门窗表"功能对 CAD 图纸中的门窗表进行识别。分割完图纸后,双击进入"建筑设计总说明",进入下一步操作。

1)选择导航栏构件

将目标构件定位至"门""窗",如图 12.113 所示。

图 12.113

2)识别门窗表生成门窗构件

①单击选项卡"建模"→"识别门窗表",拉框选择柱表中的数据,如图 12.114 所示的黄色线框为框选的门窗范围,单击右键确认选择。

图 12.114

②在"识别门窗表"面板中,选择对应行或者列窗口,使用"删除行"和"删除列"功能删除无用的行和列;调整后的表格可参考图 12.115。

③单击"识别"按钮,即可将"识别门窗表-选择对应列"窗口中的门窗洞信息识别为软件中的门窗洞构件,并给出提示。飘窗在这里识别不出来,如图 12.116 所示。

图 12.115   图 12.116

单击"确定"按钮,完成门窗表的识别。

3)识别门窗洞

通过识别门窗表完成门窗的定义后,接下来通过识别门窗洞,来完成门窗的绘制。双击进入"首层平面图"。

①选择导航栏构件,将目标构件定位至"门""窗",方法同上。

②识别门窗洞,完成门窗洞的绘制,如图 12.117 所示。

图 12.117

a.提取门窗线,如图 12.118 所示。该方法同墙功能中"提取门窗线"。

b.提取门窗洞标识,如图 12.119 所示。

图 12.118   图 12.119

第一步,在识别面板中,单击"提取门窗标识"按钮,利用"单图元选择""按图层选择(Ctrl+)"或"按颜色选择(Alt+)"功能,选中需要提取的门窗洞标识 CAD 图元。此过程中也可点选或框选需要提取的 CAD 图元,如图 12.120 所示。

图 12.120

第二步,单击鼠标右键确认选择,则选择的 CAD 图元自动消失,并存放在"已提取的 CAD 图层"中。

c.识别,如图 12.121 所示。

自动识别:完成建立门窗构件、绘制墙和提取门窗标识操作后,单击选项卡中"建模"下的"识别门窗洞"→"自动识别",则提取的门窗标识和门窗线被识别为软件的门窗图元,并弹出识别成功的提示,如图 12.122 所示。

图 12.121　　　　　　　　图 12.122

【说明】
①在识别门窗之前一定要确认已经绘制完墙并建立门窗构件。如此可以提高识别率;
②若未创建构件,软件可以对固定格式进行门窗尺寸解析,如 M0921,自动反建 900 mm× 2100 mm 的门构件。

框选识别:

第一步:单击选项卡中"建模"下的"识别门窗洞"→"框选识别",在绘图区域拉框确定一个范围,如图 12.123 所示黄色框则为此范围区域。

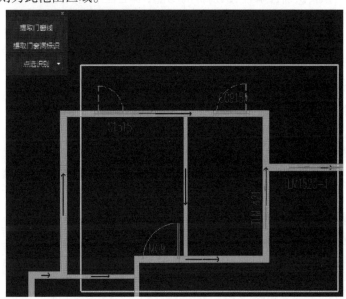

图 12.123

第二步:单击右键确认选择,则黄色框框住的所有门窗标识将被识别为门窗洞图元。

【说明】
在识别门窗之前一定要确认已经绘制完墙并建立门窗构件(可通过识别门窗表创建)。

点选识别:

第一步,单击选项卡中"建模"下的"识别门窗洞"→"点选识别"。

第二步,按鼠标左键选择需要识别的门窗标识,被选门窗标识以蓝色显示。

第三步,单击右键确认选择,则所选的门窗标识查找与它平行且最近的墙边线进行门窗洞自动识别。

第四步,单击右键则退出"点选识别门窗"命令。

四、任务结果

任务结果同 3.6 节的任务结果。

五、总结拓展

在识别门窗之前一定要确认已经绘制完墙并建立门窗构件。

12.3.9　识别基础

通过本小节的学习,你将能够:

进行基础的 CAD 识别。

一、任务说明

①完成独立基础的识别方式。

②完成桩承台的识别方式。

③完成桩的识别方式。

二、任务分析

软件提供识别独立基础、识别桩承台、识别桩的功能,本工程采用的是独立基础。下面以识别独立基础为例,演示识别基础的过程。

三、任务实施

双击进入"基础结构平面图",进入下一步操作。

1)选择导航栏构件

将目标构件定位至"独立基础",如图 12.124 所示。

图 12.124

2)识别独基表生成独立基础构件

单击选项卡"建模"→"识别独立基础"→"识别独基表",如图 12.125 所示。

图 12.125

操作方法同"识别柱表",请参考"识别柱表"的内容。本工程无"独基表",可先定义独立基础构件。

3)提取独基边线及标志

①单击选项卡"建模"→"识别独立基础"。

②单击"提取独基边线"→"提取独基标识"。

4)识别独立基础

在"提取独立基础边线""提取独立基础标志"完成之后,接着识别独立基础的工作。识别独立基础包含"自动识别独立基础"和"点选识别独立基础"。

①自动识别独立基础。可以将提取的独立基础边线和独立基础标志一次全部识别。

单击"自动识别独立基础",则提取的独立基础边线和独立基础标志被识别为软件的独立基础构件。

②点选识别独立基础。与"点选识别梁"类似,请参照前面的内容。

四、任务结果

任务结果同第 7 章的任务结果。

五、知识扩展

①上面介绍的方法为识别独立基础,在识别完成之后,需要进入独立基础的定义界面,对基础的配筋信息等属性进行修改,以保证识别的准确性。

②独立基础还可先定义独立基础,然后再进行 CAD 图形的识别。这样,识别完成之后,不需要再进行修改属性的操作。

12.3.10　识别装修

通过本小节的学习,你将能够:

进行装修的 CAD 识别。

一、任务说明

用 CAD 识别的方式完成装修的识别。

二、任务分析

在做实际工程时,通常 CAD 图纸上会带有房间做法明细表,表中注明了房间的名称、位置以及房间内各种地面、墙面、踢脚、天棚、吊顶、墙裙的一系列做法名称。例如,在 1 号办公楼图纸中,建筑设计说明中就有"室内装修做法表",如图 12.126 所示。

图 12.126

如果通过识别表的功能能够快速地建立房间及房间内各种细部装修的构件,那么就可以极大地提高绘图效率。

三、任务实施

识别房间装修表有两种方式:按房间识别装修表和按构件识别装修表。

1)按房间识别装修表

图纸中明确了装修构件与房间的关系,这时可以使用"按房间识别装修表"的功能,如下所示:

①添加图纸,在图纸管理界面"添加图纸",添加一张带有装修做法表的图纸。

②在"建模"选项卡中,"识别房间"分栏选择"按房间识别装修表"功能,如图 12.127所示。

图 12.127

③左键拉框选择装修表,单击鼠标右键确认,如图 12.128 所示。

图 12.128

④在"识别房间表-选择对应列"对话框中,在第一行的空白行处单击鼠标左键双下拉框中选择对应关系,单击"识别"按钮,如图 12.129 所示。

图 12.129

【说明】

①对于构件类型识别错误的行,可以调整"类型"列中的构件类型;

②在表格中,可利用表格的这些功能对表格内容进行核对和调整,删除无用的部分;

③需要对应装修表的信息,在第一行的空白行中单击鼠标从下拉框中选择对应列关系,如第一列识别出来的抬头是空,对应第一行,应选择"房间"。

④需要将每种门窗所属楼层进行正确匹配,单击所属楼层下的符号,进入"所属楼层"面板,如图 12.130 所示,将所属楼层进行勾选。

图 12.130

调整后的表格如图 12.131 所示。

⑤识别成功后,软件会提示识别到的构件个数,如图 12.132 所示。

图 12.131

图 12.132

【说明】

　　房间装修表识别成功后,软件会按照图纸上房间与各装修构件的关系自动建立房间并自动依附装修构件,如图 12.133 所示。

图 12.133

2)按构件识别装修表(拓展)

图纸中没有体现房间与房间内各装修之间的对应关系,在此,假设装修如图 12.134 所示。

①在图纸管理界面"添加图纸",添加一张带有装修做法表的图纸。

②在"建模"选项卡中,"识别房间"分栏选择"按构件识别装修表"功能。

③左键拉框选择装修表,单击鼠标右键确认。

图 12.134

④在"识别装修表-选择对应列"对话框中,在第一行的空白行处单击鼠标左键双下拉框中选择对应关系,如图 12.135 所示,单击"识别"按钮。

图 12.135

⑤识别完成后软件会提示识别到的构件个数,共 10 个构件。

【说明】

　　这种情况下需要在识别完装修构件后,再建立房间构件,然后把识别好的装修构件依附到房间里,最后画房间就可以了。

下篇
建筑工程计价

13 编制招标控制价要求

通过本章的学习,你将能够:

(1)了解工程概况及招标范围;

(2)了解招标控制价的编制依据;

(3)了解造价的编制要求;

(4)掌握工程量清单样表。

1)工程概况及招标范围

①工程概况:本建筑物用地概貌属于平缓场地,为二类多层办公建筑,合理使用年限为50年,抗震设防烈度为7度,结构类型为框架结构体系,总建筑面积为3155.18 m²,建筑层数为地上4层,地下1层,檐口距地高度为14.850 m。

②工程地点:广西南宁市江南区。

③招标范围:第一标段结构施工图及第二标段建筑施工图的全部内容。

④本工程计划工期为180天,经计算定额工期210天,合同约定开工日期为2020年5月1日。

⑤建筑类型:公共建筑。

2)招标控制价编制依据

编制依据:该工程的招标控制价依据《建设工程工程量清单计价规范》(GB 50500—2013)及广西实施细则、《房屋建筑与装饰工程工程量计算规范》(GB 50854—2013)及广西实施细则(修订本)、《广西壮族自治区建筑装饰装修工程消耗量定额》(2013)、《广西壮族自治区建设工程费用定额》(2016)、南宁市信息价(2020年4月)以及现行文件,结合工程设计及相关资料、施工现场情况、工程特点及合理的施工方法,以及建设工程项目的相关标准、规范、技术资料编制。

3)造价编制要求

(1)价格约定

①除暂估材料及甲供材料外,材料价格按"南宁市2020第4期工程造价信息"及市场价计取。

②人工费及相关费率按桂建标〔2018〕19号文执行;

③计税方式按一般计税法,纳税地区为市区,增值税为9%。

④暂列金额为100万元。

⑤幕墙工程(含预埋件)为专业工程暂估价80万元。

(2)其他要求

①原始地貌暂按室外地坪考虑,开挖设计底标高暂按垫层底标高,放坡系数按0.25计算,外运距离1 km。

②所有混凝土采用商品混凝土计算,主体结构采用泵送工艺,过梁、构造柱、压顶等二次结构采用现场浇捣。

③旋转玻璃门M5021材料单价按42735.04元/樘计算。

④本工程大型机械经出场费用,暂按塔吊1台、挖机1台计算。

⑤不考虑总承包服务费及施工配合费。

4)甲供材料一览表(表 13.1)

表 13.1　甲供材料一览表

序号	名称	规格型号	单位	除税单价(元)
1	C15 商品混凝土	最大粒径 40 mm	m³	421.36
2	C25 商品混凝土	最大粒径 40 mm	m³	441.75
3	C30 商品混凝土	最大粒径 40 mm	m³	451.46
4	C30 P6 商品混凝土	最大粒径 40 mm	m³	476.70

5)材料暂估单价表(表 13.2)

表 13.2　材料暂估单价表

序号	名称	规格型号	单位	单价(元)
1	陶瓷地砖	600×600×10	m²	79.65
2	防滑地砖	400×400×10	m²	46.02
3	大理石	800×800×20	m²	181.42
4	釉面砖(内墙)	300×300×5	m²	38.05
5	釉面砖(外墙)	200×300×10	m²	43.68

6)计日工表(表 13.3)

表 13.3　计日工表

序号	名称	工程量	单位	单价(元)	备注
1	人工				
	木工	10	工日	250	
	瓦工	10	工日	260	
	钢筋工	10	工日	280	
2	材料				
	砂子(中粗)	5	m³	179.61	
	水泥	5	m³	561.95	
3	施工机械				
	载重汽车	1	台班	725.66	

7)评分办法(表13.4)

表13.4　评分办法

序号	评标内容	分值范围	说明
1	工程造价	70	不可竞争费单列
2	工程工期	5	招标文件要求工期进行评定
3	工程质量	5	招标文件要求质量进行评定
4	施工组织设计	20	招标工程的施工要求、性质等进行评定

8)报价单(表13.5)

表13.5　报价单

工程名称		第标段(项目名称)	
工程控制价			
其中	安全文明施工措施费(万元)		
	税金(万元)		
	规费(万元)		
除不可竞争费外工程造价(万元)			
措施项目费用合计(不含安全文明施工措施费)(万元)			

9)工程量清单样表

工程量清单样表参见《建设工程工程量清单计价规范》(GB 50500—2013)广西实施细则,主要包括以下表格:

①封面:封-2。

②扉页:扉-2。

③总说明:表-01。

④单项工程招标控制价汇总表:表-03。

⑤单位工程招标控制价汇总表:表-04。

⑥分部分项工程和单价措施项目清单与计价表:表-08。

⑦工程量清单综合单价分析表:表-09。

⑧总价措施项目清单与计价表:表-11。

⑨其他项目清单与计价汇总表:表-12。

⑩暂列金额明细表:表-12-1。

⑪材料(工程设备)暂估单价及调整表:表-12-2。

⑫专业工程暂估价及结算价表:表-12-3。

⑬计日工表:表-12-4。

⑭总承包服务费计价表:表-12-5。

⑮税前项目清单与计价表:表-14。

⑯规费、税金项目清单计价表:表-15。

⑰承包人提供主要材料和工程设备一览表:表-22。

14 编制招标控制价

通过本章的学习,你将能够:
(1)掌握招标控制价的编制过程和编制方法;
(2)熟悉招标控制价的组成内容。

14.1 新建招标项目结构

通过本节的学习,你将能够:
(1)建立建设项目;
(2)建立单项工程;
(3)建立单位工程;
(4)按标段多级管理工程项目;
(5)修改工程属性。

一、任务说明
在计价软件中完成招标项目的建立。

二、任务分析
①招标项目的单项工程和单位工程分别是什么?
②单位工程的造价构成是什么?各构成所包括的内容分别又是什么?

三、任务实施
①新建项目。单击"新建招投标项目",如图14.1所示。

图14.1

②进入"新建工程",选择"清单计价",并单击"新建招标项目",如图14.2所示。
本项目的计价方式:清单计价。

图 14.2

项目名称:1 号办公楼。

项目编码:001。

修改项目信息如图 14.3 所示。修改完成后,单击"下一步"按钮。

图 14.3

③新建单项工程。在"1 号办公楼"单击鼠标右键,如图 14.4 所示。

图 14.4

选择"新建单项工程",修改单项工程名称为"1号办公楼",如图 14.5 所示。

图 14.5

单击"确定"按钮,完成"1号办公楼"工程的新建,在建设项目下,可以新建单项工程;在单项工程下,可以新建单位工程。本工程根据现行文件要求,新建 4 个单位工程,如图 14.6 所示。

图 14.6

单击"完成"按钮,完成项目信息相关内容填写,如图 14.7 和图 14.8 所示。

名称	内容	备注
1 基本信息		
2 项目编号	001	电子标必填
3 项目名称	1号办公楼	电子标必填
4 建筑面积	3155	
5 地上面积		
6 地下面积		
7 建设单位	广联达软件股份有限公司	备案必填
8 建设单位负责人		
9 设计单位	××设计院	
10 设计单位负责人		
11 监理单位		
12 施工单位		
13 工程地点	南宁市××区	

图 14.7

图 14.8

四、任务结果

结果参考图 14.7 和图 14.8。

五、总结拓展

1) 标段结构保护

项目结构建立完成后,为防止误操作而更改项目结构内容,可用鼠标右键单击项目名称,选择"标段结构保护"对项目结构进行保护,如图 14.9 所示。

图 14.9

2) 编辑

①在项目结构中进入单位工程进行编辑时,可直接用鼠标右键双击项目结构中的单位工程名称或者选中需要编辑的单位工程,单击鼠标右键,选择"编辑"即可。

②也可以直接用鼠标左键双击"1 号办公楼"及单位工程进入。

14.2　导入 GTJ 算量工程文件

通过本节的学习,你将能够:
(1)导入图形算量文件;
(2)整理清单项;
(3)项目特征描述;
(4)增加、补充清单项。

一、任务说明

①导入图形算量工程文件。
②添加钢筋工程清单和定额,以及相应的钢筋工程量。
③补充其他清单项和定额。

二、任务分析

①图形算量与计价软件的接口在哪里?
②分部分项工程中如何增加钢筋工程量?

三、任务实施

1)导入图形算量文件

①进入单位工程界面,单击"导入导出",选择"导入算量文件",如图 14.10 所示,选择相应图形算量文件。

图 14.10

②弹出如图 14.11 所示的"打开文件"对话框,选择算量文件的所在位置,单击"打开"按钮即可。

③然后再检查列项是否对应,无误后单击"导入"按钮即可完成算量工程文件的导入,如图 14.12 所示。

图 14.11

图 14.12

2) 整理清单

在分部分项界面进行分部分项整理清单项。

①单击"整理清单",选择"分部整理",如图 14.13 所示。

②弹出如图 14.14 所示的"分部整理"对话框,选择按专业、章、节整理后,单击"确定"按钮。

图 14.13

图 14.14

③清单项整理完成后,如图 14.15 所示。

图 14.15

3)项目特征描述

项目特征描述主要有以下 3 种方法:

①图形算量中已包含项目特征描述的,可以在"特征及内容"界面下选择"应用规则到全部清单"即可,如图 14.16 所示。

②选择清单项,可以在"特征及内容"界面进行添加或修改来完善项目特征,如图 14.17 所示。

图 14.16　　　　　　　　　　　　　　　图 14.17

③直接单击清单项中的"项目特征"对话框,进行修改或添加,如图 14.18 所示。

图 14.18　　　　　　　　　　　　　　　图 14.19

4)补充清单项

完善分部分项清单,将项目特征补充完整,方法如下:

①单击"插入"按钮,选择"插入清单"和"插入子目",如图 14.19 所示。
②单击鼠标右键,选择"插入清单"和"插入子目",如图 14.20 所示。

图 14.20

该工程需补充的清单子目如下(仅供参考):
①增加钢筋清单项,如图 14.21 所示。

010515001001	项	现浇构件圆钢筋制安 φ10以内		t	2.833
A4-236	定	现浇构件圆钢筋制安 φ10以内		t	2.833
010515001003	项	现浇构件螺纹钢制安 Φ10以内		t	39.559
A4-240	定	现浇构件螺纹钢制安 Φ10以内		t	39.559
010515001004	项	现浇构件螺纹钢制安 Φ10以上		t	77.791
A4-241	定	现浇构件螺纹钢制安 Φ10以上		t	77.791

图 14.21

②补充雨水配件等清单项,如图 14.22 所示。

010902004001	项	屋面排水管	[工作内容] 1. 排水管及配件安装、固定 2. 雨水斗、山墙出水口、雨水箅子安装 3. 接缝、嵌缝 4. 刷漆	m		14.85*4	59.4
A6-139	定	塑料管排水 水落管 φ>110mm		100m	0.01	QDL	0.594

图 14.22

四、检查与整理

1)整体检查

①对分部分项的清单与定额的套用做法进行检查,确认是否有误。
②查看整个分部分项中是否有空格,如有,则删除。
③按清单项目特征描述校核套用定额的一致性,并进行修改。
④查看清单工程量与定额工程量的数据的差别是否正确。

2) 整体进行分部整理

对于分部整理完成后出现的"补充分部"清单项,可以调整专业章节位置至应该归类的分部。具体操作如下:

①用鼠标右键单击清单项编辑界面,在"页面显示列设置"对话框中选择"指定专业章节位置",如图 14.23 和图 14.24 所示。

图 14.23

图 14.24

②单击清单项的"指定专业章节位置",弹出"指定专业章节"对话框,选择相应的分部,调整完后再进行分部整理。

五、单价构成

在对清单项进行相应的补充、调整之后,需要对清单的费率调整。具体操作如下:

①在"措施项目"中,对安全文明施工费进行取费,如图 14.25 所示。

图 14.25

②在"费用汇总"界面,对工程排污费进行取费,如图 14.26 所示。

图 14.26

六、任务结果

详见报表实例。

14.3 **计价中的换算**

通过本节的学习,你将能够:

(1)了解清单与定额的套定一致性;

(2)调整人材机系数;

(3)换算混凝土、砂浆强度标号;

(4)补充或修改材料名称。

一、任务说明

根据招标文件所述换算内容,完成对应的换算。

二、任务分析

①GTJ 算量与计价软件的接口在何处?

②分部分项工程中如何换算混凝土、砂浆?

③清单描述与定额子目材料名称不同时,如何进行修改?

三、任务实施

1)替换子目

根据清单项目特征描述校核套用定额的一致性,如果套用子目不合适,可单击"查询",选择相应子目进行"替换",如图 14.27 所示。

图 14.27

2) 子目换算

按清单描述进行子目换算时,主要包括以下 3 个方面的换算。

①调整人材机系数。以天棚面刮腻子为例,介绍调整人材机系数的操作方法。定额中说明"定额中天棚面刮腻子按内墙面刮腻子的定额人工乘以系数 1.18,如图 14.28 所示。

图 14.28

②换算混凝土、砂浆等级标号时,方法如下:

标准换算。选择需要换算混凝土强度等级的定额子目,在标准换算界面下选择相应的混凝土强度等级,本项目选用的全部为商品混凝土,如图 14.29—图 14.31 所示。

③修改材料名称。若项目特征中要求材料与子目相对应人材机材料不相符时,需要对材料名称进行修改。下面以块料楼地面为例,介绍人材机中材料名称的修改。

选择需要修改的定额子目,在"工料机显示"操作界面下的"规格及型号"一栏备注上直径,如图 14.32所示。

图 14.29

图 14.30

图 14.31

图 14.32

四、任务结果

详见报表实例。

五、总结拓展

锁定清单

在所有清单补充完整之后,可运用"锁定清单"对所有清单项进行锁定,锁定之后的清单项将不能再进行添加和删除等操作。若要进行修改,需先对清单项进行解锁,如图 14.33 所示。

图 14.33

14.4　其他项目清单

通过本节的学习,你将能够:
(1)编制暂列金额;
(2)编制专业工程暂估价;
(3)编制工日表。

一、任务说明

①根据招标文件所述,编制其他项目清单。
②按本工程控制价编制要求,本工程暂列金额为 100 万元(列入建筑工程专业)。
③本工程幕墙(含预埋件)为专业暂估工程,暂估工程价为 80 万元。

二、任务分析

①其他项目清单中哪几项内容不能变动?
②暂估材料价如何调整? 计日工是不是综合单价? 应如何计算?

三、任务实施

1)添加暂列金额

单击"其他项目",如图 14.34 所示。

图 14.34

单击"暂列金额",按招标文件要求暂列金额为 1000000 元,在名称中输入"暂估工程价",在暂定金额中输入"1000000",如图 14.35 所示。

图 14.35

2)添加专业工程暂估价

选择"其他项目"→"专业工程暂估价",按招标文件内容,幕墙工程(含预埋件)为暂估工程价,在工程名称中输入"玻璃幕墙工程",在金额中输入"800000",如图 14.36 所示。

图 14.36

3)添加计日工

选择"其他项目"→"计日工费用",按招标文件要求,本项目有计日工费用,需要添加计日工,如图14.37 所示。

序号		名称	单位	数量	单价	费率	综合单价	综合合价	备注
1		计日工费用						16650.14	
2	1	人工						10665	
3		木工	工日	10	250	1.35	337.5	3375	
4		瓦工	工日	10	260	1.35	351	3510	
5		钢筋工	工日	10	280	1.35	378	3780	
6	2	材料						5005.5	
7		砂子(中粗)	m³	5	179.61	1.35	242.47	1212.35	
8		水泥	m³	5	561.95	1.35	758.63	3793.15	
9	3	施工机械						979.64	
10		载重汽车	台班	1	725.66	1.35	979.64	979.64	

图 14.37

添加材料时,如需增加费用行可用鼠标右键单击操作界面,选择"插入费用行"进行添加即可,如图14.38 所示。

图 14.38

四、任务结果

详见报表实例。

五、总结拓展

总承包服务费

在工程建设施工阶段实行施工总承包时,当招标人在法律、法规允许的范围内对工程进行分包和自行采购供应部分设备、材料时,要总承包人提供相关服务(如分包人使用总包人脚手架、水电接剥等)和施工现场管理等所需的费用。

14.5　编制措施项目

通过本节的学习,你将能够:

(1)编制安全文明施工措施费;

(2)编制脚手架、模板、大型机械等技术措施项目费。

一、任务说明

根据招标文件所述,编制措施项目:

①参照定额及造价文件计取安全文明施工措施费。

②编制垂直运输、脚手架、大型机械进出场费用。

③提取分部分项模板项目,完成模板费用的编制。

二、任务分析

①措施项目中按项计算与按量计算有什么不同? 分别如何调整?

②安全文明施工措施费与其他措施费有什么不同?

三、任务实施

①本工程安全文明施工措施费足额计取,在对应的计算基数和费率一栏中填写即可。

②依据定额计算规则,选择对应的二次搬运费费率和夜间施工增加费费率。本项目不考虑二次搬运、夜间施工及冬雨季施工。

③正确选择总价措施项目及需要计算的模板项目,如图 14.39 和图 14.40 所示。

	2		建筑装饰装修工程								136715.43	建筑工程
	桂—011801001001		安全文明施工费	项		ZJF+ZCF+SBF+JSCS_ZJF+JSCS_SBF	分部分项直接费+分部分项主材费+分部分项设备费+单价措施项目直接费+单价措施项目主材费+单价措施项目设备费	7.36 ▼	1	124996.97	124996.97	
	桂—011801002001		检验试验配合费	项		ZJF+ZCF+SBF+JSCS_ZJF+JSCS_SBF	分部分项直接费+分部分项主材费+分部分项设备费+单价措施项目直接费+单价措施项目主材费+单价措施项目设备费	0.11	1	1868.16	1868.16	
	桂—011801003001		雨季施工增加费	项		ZJF+ZCF+SBF+JSCS_ZJF+JSCS_SBF	分部分项直接费+分部分项主材费+分部分项设备费+单价措施项目直接费+单价措施项目主材费+单价措施项目设备费	0.53	1	9001.14	9001.14	
	桂—011801004001		工程定位复测费	项		ZJF+ZCF+SBF+JSCS_ZJF+JSCS_SBF	分部分项直接费+分部分项主材费+分部分项设备费+单价措施项目直接费+单价措施项目主材费+单价措施项目设备费	0.05	1	849.16	849.16	
	桂0118010…		暗室施工增加费	项		ASSGRGF	暗室施工人工费	25	1	0	0	
	桂0118010…		交叉施工补贴	项		JCRGF	交叉施工人工费	10	1	0	0	
	桂0118010…		特殊保健费	项		CQSGDMRGF	厂区施工项目人工费	10	1	0	0	
	桂—011801008001		优良工程增加费	项		ZJF+ZCF+SBF+JSCS_ZJF+JSCS_SBF	分部分项直接费+分部分项主材费+分部分项设备费+单价措施项目直接费+单价措施项目主材费+单价措施项目设备费	0	1	0	0	
	桂—011801009001		提前竣工(赶工补偿)费	项		ZJF+ZCF+SBF+JSCS_ZJF+JSCS_SBF	分部分项直接费+分部分项主材费+分部分项设备费+单价措施项目直接费+单价措施项目主材费+单价措施项目设备费	0	1	0	0	
			其它	项					1	0	0	

图 14.39

| 价分析 | 工程概况 | 取费设置 | 分部分项 | 措施项目 | 其他项目 | 人材机汇总 | 费用汇总 | 指标分析 | | | | | |

序号	类别	名称	单位	项目特征	计算基数	基数说明	费率(%)	工程量	综合单价	综合合价	取费专业
		措施项目								68537.2	
2		总价措施项目								68537.2	无
桂01170100…		扣件式钢管外脚手架 双排 10m以内	m²					17.77	21.59	383.65	建筑工程
A15-5	定	扣件式钢管外脚手架 双排 10m以内	100m²					0.178	2155.66	383.71	建筑工程
桂01170100…		扣件式钢管外脚手架 双排 20m以内	m²					1587.039	22.93	36390.8	建筑工程
A15-6	定	扣件式钢管外脚手架 双排 20m以内	100m²					15.87	2293.93	36404.67	建筑工程
桂01170100…		弧形外脚手架	m²	20m以内				116.993	28.16	3294.52	建筑工程
A15-6	换	扣件式钢管外脚手架 双排 20m以内 如为圆形(包括弧形时) 人工*1.3	100m²					1.17	2816.57	3295.39	建筑工程
桂01170101…		楼板现浇混凝土运输道	m²					2485.673	10.66	26497.27	建筑工程
A15-28	定	钢管现浇混凝土运输道 楼板钢管架	100m²					24.857	1064.63	26463.51	建筑工程
011703001001		建筑物垂直运输	m²					2485.673	18.42	45786.1	土石方及其他工程
A16-4	换	建筑物垂直运输高度 20m以内 框架结构 塔吊、卷扬机 如采用泵送混凝土时 机械[990904001] 含量*0.8	100m²					24.857	1842.82	45806.98	土石方及其他工程
011702002001		矩形柱	m²	1、模板高度:3.6m以内				669.104	41.16	27540.32	建筑工程
A17-50	定	矩形柱 胶合板模板 钢支撑	100m²					6.691	4116.38	27542.7	建筑工程
011702002002		矩形柱	m²	1、模板高度:3.74m				246.27	42.2	10392.59	建筑工程
A17-50	换	矩形柱 胶合板模板 钢支撑 实际高度(m):3.74	100m²					2.463	4167.8	10265.29	建筑工程
A17-60	换	柱支撑超过3.6m 每增加1m 钢支撑 单价*0.14	100m²					2.463	51.41	126.62	建筑工程
011702011001		直形墙	m²	1、模板高度:3.6m以内				212.826	34.73	7391.45	建筑工程
A17-63	定	直形墙 胶合板模板 钢支撑	100m²					2.128	3474.02	7392.71	建筑工程
011702011002		直形墙	m²	1、模板高度:3.74m				70.218	35.33	2480.8	建筑工程
A17-63	换	直形墙 胶合板模板 钢支撑 实际高度(m):3.74	100m²					0.702	3504.11	2459.89	建筑工程

图 14.40

四、任务结果

详见报表实例。

14.6 调整人材机

通过本节的学习,你将能够:

(1)调整定额工日;

(2)调整材料价格;

(3)增加甲供材料;

(4)添加暂估材料。

一、任务说明

根据招标文件所述导入信息价,按招标要求修正人材机价格:

①按照招标文件规定,计取相应的人工费。

②材料价格按"南宁市2019年4月工程造价信息"及市场价调整。

③根据招标文件,编制甲供材料及暂估材料。

二、任务分析

①有效信息价是如何导入的?哪些类型的价格需要调整?

②甲供材料价格如何调整？

③暂估材料价格如何调整？

三、任务实施

①在"人材机汇总"界面下，参照招标文件要求的"南宁市 2019 年 4 月工程造价信息"对材料"市场价"进行调整，如图 14.41 所示。

编码	类别	名称	规格型号	单位	数量	除税基期价	除税市场价	含税市场价	税率(%)	采保费率(%)	除税市场价合计	含税市场价合计	价差	价差合计	供货方式
1	000301000	人	人工费		元	202320.3949	1	1.3	1.3	0		263016.51	263016.51	0.3	60696.12	自行采购
2	RGFTZ	人	人工费调整		元	-0.0333	1	1	1	0		-0.03	-0.03	0	0	自行采购
3	010103001	材	螺纹钢筋	HRB400 Φ10以内(综合)	t	41.3392	4145.3	3473	4063.41	17		143571.04	167978.12	-672.3	-27792.34	自行采购
4	010103002	材	螺纹钢筋	HRB400 Φ10以上(综合)	t	81.2916	3909.4	3381	3955.77	17		274846.9	321570.87	-528.4	-42954.48	自行采购
5	010310002	材	镀锌铁丝	8#	kg	1341.1254	4.36	4.42	5.17	17		5927.77	6933.62	0.06	80.47	自行采购
6	010310004	材	镀锌铁丝	12#	kg	121.7358	4.36	4.69	5.49	17		570.94	668.33	0.33	40.17	自行采购
7	010310013	材	镀锌铁丝	22#	kg	419.8561	4.62	4.87	5.7	17		2044.7	2393.18	0.25	104.96	自行采购
8	010902001	材	圆钢	HPB300 Φ10以内(综合)	t	2.8897	3705.98	3465	4054.05	17		10012.81	11714.99	-240.98	-696.36	自行采购
9	023301001	材	草袋		m²	564.0324	3.85	3.85	4.5	17		2171.52	2538.15	0	0	自行采购
10	030143001	材	对拉螺栓		kg	75.8242	5.23	5.23	6.12	17		396.56	464.04	0	0	自行采购
11	030183001	材	铁钉	(综合)	kg	868.8213	4.33	5.31	6.21	17		4613.44	5395.38	0.98	851.44	自行采购
12	031311001	材	电焊条		kg	642.7092	6.59	6.37	7.45	17		4094.06	4788.18	-0.22	-141.4	自行采购
13	042903001	材	C20钢筋混凝土块		m³	0.2762	299.15	299.15	350.01	17		82.63	96.67	0	0	自行采购
14	050306002	材	周转枋材		m³	23.2501	828.21	920.35	1076.81	17		21398.23	25035.94	92.14	2142.26	自行采购
15	050306003	材	周转枋材		m³	2.3863	886.32	992.92	1161.72	17		2369.4	2772.21	106.6	254.38	自行采购
16	053501002	材	竹篾		百根	72.0853	3.08	3.08	3.6	17		222.02	259.51	0	0	自行采购
17	134101001	材	嵌缝料		kg	487.4604	2.39	2.39	2.8	17		1165.03	1364.89	0	0	自行采购
18	143520001	材	隔离剂		kg	487.4604	1.2	1.2	1.4	17		584.95	682.44	0	0	自行采购
19	341101001	材	水		m³	325.7729	3.3	3.34	3.44	3		1088.08	1120.66	0.04	13.03	自行采购
20	341508001	材	其他材料费		元	2744.6858	0.88	0.88	1		14.11	2415.32	2744.69	0	0	自行采购
21	350103001	材	胶合板模板	1830×915×18	m²	679.5294	27.35	28.32	33.13	17		19244.27	22512.81	0.97	659.14	自行采购
22	350202001	材	模板支撑钢管及扣件		kg	2304.1032	4.96	4.87	5.7	17		11220.98	13133.39	-0.09	-207.37	自行采购
23	350302001	材	零星卡具		kg	14.0949	5.3	4.07	4.76	17		57.37	67.09	-1.23	-17.34	自行采购
24	350302001	材	回转扣件		个	11.0656	6.41	5.75	6.73	17		63.74	74.61	-0.66	-7.32	自行采购
25	350302002	材	对接扣件		个	30.6827	6.15	5.31	6.21	17		162.93	190.54	-0.84	-25.77	自行采购
26	350302003	材	直角扣件		个	107.4423	6.67	6.02	7.04	17		646.8	756.39	-0.65	-69.84	自行采购
27	350303001	材	脚手架钢管	Φ48.3×3.6	t	0.8831	4358.97	3938.05	4607.52	17		3477.69	4068.9	-420.92	-371.71	自行采购
28	350306001	材	木脚手板(松杂)		m³	1.74	427.35	427.35	500	17		743.59	870	0	0	自行采购
29	350307002	材	竹脚手板		m²	150.302	17.09	17.09	20	17		2568.66	3006.04	0	0	自行采购
30	CLFTZ	材	材料费调整		元	0.3254	1	1	1	0		0.33	0.33	0	0	自行采购
31	043103003	商砼	碎石 GD20商品普通砼	C20	m³	11.141	254.37	422.33	435	3		4705.18	4846.34	167.96	1871.24	自行采购
32	043104003	商砼	碎石 GD40商品普通砼	C20	m³	16.9849	254.37	422.33	435	3		7173.23	7388.43	167.96	2852.78	自行采购
33	043104004	商砼	碎石 GD40商品普通砼	C25	m³	0.3395	264.08	441.75	455	3		149.97	154.47	177.67	60.32	甲供材料
34	043104005	商砼	碎石 GD40商品普通砼	C30	m³	626.984	273.79	451.46	465	3		283058.2	291547.56	177.67	111396.25	甲供材料
35	000301000-1	机	机械台班人工费		元	21558.7538	1	1.3	1.3	0		28026.38	28026.38	0.3	6467.63	自行采购
36	140301004-1	机	国V汽油	92#	kg	418.0512	9.14	6.53	7.64	17		2729.87	3193.91	-2.61	-1091.11	自行采购

图 14.41

②按照招标文件的要求，对于甲供材料可以在供货方式处选择"甲供材料"，如图 14.42 所示。

编码	类别	名称	规格型号	单位	数量	除税基期价	除税市场价	含税市场价	税率(%)	采保费率(%)	除税市场价合计	含税市场价合计	价差	价差合计	供货方式
043104005	商砼	碎石 GD40商品普通砼	C30	m³	626.984	273.79	451.46	465	3		283058.2	291547.56	177.67	111396.25	甲供材料
043104004	商砼	碎石 GD40商品普通砼	C25	m³	0.3395	264.08	441.75	455	3		149.97	154.47	177.67	60.32	甲供材料

图 14.42

③按照招标文件要求，对于暂估材料表中要求的暂估材料，可以在"人材机汇总"中将暂估材料选中，如图 14.43 所示。

编码	类别	名称	规格型号	单位	含税市场价	税率(%)	采保费率(%)	除税市场价合计	含税市场价合计	价差	价差合计	供货方式	二次分析	甲供数量	是否暂估
070103004	材	陶瓷墙面砖	300×300	m²	44.52	17		6386.92	7472.95	8.14	1366.35	自行采购			☑
070501004	材	陶瓷地面砖	400×400	m²	53.84	17		2018.9	2361.96	6.7	293.93	自行采购			☑
070501006	材	陶瓷地面砖	600×600	m³	93.19	17		16956.89	19839.45	28.37	6039.76	自行采购			☑
070501013	材	陶瓷踢脚砖		m²	93.19	17		1088.66	1273.72	49.74	679.85	自行采购			☑
080101001	材	大理石板	(地面用)	m²	212.26	17		52644.62	61593.8	78.86	22883.67	自行采购			☑

图 14.43

四、任务结果

详见报表实例。

五、总结拓展

1) 市场价锁定

对于招标文件要求的内容,如甲供材料表、暂估材料表中涉及的材料价格是不能进行调整的,为了避免在调整其他材料价格时出现操作失误,可使用"市场价锁定"对修改后的材料价格进行锁定,如图14.44所示。

编码	类别	名称	规格型号	单位	含税市场价	税率(%)	采保费率(%)	除税市场价合计	含税市场价合计	价差	价差合计	供货方式	二次分析	甲供数量	是否暂估	价格来源	市场价锁定
070103004	材	陶瓷墙面砖	300×300	m²	44.52	17		6386.92	7472.95	8.14	1366.35	自行采购			☑		☑
070501004	材	陶瓷地面砖	400×400	m²	53.84	17		2018.9	2361.96	6.7	293.93	自行采购			☑		☑
070501006	材	陶瓷地面砖	600×600	m²	93.19	17		16956.89	19839.45	28.37	6039.76	自行采购			☑		☑
070501013	材	陶瓷踢脚砖		m²	93.19	17		1088.66	1273.72	49.74	679.85	自行采购			☑		☑

图 14.44

2) 显示对应子目

对于"人材机汇总"中出现的材料名称异常或数量异常的情况,可直接用鼠标右键单击相应材料,选择"显示对应子目",在分部分项中对材料进行修改,如图 14.45 所示。

图 14.45

3) 市场价存档

对于同一个项目的多个标段,发包方会要求所有标段的材料价保持一致,在调整好一个标段的材料价后,可运用"存价"将此材料价运用到其他标段,如图 14.46 所示。

图 14.46

在其他标段的"人材机汇总"中使用该市场价文件时,可运用"载价",如图 14.47 所示。

在导入 Excel 市场价文件时,按如图 14.48 所示顺序进行操作。

图 14.47　　　　　　　　　　　　　　　　　　　　　图 14.48

导入 Excel 市场价文件之后,需要先识别材料号、名称、规格、单位、单价等信息,如图 14.49 所示。

图 14.49

识别完所需要的信息之后,需要选择"匹配选项",然后单击"导入"按钮即可,如图 14.50 所示。

图 14.50

14.7 计取规费和税金

通过本节的学习,你将能够:
(1)查看费用汇总;
(2)修改报表样式;
(3)调整规费、税金。

一、任务说明

在预览报表状态下对报表格式及相关内容进行调整和修改,根据招标文件所述内容和定额规定计取规费和税金。

二、任务分析

①规费都包含哪些项目?
②税金是如何确定的?

三、任务实施

①在"费用汇总"界面,查看"工程费用构成",如图 14.51 所示。

	序号	费用代号	名称	计算基数	费率(%)	金额	输出
1	1	A	分部分项工程和单价措施项目清单计价合计	FBFXHJ+JSCSF-SQXMQDHJ		1,118,710.21	☑
2	1.1	A1	其中:暂估价	ZGJCLHJ		0.00	☑
3	2	B	总价措施项目清单计价合计	ZZCSF		86,766.75	☑
4	2.1	B1	其中:安全文明施工费	AQWMSGF		77,051.53	☑
5	3	C	其他项目清单计价合计	QTXMHJ		16,650.14	☑
6	4	D	税前项目清单计价合计	SQXMQDHJ		0.00	☑
7	5	E	规费、增值税项目清单计价合计	E1+E2		168,441.68	☑
8	5.1	E1	规费清单计价合计	E11+E12+E13		53,624.07	☑
9	5.1.1	E11	社会保险费	RGF+JSCS_RGF	29.35	46,209.71	☑
10	5.1.1.1	E111	养老保险费	RGF+JSCS_RGF	17.22	27,111.80	☑
11	5.1.1.2	E112	失业保险费	RGF+JSCS_RGF	0.34	535.31	☑
12	5.1.1.3	E113	医疗保险费	RGF+JSCS_RGF	10.25	16,137.98	☑
13	5.1.1.4	E114	生育保险费	RGF+JSCS_RGF	0.64	1,007.64	☑
14	5.1.1.5	E115	工伤保险费	RGF+JSCS_RGF	0.9	1,416.99	☑
15	5.1.2	E12	住房公积金	RGF+JSCS_RGF	1.85	2,912.71	☑
16	5.1.3	E13	工程排污费	ZJF+ZCF+JSCS_ZJF+JSCS_ZCF	0.43	4,501.65	☑
17	5.2	E2	增值税	A+B+C+D+E1	9	114,817.61	☑
18	6	F	工程总造价=1+2+3+4+5	A+B+C+D+E	▼	1,390,568.78	☑

图 14.51

【注意】
　　费用汇总中可查看规费和税金等,规费和税金的基数和费率可进行调整。

②进入"报表"界面,选择"招标控制价",单击批量打印,如图 14.52 所示;单击"打印设置",可以调整格式,如图 14.53 所示。

图 14.52

图 14.53

四、任务结果

详见报表实例。

五、总结拓展

调整规费

如果招标文件对规费有特别要求的,可在规费的费率一栏中进行调整,如图 14.54 所示。工程排污费软件不会默认,需要根据工程建筑面积进行选择。

图 14.54

14.8 生成电子招标文件

通过本节的学习,你将能够:
(1)运用"项目自检"并修改;
(2)运用软件生成招标书。

一、任务说明

根据招标文件所述内容生成招标书。

二、任务分析

①输出招标文件之前有检查要求吗?
②输出的文件是什么类型? 如何使用?

三、任务实施

1)项目自检

①在"编制"页签下,单击"项目自检",如图 14.55 所示。

图 14.55

②在"项目自检"界面,选择需要检查的项目名称,可以设置检查范围和检查内容,如图14.56所示。

③根据生成的"检查结果"对单位工程中的内容进行修改,检查报告如图14.57所示。

图14.56

图14.57

④还可通过"云检查",判断工程造价计算的合理性,如图14.58所示。

图14.58

2)生成招标书

①在"电子标"页签下,单击"生成招标书",如图14.59所示。

图 14.59

②在"导出标书"面板,选择导出位置,选择需要导出的标书类型,单击"确定"按钮即可,如图 14.60 所示。

图 14.60

四、任务结果

详见报表实例。

五、总结拓展

在生成招标书之前,软件会进行友情提醒:"生成标书之前,最好进行自检",以免出现错误! 假如未进行项目自检,则可单击"是",进入"项目自检"界面;假如已进行项目自检,则可单击"否",如图 14.61 所示。

图 14.61

15 报表实例

通过本章的学习,你将能够:
熟悉编制招标控制价时需要打印的表格。

一、任务说明

按照招标文件的要求,打印相应的报表,并装订成册。

二、任务分析

①招标文件的内容和格式是如何规定的?
②如何检查打印前的报表是否符合要求?

三、任务实施

①检查报表样式。
②设定需要打印的报表。

四、任务结果

工程量清单招标控制价实例(由于篇幅限制,本书仅提供报表的部分内容,全部内容详见电子版)。

<u>　1号办公楼　</u>工程

招标控制价

招　标　人：　<u>　　　×××有限责任公司　　　</u>

（单位盖章）

造价咨询人：　<u>　　　　　　　　　　　　　　</u>

（单位盖章）

2020 年 06 月 01 日

软件名称及版本号:广联达软件 5.3000.6.888
软件测评合格编号:2019J01

封-2

____1 号办公楼____ 工程

招标控制价

招标控制价(小写):7318511.19

（大写）:柒佰叁拾壹万捌仟伍佰壹拾壹元壹角玖分

招　标　人：　___×××有限责任公司___　　造价咨询人：　___×××造价咨询公司___
　　　　　　　　　（单位盖章）　　　　　　　　　　　　　（单位资质专用章）

法定代理人
或其授权人：　_____　　法定代理人
或其授权人：　_____
　　　　　　　（签字或盖章）　　　　　　　　　　　　　（签字或盖章）

编　制　人：　_____　　复　核　人：　_____
　　　　　　（造价人员签字盖专用章）　　　　　　　　（造价工程师签字盖专用章）

编制时间:2020-06-01　　　　　　　复核时间:2020-06-23

总说明

计价依据：

1.《房屋建筑与装饰工程工程量计算规范》（GB 50854—2013）、《市政工程工程量计算规范》（GB 50857—2013）、《园林绿化工程工程量计算规范》（GB 50858—2013）、《通用安装工程计量规范》（GB 50586—2013）。

2.《建设工程工程量清单计价规范》（GB 50500—2013）广西壮族自治区实施细则。

3.2016 年版《广西壮族自治区建设工程费用定额》、2013 年《广西壮族自治区建筑装饰装修工程消耗量定额（上）》、2013 年《广西壮族自治区建筑装饰装修工程消耗量定额（下）》、2014 年《广西壮族自治区市政工程消耗量定额》、2014 年《广西壮族自治区市政工程费用定额》、2015 年《广西壮族自治区安装工程费用定额》、2015 年《广西壮族自治区安装工程消耗量定额》及其补充定额、计价相关配套文件。

4.安全文明施工措施费按《广西壮族自治区建筑工程安全防护、文明施工措施费及使用管理细则》（桂建质〔2006〕22 号）及有关文件执行。作为不可竞争措施费计算单列。

5.《关于建设工程工伤保险费计算规定的通知》（桂建管〔2008〕37 号）、《关于公布我区行政事业性收费清理整顿结果的通知》（桂财综〔2007〕54 号）。

6.建筑安装工程劳动保险费，包括：养老保险、失业保险、医疗保险及其他。根据《广西壮族自治区人民政府关于印发广西壮族自治区建筑安装工程劳动保险管理办法的通知》（桂政发〔2012〕42 号）的规定。

7.建筑装饰装修工程造价未包括检验试验费，仅包括检验试验配合费。检验试验费应在建设单位的工程建设其他费用中单独计算，由建设单位和检验试验机构另行结算（44 号文将原材料费中的检验试验费列入企业管理费）。

8.根据《转发财政部国家发展改革委关于公布取消和停止增收 100 项行政事业性收费项目的通知》（桂财综〔2008〕84 号）规定，取消工程定额测定费。

9.《关于调整建设工程定额人工费及有关费率的通知》（桂建标字〔2018〕19 号）。

10.《关于调整除税价计算适用增值税税率率的通知》（桂建标〔2019〕10 号）。

11.材料价格参考《南宁市建设工程造价信息》2020 第 4 期信息价；若信息价没有的材料价格参考市场询价加相关费用计取。

建设项目招标控制价汇总表

工程名称:1号办公楼

序号	单项工程名称	金额(元)	其中(元)	
			暂估价	安全文明施工费
1	1号办公楼	7318511.19	1166812.69	283355.85
	招标控制价合计	7318511.19	1166812.69	283355.85

表-02

单项工程招标控制价汇总表

工程名称:1号办公楼　　　　　　　　　　　　　　　　　　　　　　　　　第 1 页　共 1 页

序号	单位工程名称	金额(元)	其中(元)	
			暂估价	安全文明施工费
1.1	±0.00 以下建筑工程	1390568.78		77051.53
1.2	±0.00 以下装饰装修工程	937819.99	79095.43	18645.11
1.3	±0.00 以上建筑工程	1766511.49		94390.93
1.4	±0.00 以上装饰装修工程	3223610.93	1087717.26	93268.28
	招标控制价合计	7318511.19	1166812.69	283355.85

表-03

单位工程招标控制价汇总表

工程名称:建筑　　　　　标段:1号办公楼　　　　　第 1 页　共 2 页

序号	汇总内容	金额(元)	备注
	±0.00 以下建筑工程		
1	分部分项工程和单价措施项目清单计价合计	1118710.21	
1.1	其中:暂估价		
2	总价措施项目清单计价合计	86766.75	
2.1	其中:安全文明施工费	77051.53	
3	其他项目清单计价合计	16650.14	
4	税前项目清单计价合计		
5	规费	53624.07	
6	增值税	114817.61	
7	工程总造价 = 1+2+3+4+5+6	1390568.78	
	±0.00 以下装饰装修工程		
1	分部分项工程和单价措施项目清单计价合计	280132.9	
1.1	其中:暂估价	79095.43	
2	总价措施项目清单计价合计	38966.75	
2.1	其中:安全文明施工费	18645.11	
3	其他项目清单计价合计	516650.14	
4	税前项目清单计价合计		
5	规费	24635.52	
6	增值税	77434.68	
7	工程总造价 = 1+2+3+4+5+6	937819.99	
	±0.00 以上建筑工程		
1	分部分项工程和单价措施项目清单计价合计	1374502.33	
1.1	其中:暂估价		
2	总价措施项目清单计价合计	103240.07	
2.1	其中:安全文明施工费	94390.93	
3	其他项目清单计价合计	16650.14	
4	税前项目清单计价合计		
5	规费	126260.2	
6	增值税	145858.75	
7	工程总造价 = 1+2+3+4+5+6	1766511.49	

表-04

单位工程招标控制价汇总表

工程名称：建筑　　　　　　标段：1 号办公楼　　　　　　

序号	汇总内容	金额(元)	备注
	±0.00 以上装饰装修工程		
1	分部分项工程和单价措施项目清单计价合计	1409547.46	
1.1	其中:暂估价	287717.26	
2	总价措施项目清单计价合计	102012.19	
2.1	其中:安全文明施工费	93268.28	
3	其他项目清单计价合计	1316650.14	
4	税前项目清单计价合计		
5	规费	129231.43	
6	增值税	266169.71	
7	工程总造价 = 1+2+3+4+5+6	3223610.93	
	合计		
1	分部分项工程和单价措施项目清单计价合计	4182892.9	
1.1	其中:暂估价	366812.69	
2	总价措施项目清单计价合计	330985.76	
2.1	其中:安全文明施工费	283355.85	
3	其他项目清单计价合计	1866600.56	
4	税前项目清单计价合计		
5	规费	333751.22	
6	增值税	604280.75	
7	工程总造价 = 1+2+3+4+5+6	7318511.19	

表-04

分部分项工程和单价措施项目清单与计价表

工程名称:1号办公楼　　　　　　　　　　　　　　　　　　　　　　第1页　共15页

序号	项目编码	项目名称及项目特征描述	计量单位	工程量	综合单价	合价	其中:暂估价
		±0.00以下建筑工程				1118710.21	
		分部分项工程				925204.93	
1	010101002001	挖一般土方 (1)壤类别:三类土 (2)挖土深度:4 m (3)运距:坑边5 m以内就地堆放	m³	4171.961	4.27	17814.27	
2	010101004001	挖基坑土方 (1)土壤类别:三类土 (2)挖土深度:2 m (3)运距:坑边5 m以内就地堆放	m³	159.044	6.14	976.53	
3	010103001001	基础回填土 (1)密实度:压实系数≥0.94 (2)运距:坑边土回填	m³	1603.045	5.04	8079.35	
4	010103002001	余土弃置 运距:1 km	m³	2727.96	8.92	24333.4	
5	桂010103003001	土(石)方运输增(减)m³·km	m³	2727.96	1.65	4501.13	
6	010402001001	砌块墙 (1)砌块品种、规格、强度等级:陶粒混凝土空心砌块 (2)墙体类型:直形墙 (3)墙体厚度:190 mm (4)砂浆强度等级、配合比:M5水泥砂浆 (5)填充材料种类:C20混凝土	m³	83.301	439.82	36637.45	
7	010401001001	砖基础 (1)部位:首层ZJC1下基础 (2)砖品种、规格、强度等级:标准砖 (3)砂浆种类、强度等级:M5水泥砂浆	m³	4.188	575.11	2408.56	
8	010401012001	零星砌砖 (1)部位:砖胎膜 (2)砖品种、规格、强度等级:标准砖 (3)砂浆种类、强度等级:M5水泥砂浆	m³	25.136	688.99	17318.45	
9	010501001001	垫层 (1)混凝土种类:商品混凝土 (2)混凝土强度等级:C15	m³	95.912	472.17	45286.77	
10	010501004001	满堂基础 (1)混凝土种类:商品混凝土 (2)混凝土强度等级:C30	m³	382.085	490.01	187225.47	
11	010502001002	矩形柱 (1)混凝土种类:商品混凝土 (2)混凝土强度等级:C30	m³	12.025	532.19	6399.58	

表-08

分部分项工程和单价措施项目清单与计价表

工程名称:1 号办公楼

序号	项目编码	项目名称及项目特征描述	计量单位	工程量	金额(元)		
					综合单价	合价	其中:暂估价
12	010503004001	地圈梁 (1)混凝土种类:商品混凝土 (2)混凝土强度等级:C25	m³	1.262	533.92	673.81	
13	010504001001	直形墙 (1)混凝土种类:商品混凝土 (2)混凝土强度等级:C30	m³	10.831	504.24	5461.42	
14	010504001002	直形墙 (1)混凝土种类:商品防水混凝土 (2)混凝土强度等级:C30	m³	166.157	529.91	88048.26	
15	010504002001	弧形墙 (1)混凝土种类:商品防水混凝土 (2)混凝土强度等级:C30	m³	8.052	529.77	4265.71	
16	010505001001	有梁板 (1)混凝土种类:商品混凝土 (2)混凝土强度等级:C30	m³	99.548	510.27	50796.36	
17	010506001001	直形楼梯 (1)混凝土种类:商品混凝土 (2)混凝土强度等级:C30	m²	16.731	124.16	2077.32	
18	010503005001	过梁 (1)混凝土种类:商品混凝土 (2)混凝土强度等级:C25	m³	0.824	553.99	456.49	
19	010515001001	现浇构件圆钢筋制安 φ10 以内	t	1.587	4369.66	6934.65	
20	010515001003	现浇构件圆钢筋制安 φ10 以上	t	0.091	4858.46	442.12	
21	010515001002	现浇构件螺纹钢制安 φ10 以内	t	11.368	4925.19	55989.56	
22	010515001004	现浇构件螺纹钢制安 φ10 以上	t	66.201	4477.58	296420.27	
23	桂 010515011001	砌体加固筋	t	0.477	4794.32	2286.89	
24	010904001001	地下室底板卷材防水 三元乙丙防水卷材	m²	905.02	60	54301.2	
25	010904002001	楼(地)面涂膜防水(楼面2) (1)1.2 mm 厚聚合物水泥防水涂料,四周沿墙上翻 150 mm (2)刷冷底子油一遍	m²	58.209	27.35	1592.02	
26	011001006001	100 mm 厚聚苯板 地下室底板底	m²	236.8	18.91	4477.89	
		小计				925204.93	
		∑ 人工费				91386.25	
		∑ 材料费				742724.87	
		∑ 机械费				47874.39	
		∑ 管理费				34420.03	

表-08

分部分项工程和单价措施项目清单与计价表

工程名称:1号办公楼　　　　　　　　　　　　　　　　　　　　第 3 页　共 15 页

序号	项目编码	项目名称及项目特征描述	计量单位	工程量	金额(元)		
					综合单价	合价	其中:暂估价
		∑ 利润				8799.33	
		单价措施项目				193505.28	
27	桂 011701001001	弧形扣件式钢管外脚手架双排 10 m 以内	m²	26.839	26.6	713.92	
28	桂 011701002001	扣件式钢管里脚手架 3.6 m 以上	m²	540.329	7.6	4106.5	
29	桂 011701001002	扣件式钢管外脚手架双排 10 m 以内	m²	447.129	21.54	9631.16	
30	桂 011701011001	楼板现浇混凝土运输道	m²	616.224	10.66	6568.95	
31	011702001001	基础垫层	m²	21.036	22.86	480.88	
32	011702002002	矩形柱 模板高度:3.74 m	m²	92.876	41.7	3872.93	
33	011702008001	地圈梁模板	m²	15.768	40.17	633.4	
34	011702011001	直形墙 模板高度:3.74 m	m²	102.788	35.04	3601.69	
35	011702011002	防水直形墙 模板高度:3.74 m	m²	998.473	44.85	44781.51	
36	011702012001	防水弧形墙 模板高度:3.74 m	m²	24.231	49.87	1208.4	
37	011702014001	有梁板 模板高度:3.74 m	m²	707.788	52.3	37017.31	
38	011702024001	楼梯	m²	16.731	135.9	2273.74	
39	011702009001	过梁	m²	13.245	69.17	916.16	
	011703	垂直运输				11350.85	
40	011703001001	建筑物垂直运输	m²	616.224	18.42	11350.85	
	011705	大型机械设备进出场及安拆				51881.6	
41	011705001001	大型机械安装、拆卸一次费用塔式起重机	台次	1	16653.05	16653.05	
42	011705001002	大型机械场外运输费履带式挖掘机 1 m³ 内	台次	1	798.64	798.64	
43	011705001003	大型机械场外运输费塔式起重机	台次	1	9760.67	9760.67	
44	桂 011705002001	塔式起重机固定式基础(带配重)	座	1	24669.24	24669.24	
	011708	混凝土运输及泵送工程				14466.28	
45	桂 011708002001	混凝土泵送	m³	790.507	18.3	14466.28	
		小计				77698.73	
		∑ 人工费				13054.96	

表-08

313

分部分项工程和单价措施项目清单与计价表

序号	项目编码	项目名称及项目特征描述	计量单位	工程量	综合单价	合价	其中:暂估价
		∑ 材料费				28610.16	
		∑ 机械费				30369.71	
		∑ 管理费				4506.36	
		∑ 利润				1157.54	
		±0.00 以下装饰装修工程				280132.9	
		分部分项工程				280132.9	79095.43
46	010801001001	木质夹板门 M1021	m²	37.8	345.24	13050.07	
47	010801004001	木质乙级防火门 FM乙1121	m²	2.31	362.27	836.84	
48	010801004002	木质甲级防火门 FM甲1021	m²	4.2	363.84	1528.13	
49	010807001001	塑钢窗	m²	7.68	230.33	1768.93	
50	桂 010811001001	防火锁	把	3	148.67	446.01	
51	桂 010811001002	闭门器	套	3	119.85	359.55	
52	桂 010811001003	防火铰链	副	9	67.46	607.14	
53	桂 010811002001	门窗周边塞缝	m	125.3	7.25	908.43	
54	011101001001	水泥砂浆楼地面(楼面 4) (1)20 mm 厚 1:2 水泥砂浆抹面压光 (2)素水泥浆结合层一道	m²	38.806	22.14	859.16	
55	011101003001	细石混凝土楼地面(楼面 2) 最薄处 30 mm 厚 C20 细石混凝土找坡层抹平	m²	42.372	25.41	1076.67	
56	011102001001	石材楼地面(楼面 3) (1)20 mm 厚大理石铺实拍平,水泥浆擦缝 (2)30 mm 厚 1:4 干硬性水泥砂浆结合层 (3)素水泥浆结合层一遍	m²	260.769	236.2	61593.64	48260.52
57	011102003001	块料楼地面(楼面 2) (1)8~10 mm 厚 400 mm×400 mm 防滑砖砖铺实拍平,水泥浆擦缝 (2)20 mm 厚 1:4 干硬性水泥砂浆	m²	42.762	92.75	3966.18	2018.79
58	011102003002	块料楼地面(楼面 1) (1)8~10 mm 厚 600 mm×600 mm 陶瓷地砖铺实拍平,水泥浆擦缝 (2)20 mm 厚 1:4 干硬性水泥砂浆 (3)素水泥浆结合层一遍	m²	207.703	129.01	26795.76	16956.87

表-08

分部分项工程和单价措施项目清单与计价表

工程名称:1号办公楼

序号	项目编码	项目名称及项目特征描述	计量单位	工程量	金额(元)		
					综合单价	合价	其中:暂估价
59	011105001001	水泥砂浆踢脚线(踢脚3) (1)15 mm厚1:3水泥砂浆 (2)10 mm厚1:2水泥抹面砂浆压光 (3)高度:100 mm	m²	3.686	51.26	188.94	
60	011105002001	石材踢脚线(踢脚2) (1)15 mm厚1:3水泥砂浆 (2)5~6 mm厚1:1水泥砂浆加水重20%建筑胶镶贴 (3)10 mm厚大理石板 (4)高度:100 mm	m²	19.151	147.52	2825.16	
61	011105003001	块料踢脚线(踢脚1) (1)17 mm厚1:3水泥砂浆 (2)3~4 mm厚1:1水泥砂浆加水重20%建筑胶镶贴 (3)8~10 mm厚面砖,水泥浆擦缝 (4)高度:100 mm	m²	13.414	148.62	1993.59	1088.68
62	011106001001	石材楼地面(楼面3) (1)20 mm厚大理石铺实拍平,水泥浆擦缝 (2)30 mm厚1:4干硬性水泥砂浆结合层 (3)素水泥浆结合层一遍	m²	16.731	369.57	6183.28	4384.02
63	011201001001	墙面一般抹灰(内墙面1) (1)15 mm厚1:1:6水泥石灰砂浆 (2)5 mm厚1:0.5:3水泥石灰砂浆	m²	1126.98	29.26	32975.43	
64	011201001002	墙面一般抹灰(内墙面)挂钢丝网部分 (1)15 mm厚1:1:6水泥石灰砂浆 (2)5 mm厚1:0.5:3水泥石灰砂浆	m²	183.144	34.89	6389.89	
65	桂011201005001	墙面钉(挂)网 0.5 mm镀锌铁丝网(网眼25 mm×25 mm)	m²	183.144	10.89	1994.44	
66	桂011204007001	300 mm×300 mm釉面砖块料墙面(内墙面2) (1)15 mm厚1:3水泥砂浆 (2)刷素水泥浆一遍 (3)4~5 mm厚1:1水泥砂浆加水重20%建筑胶镶贴 (4)4~5 mm厚300 mm×300 mm釉面砖,白水泥浆擦缝	m²	161.358	98.42	15880.85	6386.55
67	011301001001	天棚抹灰(天棚1) (1)钢筋混凝土板底面清理干净 (2)5 mm厚1:1:4水泥石灰砂浆 (3)5 mm厚1:0.5:3水泥石灰砂浆	m²	46.251	23.59	1091.06	

表-08

分部分项工程和单价措施项目清单与计价表

工程名称：1号办公楼　　　　　　　　　　　　　　　　　　　　

序号	项目编码	项目名称及项目特征描述	计量单位	工程量	金额（元）		
					综合单价	合价	其中：暂估价
68	011301001002	天棚抹灰（天棚1） (1)钢筋混凝土板底面清理干净 (2)5 mm 厚1:1:4水泥石灰砂浆 (3)15 mm 厚1:0.5:3水泥石灰砂浆	m²	20.391	23.57	480.62	
69	011302001001	铝合金板条吊顶天棚（吊顶1） (1)0.8~1.0 mm 厚铝合金条板面层 (2)条板轻钢龙骨 TG45×48（或50×26），中距≤1200 mm (3)U 形轻钢大龙骨[38×12×1.2，中距≤1200 mm，与钢筋吊杆固定 (4)φ6 钢筋吊杆，双向中距≤1200 mm，与板底预埋吊环固定 (5)现浇混凝土板底预留 φ10 钢筋吊环，双向中距≤1200 mm（预制板可在板缝内预留吊环）	m²	444.345	130.9	58164.76	
70	011302001002	岩棉吸声板吊顶天棚（吊顶2） (1)12 mm 厚矿棉吸声板用专用黏结剂粘贴 (2)9.5 mm 厚纸面石膏板（3000 mm×1200 mm）用自攻螺丝固定中距≤200 mm (3)U 形轻钢横撑龙骨 U27×60×0.63，中距 1200 mm (4)U 形轻钢中龙骨 U27×60×0.63，中距等于板材 1/3 宽度 (5)φ8 螺栓吊杆，双向中距≤1200 mm，与钢筋吊环固定 (6)现浇混凝土板底预留 φ10 钢筋吊环，双向中距≤1200 mm	m²	42.372	131.6	5576.16	
71	桂 011303002001	窗井 6+0.76PVB+6 夹胶玻璃采光棚参 06J505-1-（6/S14）	m²	13.822			
72	011406003001	内墙面刮腻子（内墙面1） 刮双飞粉腻子两遍	m²	1310.124	11.15	14607.88	
73	011406003002	天棚面刮腻子（天棚1） 刮双飞粉腻子两遍	m²	46.251	12.89	596.18	
74	011407001001	刷（喷）内墙涂料（内墙面1） 刷白色乳胶漆两遍	m²	1310.124	11.62	15223.64	
75	011407002001	刷（喷）天棚涂料（天棚1） 刷白色乳胶漆两遍	m²	46.251	11.62	537.44	
76	011503001001	竖条式不锈钢扶手栏杆（楼梯） (1)做法采用 11ZJ401W/1215/37 (2)不锈钢材质:201	m	9.321	174.56	1627.07	
		小计				280132.9	
		∑ 人工费				75468.59	
		∑ 材料费				175224.1	
		∑ 机械费				2627.65	

表-08

分部分项工程和单价措施项目清单与计价表

工程名称:1号办公楼 　　　　　　　　　　　　　　　　　　　　　　　第 7 页　共 15 页

序号	项目编码	项目名称及项目特征描述	计量单位	工程量	综合单价	合价	其中:暂估价
		∑ 管理费				21313.28	
		∑ 利润				5499.25	
		单价措施项目					
		±0.00 以上建筑工程				1374502.33	
		分部分项工程				981803	
77	010401004001	多孔砖墙 (1)砖品种、规格、强度等级:多孔页岩砖墙 (2)墙体类型:直形墙 (3)墙体厚度:240 mm (4)砂浆强度等级、配合比:M5 水泥砂浆	m³	18.826	490.61	9236.22	
78	010401004002	多孔砖墙 (1)砖品种、规格、强度等级:多孔页岩砖墙 (2)墙体类型:弧形墙 (3)墙体厚度:240 mm (4)砂浆强度等级、配合比:M5 水泥砂浆	m³	1.295	510.85	661.55	
79	010402001001	砌块墙 (1)砌块品种、规格、强度等级:陶粒混凝土空心砌块 (2)墙体类型:直形墙 (3)墙体厚度:240 mm (4)砂浆强度等级、配合比:M5 水泥砂浆 (5)填充材料种类:C20 混凝土	m³	142.267	413.19	58783.3	
80	010402001002	砌块墙 (1)砌块品种、规格、强度等级:陶粒混凝土空心砌块 (2)墙体类型:弧形墙 (3)墙体厚度:240 mm (4)砂浆强度等级、配合比:M5 水泥砂浆 (5)填充材料种类:C20 混凝土	m³	17.732	427.47	7579.9	
81	010402001003	砌块墙 (1)砌块品种、规格、强度等级:陶粒混凝土空心砌块 (2)墙体类型:直形墙 (3)墙体厚度:190 mm (4)砂浆强度等级、配合比:M5 水泥砂浆 (5)填充材料种类:C20 混凝土	m³	276.575	439.82	121643.22	

表-08

分部分项工程和单价措施项目清单与计价表

工程名称:1号办公楼　　　　　　　　　　　　　　　　　　　　　　　第 8 页　共 15 页

序号	项目编码	项目名称及项目特征描述	计量单位	工程量	金额(元)		
					综合单价	合价	其中:暂估价
82	010402001004	砌块墙 (1)砌块品种、规格、强度等级:陶粒混凝土空心砌块 (2)墙体类型:直形墙 (3)墙体厚度:90 mm (4)砂浆强度等级、配合比:M5 水泥砂浆 (5)填充材料种类:C20 混凝土	m³	1.234	539.22	665.4	
83	010404001001	台阶垫层 300 mm 厚 3:7灰土垫层分两层夯实	m³	2.304	201.06	463.24	
84	010404001002	散水垫层 150 mm 厚 3:7灰土垫层,宽出面层 300 mm	m³	26.338	201.42	5305	
85	010502001003	矩形柱 (1)混凝土种类:商品混凝土 (2)混凝土强度等级:C30	m³	118.49	550.52	65231.11	
86	010502001002	矩形柱 (1)混凝土种类:商品混凝土 (2)混凝土强度等级:C25	m³	0.333	533.75	177.74	
87	010504001001	直形墙 (1)混凝土种类:商品混凝土 (2)混凝土强度等级:C30	m³	27.964	522.77	14618.74	
88	010505001001	有梁板 (1)混凝土种类:商品混凝土 (2)混凝土强度等级:C30	m³	456.735	529.72	241941.66	
89	010505006001	栏板 (1)混凝土种类:商品混凝土 (2)混凝土强度等级:C30	m³	5.508	759.42	4182.89	
90	010505008001	雨篷、悬挑板、阳台板 (1)混凝土种类:商品混凝土 (2)混凝土强度等级:C30	m³	16.486	626.06	10321.23	
91	010506001001	直形楼梯 (1)混凝土种类:商品混凝土 (2)混凝土强度等级:C30	m²	49.628	128.04	6354.37	
92	010501001001	台阶平台垫层 (1)100 mm 厚 C15 混凝土 (2)混凝土种类:商品混凝土	m³	2.781	472.01	1312.66	
93	010502002001	构造柱 (1)混凝土种类:商品混凝土 (2)混凝土强度等级:C25	m³	17.769	545.66	9695.83	
94	010503004001	圈梁 (1)混凝土种类:商品混凝土 (2)混凝土强度等级:C25	m³	14.083	534.65	7529.48	
95	010503005001	过梁 (1)混凝土种类:商品混凝土 (2)混凝土强度等级:C25	m³	5.094	556.26	2833.59	
96	010507001001	散水、坡道 60 mm 厚 C15 混凝土撒 1:1 水泥砂子,压实赶光	m²	103.439	64.16	6636.65	

表-08

分部分项工程和单价措施项目清单与计价表

工程名称:1号办公楼

序号	项目编码	项目名称及项目特征描述	计量单位	工程量	金额(元)		
					综合单价	合价	其中:暂估价
97	010507004001	台阶 (1)100 mm 厚 C15 混凝土 (2)混凝土种类:商品混凝土	m³	0.768	525.92	403.91	
98	010507005001	扶手、压顶 (1)混凝土种类:商品混凝土 (2)混凝土强度等级:C25	m³	2.064	642.95	1327.05	
99	010515001001	现浇构件圆钢筋制安 φ10 以内	t	3.449	4601.62	15870.99	
100	010515001003	现浇构件螺纹钢制安 φ10 以内	t	40.666	4925.19	200287.78	
101	010515001004	现浇构件螺纹钢制安 φ10 以上	t	81.628	4475.76	365347.34	
102	桂 010515011001	砌体加固筋	t	2.54	4794.33	12177.6	
103	010902001001	屋面卷材防水(屋面 1) 4 mm 厚 SBS 防水卷材(自带保护层) 一道	m²	618.847	41.39	25614.08	
104	010904002001	楼(地)面涂膜防水(楼面 2) (1)1.2 mm 厚聚合物水泥防水涂料, 四周沿墙上翻 150 mm (2)刷冷底子油一遍	m²	237.862	27.38	6512.66	
105	010904004001	散水楼(地)面变形缝	m	15.31	13.61	208.37	
106	011001001001	保温隔热屋面(屋面 1) 干铺聚苯乙烯板厚度 50 mm	m²	588.262	30.41	17889.05	
107	011001001002	保温隔热屋面(屋面 1) 1:8水泥珍珠岩找坡最薄处 30 mm 厚 或结构找坡。	m²	588.262	38.33	22548.08	
108	011001003001	外墙外保温胶粉聚苯颗粒厚度 30 mm 涂料饰面 (1)刷素水泥浆一遍(内掺水重 3%~ 5%白乳胶) (2)胶粉聚苯颗粒保温砂浆 (3)4 mm 厚耐碱玻纤网布抗裂砂浆, 内掺 5%JX-Ⅱ防水剂	m²	1238.596	95.71	118546.02	
109	011001003002	外墙外保温胶粉聚苯颗粒厚度 30 mm 涂料饰面 (1)刷素水泥浆一遍(内掺水重 3%~ 5%白乳胶) (2)胶粉聚苯颗粒保温砂浆 (3)4 mm 厚耐碱玻纤网布抗裂砂浆, 内掺 5%JX-Ⅱ防水剂	m²	160.761	78.35	12595.62	
		小计				1374502.33	
		∑ 人工费				209343.66	
		∑ 材料费				1057122.25	
		∑ 机械费				16030.43	

表-08

分部分项工程和单价措施项目清单与计价表

工程名称:1号办公楼　　　　　　　　　　　　　　　　　　　　　　　　　　　第 10 页　共 15 页

序号	项目编码	项目名称及项目特征描述	计量单位	工程量	金额（元）		
					综合单价	合价	其中:暂估价
		∑ 管理费				73301.47	
		∑ 利润				18704.51	
110	桂 011701001001	扣件式钢管外脚手架双排 10 m 以内	m²	17.77	21.59	383.65	
111	桂 011701001002	扣件式钢管外脚手架双排 20 m 以内	m²	1587.039	22.93	36390.8	
112	桂 011701002001	扣件式钢管里脚手架 3.6 m 以内	m²	1317.429	4.9	6455.4	
113	桂 011701002002	扣件式钢管里脚手架 3.6 m 以上	m²	524.651	7.51	3940.13	
114	桂 011701001003	弧形外脚手架 20 m 以内	m²	116.993	28.16	3294.52	
115	桂 011701011001	楼板现浇混凝土运输道	m²	2485.673	10.66	26497.27	
116	011703001001	建筑物垂直运输	m²	2485.673	18.42	45786.1	
117	011702002001	矩形柱 模板高度:3.6 m 以内	m²	669.104	41.16	27540.32	
118	011702002002	矩形柱 模板高度:3.74 m	m²	246.27	42.2	10392.59	
119	011702011001	直形墙 模板高度:3.6 m 以内	m²	212.826	34.73	7391.45	
120	011702011002	直形墙 模板高度:3.74 m	m²	70.218	35.33	2480.8	
121	011702014001	有梁板 模板高度:3.6 m 以内	m²	2506.175	51.25	128441.47	
122	011702014002	有梁板 模板高度:3.74 m	m²	791.684	53.36	42244.26	
123	011702021001	栏板	m²	80.069	60.87	4873.8	
124	011702023001	雨篷、悬挑板、阳台板 模板高度:3.6 m 以内	m²	127.088	115.19	14639.27	
125	011702024001	楼梯	m²	49.628	135.92	6745.44	
126	011702003001	构造柱 模板高度:3.6 m 以内	m²	197.533	52.8	10429.74	
127	011702008001	圈梁	m²	116.552	40.1	4673.74	
128	011702009001	过梁	m²	81.4	69.4	5649.16	
129	011702027001	台阶	m²	7.68	35.62	273.56	
130	011702028001	扶手、压顶	m	121.27	33.59	4073.46	
131	011702029001	散水	m²	103.439	0.99	102.4	
		±0.00 以上装饰装修工程				1409547.46	
		分部分项工程				1409547.46	287717.26

表-08

分部分项工程和单价措施项目清单与计价表

工程名称:1号办公楼

序号	项目编码	项目名称及项目特征描述	计量单位	工程量	综合单价	合价	其中:暂估价
132	010801001001	木质夹板门 M1021	m²	180.6	345.24	62350.34	
133	010801004001	木质乙级防火门 FM乙1121	m²	2.31	362.27	836.84	
134	010805002001	旋转门 M5021	樘	1	42735.04	42735.04	
135	010807001001	塑钢窗	m²	330.42	229.71	75900.78	
136	桂 010811001001	防火锁	把	1	148.67	148.67	
137	桂 010811001002	闭门器	套	1	119.85	119.85	
138	桂 010811001003	防火铰链	副	3	67.46	202.38	
139	桂 010811002001	门窗周边塞缝	m	1410.474	7.25	10225.94	
140	桂 011201005001	墙面钉(挂)网 0.5 mm 镀锌铁丝网(网眼 25 mm× 25 mm)	m²	3229.356	10.89	35167.69	
141	011101001001	水泥砂浆楼地面(楼面 4) (1)20 mm 厚 1:2水泥砂浆抹面压光 (2)素水泥浆结合层一道	m²	260.04	22.14	5757.29	
142	011101003001	细石混凝土楼地面(楼面 2) 最薄处 30 mm 厚 C20 细石混凝土找坡层抹平	m²	173.854	25.41	4417.63	
143	011101006001	平面砂浆找平层(屋面 1) 20 mm 厚 1:3水泥砂浆找平层	m²	588.262	18.35	10794.61	
144	011102001001	石材楼地面(楼面 3) (1)20 mm 厚大理石铺实拍平,水泥浆擦缝 (2)30 mm 厚 1:4干硬性水泥砂浆结合层 (3)素水泥浆结合层一遍	m²	431.848	236.15	101980.91	79904.84
145	011102001002	石材楼地面 台阶入口平台 (1)20 mm 厚花岗岩面层,稀水泥浆擦缝 (2)撒素水泥面 (3)30 mm 厚 1:3干硬性水泥砂浆结合层,向外坡1% (4)水泥浆一道	m²	27.808	176.93	4920.07	
146	011102003001	块料楼地面(楼面 2) (1)8~10 mm 厚 400 mm×400 mm 防滑砖砖铺实拍平,水泥浆擦缝 (2)20 mm 厚 1:4干硬性水泥砂浆	m²	175.414	92.65	16252.11	8274.28
147	011102003002	块料楼地面(楼面 1) (1)8~10 mm 厚 600 mm×600 mm 陶瓷地砖铺实拍平,水泥浆擦缝 (2)20 mm 厚 1:4干硬性水泥砂浆 (3)素水泥浆结合层一遍	m²	1302.708	129.01	168062.36	106353.08

表-08

321

分部分项工程和单价措施项目清单与计价表

工程名称:1号办公楼

序号	项目编码	项目名称及项目特征描述	计量单位	工程量	金额(元)		
					综合单价	合价	其中:暂估价
148	011105001001	水泥砂浆踢脚线(踢脚3) (1)15 mm 厚1:3水泥砂浆 (2)10 mm 厚1:2水泥抹面砂浆压光 (3)高度:100 mm	m²	28.999	51.07	1480.98	
149	011105002001	石材踢脚线(踢脚2) (1)15 mm 厚1:3水泥砂浆 (2)5～6 mm 厚1:1水泥砂浆加水重20%建筑胶镶贴 (3)10 mm 厚大理石板 (4)高度:100 mm	m²	36.754	147.32	5414.6	
150	011105003001	块料踢脚线(踢脚1) (1)17 mm 厚1:3水泥砂浆 (2)3～4 mm 厚1:1水泥砂浆加水重20%建筑胶镶贴 (3)8～10 mm 厚面砖,水泥浆擦缝 (4)高度:100 mm	m²	93.584	148.81	13926.24	7604.64
151	011106001001	石材楼地面(楼面3) (1)20 mm 厚大理石铺实拍平,水泥浆擦缝 (2)30 mm 厚1:4干硬性水泥砂浆结合层 (3)素水泥浆结合层一遍	m²	49.628	370.03	18363.85	13020.9
152	011107001001	石材台阶面 (1)20 mm 厚花岗岩面层,稀水泥浆擦缝 (2)撒素水泥面 (3)30 mm 厚1:3干硬性水泥砂浆结合层,向外坡1% (4)水泥浆一道	m²	19.52	168.58	3290.68	
153	011201001001	墙面一般抹灰(外墙5) (1)2 mm 厚1:3水泥砂浆 (2)8 mm 厚1:2.5 水泥砂浆木抹槎平	m²	97.067	56.85	5518.26	
154	011201001002	墙面一般抹灰(外墙3) (1)12 mm 厚1:3水泥砂浆 (2)8 mm 厚1:2.5 水泥砂浆木抹槎平	m²	174.127	56.83	9895.64	
155	011201001003	墙面一般抹灰(内墙面1) (1)15 mm 厚1:1:6水泥石灰砂浆 (2)5 mm 厚1:0.5:3水泥石灰砂浆	m²	3588.908	29.26	105011.45	
156	011201001006	墙面一般抹灰(内墙面)挂钢丝网部分 (1)15 mm 厚1:1:6水泥石灰砂浆 (2)5 mm 厚1:0.5:3水泥石灰砂浆	m²	692.97	34.9	24184.65	

表-08

分部分项工程和单价措施项目清单与计价表

工程名称:1号办公楼

序号	项目编码	项目名称及项目特征描述	计量单位	工程量	金额(元)		
					综合单价	合价	其中:暂估价
157	桂 011204005001	石材墙面(墙裙1) (1)15 mm 厚 1:3水泥砂浆 (2)刷素水泥浆一遍 (3)4~5 mm 厚 1:1水泥砂浆加水重20%建筑胶镶贴 (4)10 mm 厚大理石,白水泥浆擦缝 (5)高度:1200 mm	m²	14.683	272.68	4003.76	2720.17
158	桂 011204005002	石材墙面(外墙2) (1)30 mm 厚 1:2.5 水泥砂浆、分层灌浆 (2)20~30 mm 厚花岗岩石板(背面用双股 16 号钢丝绑扎与墙面固定)水泥浆擦缝	m²	100.178	239.43	23985.62	
159	桂 011204007001	块料墙面(外墙1) (1)15 mm 厚 1:3水泥砂浆 (2)刷素水泥浆一遍 (3)4~5 mm 厚 1:1水泥砂浆加水重20%建筑胶镶贴 (4)8~10 mm 厚 200 mm×300 mm 陶瓷面砖,白水泥浆擦缝	m²	1138.418	98.4	112020.33	45047.2
160	桂 011204007002	300 mm×300 mm 釉面砖块料墙面(内墙面2) (1)15 mm 厚 1:3水泥砂浆 (2)刷素水泥浆一遍 (3)4~5 mm 厚 1:1水泥砂浆加水重20%建筑胶镶贴 (4)4~5 mm 厚 300 mm×300 mm 釉面砖,白水泥浆擦缝	m²	626.539	98.4	61651.44	24792.15
161	011202001001	柱、梁面一般抹灰 (1)15 mm 厚 1:1:6水泥石灰砂浆 (2)5 mm 厚 1:0.5:3水泥石灰砂浆	m²	53.776	32.41	1742.88	
162	011209001001	带骨架幕墙 ZJC1	m²	218.778	567.83	124228.71	
163	011301001001	天棚抹灰(天棚1) (1)钢筋混凝土板底面清理干净 (2)5 mm 厚 1:1:4水泥石灰砂浆 (3)5 mm 厚 1:0.5:3水泥石灰砂浆	m²	1502.54	23.57	35414.87	
164	011301001002	天棚抹灰(天棚1) (1)钢筋混凝土板底面清理干净 (2)5 mm 厚 1:1:4水泥石灰砂浆 (3)15 mm 厚 1:0.5:3水泥石灰砂浆	m²	61.938	23.55	1458.64	

表-08

分部分项工程和单价措施项目清单与计价表

序号	项目编码	项目名称及项目特征描述	计量单位	工程量	综合单价	合价	其中:暂估价
165	011302001001	铝合金板条吊顶天棚(吊顶1) (1)0.8~1.0 mm 厚铝合金条板面层 (2)条板轻钢龙骨 TG45×48(或 50×26),中距≤1200 mm (3)U 形轻钢大龙骨[38×12×1.2,中距≤1200 mm,与钢筋吊杆固定 (4)φ6 钢筋吊杆,双向中距≤1200 mm,与板底预埋吊环固定 (5)现浇混凝土板底预留 φ10 钢筋吊环,双向中距≤1200 mm (6)预制板可在板缝内预留吊环	m²	607.638	130.91	79545.89	
166	011302001002	岩棉吸声板吊顶天棚(吊顶2) (1)12 mm 厚矿棉吸声板用专用黏结剂粘贴 (2)9.5 mm 厚纸面石膏板(3000 mm×1200 mm)用自攻螺丝固定中距≤200 mm (3)U 形轻钢横撑龙骨 U27×60×0.63,中距 1200 mm (4)U 形轻钢中龙骨 U27×60×0.63,中距等于板材 1/3 宽度 (5)φ8 螺栓吊杆,双向中距≤1200 mm,与钢筋吊环固定 (6)现浇混凝土板底预留 φ10 钢筋吊环,双向中距≤1200 mm	m²	130.39	131.52	17148.89	
167	桂 011303002001	玻璃钢雨棚二层	m²	27.72	1800	49896	
168	011406003001	内墙面刮腻子(内墙面1) 刮双飞粉腻子两遍	m²	4281.878	11.15	47742.94	
169	011406003002	天棚面刮腻子(天棚1) 刮双飞粉腻子两遍	m²	1502.54	12.88	19352.72	
170	011407001001	喷(刷)外墙涂料(外墙3) (1)喷或滚刷底涂料一遍 (2)喷或滚刷涂料两遍	m²	160.761	35	5626.64	
171	011407001002	刷(喷)内墙涂料(内墙面1) 刷白色乳胶漆两遍	m²	4281.878	11.64	49841.06	
172	011407002001	刷(喷)天棚涂料(天棚1) 刷白色乳胶漆两遍	m²	1502.54	11.64	17489.57	
173	011503001001	金属扶手、栏杆、栏板 900 mm 高不锈钢栏杆	m	83.232	165.97	13814.02	
174	011503001002	竖条式不锈钢扶手栏杆(楼梯) (1)做法采用 11ZJ401W/1215/37 (2)不锈钢材质:201	m	26.62	175.23	4664.62	
175	011503008001	玻璃栏板 大堂上空 900 mm 高玻璃栏杆	m	14.4	900	12960	
		小计				1409547.46	
		∑ 人工费				396738.22	

表-08

分部分项工程和单价措施项目清单与计价表

工程名称:1号办公楼

序号	项目编码	项目名称及项目特征描述	计量单位	工程量	金额(元)		
					综合单价	合价	其中:暂估价
		∑ 材料费				852820.43	
		∑ 机械费				17654.09	
		∑ 管理费				113116.55	
		∑ 利润				29218.13	
		合计				4182892.9	
		∑ 人工费				838994.13	
		∑ 材料费				2894201.34	
		∑ 机械费				116704.14	
		∑ 管理费				264947.92	
		∑ 利润				68045.24	

表-08

工程量清单综合单价分析表

工程名称：1号办公楼

序号	项目编码	项目名称及项目特征描述	单位	工程量	综合单价（元）	综合单价（元）人工费	材料费	机械费	管理费	利润	其中：暂估价
		±0.00 以下建筑工程									
		分部分项工程									
1	010101002001	挖一般土方 （1）土壤类别：三类土 （2）挖土深度：4 m （3）运距：坑边5 m以内就地堆放	m³	4171.961	4.27	1.21		2.61	0.36	0.09	
	A1-4	人工挖土方深1.5 m以内三类土	100 m³	1.669	2373.73	2120.35			201.43	51.95	
	A1-18	液压挖掘机挖土斗容量1.0 m³	1000 m³	4.005	3462.18	374.4		2718.21	293.8	75.77	
2	010101004001	挖基坑土方 （1）土壤类别：三类土 （2）挖土深度：2 m （3）运距：坑边5 m以内就地堆放	m³	159.044	6.14	3.04		2.45	0.52	0.13	
	A1-9	人工挖沟槽（基坑）三类土深度2 m以内	100 m³	0.159	3029.05	2701.92		3.8	257.04	66.29	
	A1-18	液压挖掘机挖土斗容量1.0 m³	1000 m³	0.143	3462.18	374.4		2718.21	293.8	75.77	
3	010103001001	基础回填土 （1）密实度：压实系数≥0.94 （2）运距：坑边5 m以内土回填	m³	1603.045	5.04	1.97		2.53	0.43	0.11	
	A1-82	人工回填土夯填	100 m³	1.603	2077.43	1628.64		227.04	176.29	45.46	
	A1-105	挖掘机回填土	100 m³	14.427	328.33	37.44		255.84	27.86	7.19	
4	010103002001	余土弃置运距：1 km	m³	2727.96	8.92	0.37		7.59	0.76	0.2	

工程量清单综合单价分析表

工程名称：1号办公楼

序号	项目编码	项目名称及项目特征描述	单位	工程量	综合单价（元）	综合单价（元）					
						人工费	材料费	机械费	管理费	利润	其中：暂估价
	A1-156	液压挖掘机挖土 斗容量1m³ 自卸汽车运土（运距1km以内）10t	1000 m³	2.728	8920.08	374.4		7593.52	756.95	195.21	
5	桂010103003001	土（石）方运输（减）m³·km	m³·km	2727.96	1.65			1.47	0.14	0.04	
	A1-173	自卸汽车运土方（每增加1km运距）10t	1000 m³	2.728	1641.1			1465.92	139.26	35.92	
6	010402001001	砌块墙 （1）砌块品种、规格、强度等级：陶粒混凝土空心砌块 （2）墙体类型：直形墙 （3）墙体厚度：190 mm （4）砂浆强度等级、配合比：M5水泥砂浆 （5）填充材料种类：C20混凝土	m³	83.301	439.82	110.56	280.77	1.74	37.25	9.5	
	A3-60	陶粒混凝土空心砌块墙 墙体厚度19cm 换为【水泥砂浆中砂M5】	10 m³	8.33	4398.15	1105.57	2807.74	17.36	372.48	95	
7	010401001001	砖基础 （1）部位：首层ZJC1下基础 （2）砖品种、规格、强度等级：标准砖 （3）砂浆种类、强度等级：M5水泥砂浆	m³	4.188	575.11	108.46	415.51	4.23	37.38	9.53	
	A3-1	砖基础标准砖240 mm×115 mm×53 mm	10 m³	0.419	5748.39	1084.08	4153.07	42.32	373.63	95.29	

表-09

工程量清单综合单价分析表

工程名称：1号办公楼

序号	项目编码	项目名称及项目特征描述	单位	工程量	综合单价（元）	综合单价（元）					
						人工费	材料费	机械费	管理费	利润	其中：暂估价
8	010401012001	零星砌砖 (1)部位：砖胎膜 (2)砖品种、规格、强度等级：标准砖 (3)砂浆种类、强度等级：M5 水泥砂浆	m³	25.136	688.99	189.8	414.79	3.8	64.22	16.38	
	A3-37	零星砌体标准砖 240 mm×115 mm×53 mm 换为【水泥砂浆中砂 M5】	10 m³	2.514	6888.71	1897.7	4147.2	37.98	642.07	163.76	
9	010501001001	垫层 (1)混凝土种类：商品混凝土 (2)混凝土强度等级：C15	m³	95.912	472.17	30.97	427.24	0.76	10.52	2.68	
	A4-3	混凝土垫层（碎石）换为【碎石 GD40 商品普通混凝土 C15】【泵车檐高 60 m】	10 m³	9.591	4721.84	309.74	4272.44	7.57	105.25	26.84	
10	010501004001	满堂基础 (1)混凝土种类：商品混凝土 (2)混凝土强度等级：C30	m³	382.085	490.01	19.93	460.68	0.78	6.87	1.75	
	A4-10	混凝土满堂基础无梁式（碎石）换为【碎石 GD40 商品普通混凝土 C30】【泵车檐高 60 m】	10 m³	38.209	4900.15	199.33	4606.77	7.82	68.71	17.52	
11	010502001002	矩形柱 (1)混凝土种类：商品混凝土 (2)混凝土强度等级：C30	m³	12.025	532.19	50.34	459.11	1.26	17.11	4.37	
	A4-18	混凝土柱矩形（碎石）换为【碎石 GD40 商品普通混凝土 C30】【泵车檐高 60 m】	10 m³	1.203	5319.64	503.14	4589.21	12.59	171.07	43.63	
12	010503004001	地圈梁 (1)混凝土种类：商品混凝土 (2)混凝土强度等级：C25	m³	1.262	533.92	57.49	451.39	0.78	19.33	4.93	

表-09

工程量清单综合单价分析表

表-09

工程名称:1 号办公楼

序号	项目编码	项目名称及项目特征描述	单位	工程量	综合单价（元）	综合单价（元）					
						人工费	材料费	机械费	管理费	利润	其中:暂估价
13	A4-24	混凝土圈梁（碎石）换为【碎石 GD40 商品普通混凝土 C25】[泵车檐高 60 m]	10 m³	0.126	5347.66	575.76	4521.14	7.82	193.57	49.37	
	010504001001	直形墙 (1)混凝土种类:商品混凝土 (2)混凝土强度等级:C30	m³	10.831	504.24	30.9	458.72	1.24	10.66	2.72	
	A4-28	墙混凝土（碎石）换为【碎石 GD40 商品普通混凝土 C30】[泵车檐高 60 m]	10 m³	1.083	5042.75	309	4587.58	12.38	106.6	27.19	
14	010504001002	直形墙 (1)混凝土种类:商品防水混凝土 (2)混凝土强度等级:C30	m³	166.157	529.91	30.9	484.39	1.24	10.66	2.72	
	A4-28	墙混凝土（碎石）换为【碎石 GD40 商品防水混凝土 C30】[泵车檐高 60 m]	10 m³	16.616	5298.94	309	4843.77	12.38	106.6	27.19	
15	010504002001	弧形墙 (1)混凝土种类:商品防水混凝土 (2)混凝土强度等级:C30	m³	8.052	529.77	30.89	484.26	1.24	10.66	2.72	
	A4-28	墙混凝土（碎石）换为【碎石 GD20 商品防水混凝土 C30】[泵车檐高 60 m]	10 m³	0.805	5298.94	309	4843.77	12.38	106.6	27.19	
16	010505001001	有梁板 (1)混凝土种类:商品混凝土 (2)混凝土强度等级:C30	m³	99.548	510.27	32.46	462.54	1.24	11.18	2.85	
	A4-31	混凝土有梁板（碎石）换为【碎石 GD40 商品普通混凝土 C30】[泵车檐高 60 m]	10 m³	9.932	5114.38	325.3	4636.05	12.43	112.03	28.57	

工程量清单综合单价分析表

工程名称:1 号办公楼

序号	项目编码	项目名称及项目特征描述	单位	工程量	综合单价（元）	综合单价（元）					其中:暂估价
						人工费	材料费	机械费	管理费	利润	
17	010506001001	直形楼梯 (1)混凝土种类:商品混凝土 (2)混凝土强度等级:C30	m²	16.731	124.16	20.47	94.54	0.44	6.94	1.77	
	A4-49	混凝土直形楼梯板厚 100 mm（碎石）[泵车檐高 60 m]	10 m²	0.544	1115.08	185.25	847.1	3.96	62.76	16.01	
	A4-49	混凝土直形楼梯板厚 100 mm（碎石）实际厚度:130 mm[泵车檐高 60 m]	10 m²	1.129	1302.56	214.14	992.8	4.57	72.55	18.5	
18	010503005001	过梁 (1)混凝土种类:商品混凝土 (2)混凝土强度等级:C25	m³	0.824	553.99	68.65	454.98	1.26	23.19	5.91	
	A4-25	混凝土过梁（碎石）换为【碎石 GD40 商品普通混凝土 C25】	10 m³	0.082	5566.96	689.87	4571.92	12.69	233.04	59.44	
19	010515001001	现浇构件圆钢筋制安 φ10 以内	t	1.587	4369.66	673.39	3397.81	12.8	227.61	58.05	
	A4-236	现浇构件圆钢筋制安 φ10 以内	t	1.507	4601.62	709.14	3578.18	13.48	239.69	61.13	
20	010515001003	现浇构件圆钢筋制安 φ10 以上	t	0.091	4858.46	599.45	3884.29	88.35	228.13	58.24	
	A4-237	现浇构件圆钢筋制安 φ10 以上	t	0.091	4858.53	599.47	3884.33	88.38	228.16	58.19	
21	010515001002	现浇构件螺纹钢制安 φ10 以内	t	11.368	4925.19	878.83	3656.76	16.76	297.07	75.77	
	A4-240	现浇构件螺纹钢制安 φ10 以内	t	11.368	4925.19	878.83	3656.76	16.76	297.07	75.77	
22	010515001004	现浇构件螺纹钢制安 φ10 以上	t	66.201	4477.58	520.92	3598.73	99.6	205.83	52.5	
	A4-241	现浇构件螺纹钢制安 φ10 以上	t	66.201	4477.58	520.92	3598.73	99.6	205.83	52.5	

工程量清单综合单价分析表

工程名称：1号办公楼

序号	项目编码	项目名称及项目特征描述	单位	工程量	综合单价（元）	综合单价（元）					
						人工费	材料费	机械费	管理费	利润	其中:暂估价
23	桂010515011001	砌体加固筋	t	0.477	4794.32	877.34	3534.3	12.33	295.09	75.26	
	A4-318	砖砌体加固钢筋不绑扎	t	0.477	4794.33	877.34	3534.3	12.32	295.1	75.27	
24	010904001001	地下室底板卷材防水 三元乙丙防水卷材	m²	905.02	60		60				
	补子目1	地下室底板卷材防水	m²	905.02	60		60				
25	010904002001	楼（地）面涂膜防水（楼面2）（1）1.2 mm厚聚合物水泥防水涂料，四周沿墙上翻150 mm （2）刷冷底子油一遍	m²	58.209	27.35	3.96	21.74		1.31	0.34	
	A7-130	聚合物水泥防水涂料涂膜 1.2 mm 厚 平面	100 m²	0.582	2272.96	280.1	1876.25		92.91	23.7	
	A7-140	刷冷底子油防水第一遍	100 m²	0.582	462.75	116.34	297.98		38.59	9.84	
26	011001006001	100 mm 厚聚苯板 地下室底板底	m²	236.8	18.91	1.66	16.56		0.55	0.14	
	A8-344	楼地面及其他保温干铺聚苯乙烯板厚度 50 mm	100 m²	2.368	1891.28	165.82	1656.43		55	14.03	
		单价措施项目									
27	桂011701001001	弧形扣件式钢管外脚手架双排 10 m 以内	m²	26.839	26.6	15.55	3.94	0.45	5.31	1.35	
	A15-5	扣件式钢管外脚手架双排 10 m 以内 如为圆形（包括弧形时）人工×1.3	100 m²	0.268	2664.76	1557.66	394.31	45.43	531.74	135.62	
28	桂011701002001	扣件式钢管里脚手架 3.6 m 以上	m²	540.329	7.6	4.3	1.24	0.19	1.49	0.38	

表-09

工程量清单综合单价分析表

工程名称：1号办公楼

序号	项目编码	项目名称及项目特征描述	单位	工程量	综合单价（元）	综合单价（元）人工费	材料费	机械费	管理费	利润	其中：暂估价
29	A15-2	扣件式钢管里脚手架 3.6 m 以上	100 m²	4.96	827.67	468.31	134.54	21.09	162.33	41.4	
	桂 011701001002	扣件式钢管外脚手架双排 10 m 以内	m²	447.129	21.54	11.98	3.94	0.45	4.12	1.05	
	A15-5	扣件式钢管外脚手架双排 10 m 以内	100 m²	4.471	2155.66	1198.2	394.31	45.43	412.51	105.21	
30	桂 011701011001	楼板现浇混凝土运输道	m²	616.224	10.66	5.39	2.17	0.6	1.99	0.51	
	A15-28	钢管现浇混凝土运输道楼板钢管架	100 m²	6.162	1064.63	538.71	216.62	60.04	198.61	50.65	
31	011702001001	基础垫层	m²	21.036	22.86	8.97	9.77	0.27	3.07	0.78	
	A17-1	混凝土基础垫层木模板木支撑	100 m²	0.21	2289.23	898.83	978.25	26.81	307.03	78.31	
32	011702002002	矩形柱 模板高度：3.74 m	m²	92.876	41.7	22.78	8.6	0.59	7.75	1.98	
	A17-50	矩形柱胶合板模板钢支撑 实际高度：3.74 m	100 m²	0.929	4167.8	2277.06	859.62	58.73	774.78	197.61	
33	011702008001	地圈梁模板	m²	15.768	40.17	22.1	8.52	0.25	7.41	1.89	
	A17-72	圈梁直形胶合板模板木支撑	100 m²	0.158	4008.46	2205.22	850.55	24.47	739.59	188.63	
34	011702011001	直形墙 模板高度：3.74 m	m²	102.788	35.04	16.35	11.08	0.57	5.61	1.43	
	A17-83	直形墙胶合板模板钢支撑 实际高度：3.74 m	100 m²	1.028	3504.12	1635.09	1108.16	56.61	561.14	143.12	
35	011702011002	防水直形墙 模板高度：3.74 m	m²	998.473	44.85	16.35	20.89	0.57	5.61	1.43	

表-09

工程量清单综合单价分析表

工程名称:1 号办公楼

序号	项目编码	项目名称及项目特征描述	单位	工程量	综合单价（元）	人工费	材料费	机械费	管理费	利润	其中:暂估价
								综合单价（元）			
36	A17-83	直形墙胶合板模板钢支撑 实际高度:3.74 m 墙体为混凝土及钢筋混凝土防水墙并使用组合钢模板或胶合板模板材料[030143001]含量+187.551	100 m²	9.985	4485.01	1635.09	2089.05	56.61	561.14	143.12	
	011702012001	防水弧形墙 模板高度:3.74 m	m²	24.231	49.87	24.78	14.15	0.44	8.37	2.13	
37	A17-86	弧形墙木模板木支撑 实际高度:3.74 m	100 m²	0.242	4993.99	2481.31	1416.65	44.52	837.82	213.69	
	011702014001	有梁板模板高度:3.74 m	m²	707.788	52.3	26.32	13.65	0.97	9.05	2.31	
	A17-91	有梁板胶合板模板钢支撑 实际高度:3.74 m	100 m²	7.078	5229.99	2631.91	1364.62	97.29	905.28	230.89	
38	011702024001	楼梯	m²	16.731	135.9	73.28	26.58	3.91	25.6	6.53	
	A17-115	楼梯直形板胶合板模板钢支撑	10 m² 投影面积	1.673	1359.1	732.85	265.83	39.07	256.05	65.3	
39	011702009001	过梁	m²	13.245	69.17	35.46	18.15	0.56	11.95	3.05	
	A17-76	过梁胶合板板木支撑	100 m²	0.132	6940.24	3558.28	1821.45	55.92	1198.83	305.76	
	011703	垂直运输									
40	011703001001	建筑物垂直运输	m²	616.224	18.42		18.15	16.46	1.56	0.4	
	A16-4	建筑物垂直运输高度 20 m 以内框架结构塔吊,卷扬机 如采用泵送混凝土时机械[990904001]含量×0.8	100 m²	6.162	1842.82			1646.11	156.38	40.33	
	011705	大型机械设备进出场及安拆									

表-09
333

工程量清单综合单价分析表

工程名称:1 号办公楼

序号	项目编码	项目名称及项目特征描述	单位	工程量	综合单价（元）	人工费	材料费	机械费	管理费	利润	其中：暂估价
								综合单价（元）			
41	011705001001	大型机械安装、拆卸一次费用用塔式起重机	台次	1	16653.05	8892		5983.43	1413.17	364.45	
	A20-15	大型机械安装、拆卸一次费用用塔式起重机	台次	1	16653.05	8892		5983.43	1413.17	364.45	
42	011705001002	大型机械场外运输费履带式挖掘机 1 m³内	台次	1	798.64	74.1	121.94	530.37	57.42	14.81	
	A20-20	大型机械场外运输费履带式挖掘机 1 m³内	台次	1	798.64	74.1	121.94	530.37	57.42	14.81	
43	011705001003	大型机械场外运输费塔式起重机	台次	1	9760.67	503.88	98.29	8127.1	819.94	211.46	
	A20-39	大型机械场外运输费塔式起重机	台次	1	9760.67	503.88	98.29	8127.1	819.94	211.46	
44	桂 011705002001	塔式起重机固定式基础（带配重）	座	1	24669.24	1608.71	22350.46	28.5	543.06	138.51	
	A20-1	塔式起重机固定式基础（带配重）	座	1	24669.24	1608.71	22350.46	28.5	543.06	138.51	
	011708	混凝土运输及泵送工程									
45	桂 011708002001	混凝土泵送	m³	790.507	18.3	2.5	7.64	7.03	0.9	0.23	
	A18-3	混凝土泵送输送泵车檐高 60 m 以内【碎石 GD20 商品普通混凝土】	100 m³	0.037	1783.9	249.6	717.98	702.54	90.45	23.33	
	A18-3	混凝土泵送输送泵车檐高 60 m 以内 换为【碎石 GD40 商品普通混凝土 C15】	100 m³	0.969	1782.44	249.6	716.52	702.54	90.45	23.33	
	A18-3	混凝土泵送输送泵车檐高 60 m 以内 换为【碎石 GD40 商品普通混凝土 C25】	100 m³	0.013	1813.03	249.6	747.11	702.54	90.45	23.33	

表-09

工程量清单综合单价分析表

工程名称:1号办公楼

序号	项目编码	项目名称及项目特征描述	单位	工程量	综合单价（元）	人工费	材料费	机械费	管理费	利润	其中:暂估价
	A18-3	混凝土泵送输送泵车檐高 60 m 以内 换为【碎石 GD40 商品普通混凝土 C30】	100m³	5.118	1827.59	249.6	761.67	702.54	90.45	23.33	
	A18-3	混凝土泵送输送泵车檐高 60 m 以内 换为【碎石 GD20 商品防水混凝土 C30】	100 m³	0.082	1865.45	249.6	799.53	702.54	90.45	23.33	
	A18-3	混凝土泵送输送泵车檐高 60 m 以内 换为【碎石 GD40 商品防水混凝土 C30】	100m³	1.687	1865.45	249.6	799.53	702.54	90.45	23.33	
		±0.00 以下装饰装修工程									
		分部分项工程									
46	010801001001	木质夹板门 M1021	m²	37.8	345.24	12.18	328.88		3.32	0.86	
	A12-28	装饰成品门安装	100 m²	0.378	34523.39	1217.5	32887.55		332.38	85.96	
47	010801004001	木质乙级防火门 FM 乙1121	m²	2.31	362.27	45.3	301.4		12.37	3.2	
	A12-81	防火门木质	100 m²	0.023	36384.34	4549.97	30271		1242.14	321.23	
48	010801004002	木质甲级防火门 FM 甲1021	m²	4.2	363.84	45.5	302.71		12.42	3.21	
	A12-81	防火门木质	100 m²	0.042	36384.34	4549.97	30271		1242.14	321.23	
49	010807001001	塑钢窗	m²	7.68	230.33	36.72	180.44	0.41	10.14	2.62	
	A12-128	塑钢窗平开窗带亮	100 m²	0.077	22972.9	3662.8	17997.2	40.46	1010.99	261.45	
50	桂 010811001001	防火锁	把	3	148.67	34.32	102.56		9.37	2.42	
	A12-143	特殊五金地锁	把	3	148.67	34.32	102.56		9.37	2.42	

工程量清单综合单价分析表

工程名称：1号办公楼

序号	项目编码	项目名称及项目特征描述	单位	工程量	综合单价（元）	人工费	材料费	机械费	管理费	利润	其中：暂估价
51	桂010811001002	闭门器	套	3	119.85	12.87	102.56		3.51	0.91	
	A12-149	特殊五金闭门器明装	套	3	119.85	12.87	102.56		3.51	0.91	
52	桂010811001003	防火铰链	副	9	67.46	40.33	13.27		11.01	2.85	
	A12-151	特殊五金防火门防火铰链	副	9	67.46	40.33	13.27		11.01	2.85	
53	桂010811002001	门窗周边塞缝	m	125.3	7.25	4.8	0.8		1.31	0.34	
	A12-166	门窗周边塞缝水泥砂浆1:2.5	100 m	1.253	725.48	480.48	79.91		131.17	33.92	
54	011101001001	水泥砂浆楼地面（楼面4）（1）20 mm厚1:2水泥砂浆抹面压光（2）素水泥浆结合层一道	m²	38.806	22.14	7.8	11.16	0.37	2.23	0.58	
	A9-10	水泥砂浆整体面层楼地面20 mm	100 m²	0.388	2214.3	780.27	1116.37	36.89	223.08	57.69	
55	011101003001	细石混凝土楼地面（楼面2）最薄处30 mm厚C20细石混凝土找坡层抹平	m²	42.372	25.41	5.61	17.83	0.03	1.54	0.4	
	A9-4	细石混凝土找平层40 mm	100 m²	0.424	2539.76	560.94	1782.09	2.97	153.95	39.81	
56	011102001001	石材楼地面（楼面3）（1）20 mm厚大理石铺实拍平，水泥浆擦缝（2）30 mm厚1:4干硬性水泥砂浆结合层（3）素水泥浆结合层一遍	m²	260.769	236.2	26.01	197.81	2.56	7.8	2.02	185.07
	A9-28	大理石楼地面不拼花水泥砂浆	100 m²	2.608	23617.36	2600.6	19778.7	256.4	779.96	201.7	18504.84

表-09

工程量清单综合单价分析表

工程名称:1号办公楼

表-09

序号	项目编码	项目名称及项目特征描述	单位	工程量	综合单价（元）	综合单价（元）						其中：暂估价
						人工费	材料费	机械费	管理费	利润	
57	011102003001	块料楼地面（楼面 2） （1）8～10 mm 厚 400 mm×400 mm 防滑砖砖铺实拍平，水泥浆擦缝 （2）20 mm 厚 1：4干硬性水泥砂浆	m²	42.762	92.75	24.97	56.27	2.18	7.41	1.92	47.21
	A9-81	陶瓷地砖楼地面每块周长 1600 mm 以内水泥砂浆密缝	100 m²	0.428	9266.35	2495.06	5621.61	217.61	740.56	191.51	4717.05
58	011102003002	块料楼地面（楼面 1） （1）8～10 mm 厚 600 mm×600 mm 陶瓷地砖砖铺实拍平，水泥浆擦缝 （2）20 mm 厚 1：4干硬性水泥砂浆 （3）素水泥浆结合层一遍	m²	207.703	129.01	26.34	90.69	2.18	7.79	2.01	81.64
	A9-83	陶瓷地砖楼地面每块周长 2400 mm 以内水泥砂浆密缝	100 m²	2.077	12900.2	2634.06	9068.69	217.61	778.51	201.33	8164.13
59	011105001001	水泥砂浆踢脚线（踢脚 3） （1）15 mm 厚 1：3水泥砂浆 （2）10 mm 厚 1：2水泥抹面砂浆压光 （3）高度：100 mm	m²	3.686	51.26	29.36	11.19	0.46	8.14	2.11	
	A9-15	水泥砂浆踢脚线	100 m²	0.037	5105.67	2924.73	1114.78	45.57	810.89	209.7	
60	011105002001	石材踢脚线（踢脚 2） （1）15 mm 厚 1：3水泥砂浆 （2）5～6 mm 厚 1：1水泥砂浆加水重 20%建筑胶镶贴 （3）10 mm 厚大理石板 （4）高度：100 mm	m²	19.151	147.52	34.45	98.02	2.39	10.06	2.6	
	A9-37	大理石踢脚线直形水泥砂浆	100 m²	0.192	14713.46	3436.29	9776.75	237.95	1003.07	259.4	

工程量清单综合单价分析表

工程名称:1 号办公楼

序号	项目编码	项目名称及项目特征描述	单位	工程量	综合单价（元）	综合单价（元）					其中:暂估价
						人工费	材料费	机械费	管理费	利润	
61	011105003001	块料踢脚线（踢脚 1） (1)17 mm 厚 1:3水泥砂浆 (2)3～4 mm 厚 1:1水泥砂浆加水重20%建筑胶镶贴 (3)8～10 mm 厚面面砖,水泥浆擦缝 (4)高度:100 mm	m²	13.414	148.62	40.35	91.87	1.89	11.53	2.98	81.16
	A9-99	陶瓷地砖踢脚线水泥砂浆	100 m²	0.134	14877.27	4039.46	9196.21	188.78	1154.31	298.51	8124.3
62	011106001001	石材楼地面（楼面 3） (1)20 mm 厚大理石铺实拍平,水泥浆擦缝 (2)30 mm 厚 1:4干硬性水泥砂浆结合层 (3)素水泥浆结合层一端	m²	16.731	369.57	57.29	280.35	9.11	18.13	4.69	262.03
	A9-33	大理石楼梯水泥砂浆	100 m²	0.167	37023.64	5739.16	28086.74	912.3	1815.85	469.59	26251.47
63	011201001001	墙面一般抹灰（内墙面 1） (1)15 mm 厚 1:1:6水泥石灰砂浆 (2)5 mm 厚 1:0.5:3水泥石灰砂浆	m²	1126.98	29.26	13.95	9.96	0.42	3.92	1.01	
	A10-20	内墙水泥砂浆砖墙(15+5）mm	100 m²	11.27	2927.49	1395.11	996.16	42.32	392.42	101.48	
64	011201001002	墙面一般抹灰（内墙面）挂钢丝网部分 (1)15 mm 厚 1:1:6水泥石灰砂浆 (2)5 mm 厚 1:0.5:3水泥石灰砂浆	m²	183.144	34.89	18.13	9.96	0.42	5.07	1.31	
	A10-20	内墙水泥砂浆砖墙(15+5）mm 如设计墙面需钉网者人工×1.3	100 m²	1.831	3489.83	1813.64	996.16	42.32	506.68	131.03	
65	桂 011201005001	墙面钉（挂）网 0.5 mm 镀锌铁丝网（网眼 25 mm×25 mm）	m²	183.144	10.89	6.41	2.19	0.06	1.77	0.46	

表-09

338

工程量清单综合单价分析表

工程名称:1号办公楼

序号	项目编码	项目名称及项目特征描述	单位	工程量	综合单价(元)	综合单价(元)					其中:暂估价
						人工费	材料费	机械费	管理费	利润	
	A10-68	墙面钉(挂)网铁丝网	100 m²	1.831	1088.15	640.93	218.69	6.18	176.66	45.69	
66	桂011204007001	300 mm×300 mm 釉面砖块料墙面(内墙面 2) (1)15 mm 厚 1:3水泥砂浆 (2)刷素水泥浆一遍 (3)4~5 mm 厚 1:1水泥砂浆加水重 20%建筑胶镶贴 (4)4~5 mm厚 300 mm×300 mm 釉面砖,白水泥浆擦缝	m²	161.358	98.42	33.23	50.82	2.2	9.67	2.5	39.58
	A10-170	墙面,墙裙贴面砖水泥砂浆粘贴周长在 1200 mm 以内	100 m²	1.614	9839.95	3322.18	5081.12	219.67	966.93	250.05	3957.2
67	011301001001	天棚抹灰(天棚 1) (1)钢筋混凝土板底面清理干净 (2)5 mm 厚 1:1:4水泥石灰底砂浆 (3)5 mm 厚 1:0.5:3水泥石灰砂浆	m²	46.251	23.59	12.72	6.15	0.26	3.54	0.92	
	A11-5	混凝土面天棚混合砂浆现浇(5+5)mm	100 m²	0.463	2356.42	1270.7	614.12	26.04	354.01	91.55	
68	011301001002	天棚抹灰(天棚 1) (1)钢筋混凝土板底面清理干净 (2)5 mm 厚 1:1:4水泥石灰底砂浆 (3)15 mm 厚 1:0.5:3水泥石灰砂浆	m²	20.391	23.57	12.71	6.14	0.26	3.54	0.92	
	A11-5	混凝土面天棚混合砂浆现浇(5+5)mm	100 m²	0.204	2356.42	1270.7	614.12	26.04	354.01	91.55	

表-09

工程量清单综合单价分析表

工程名称：1号办公楼

序号	项目编码	项目名称及项目特征描述	单位	工程量	综合单价(元)	人工费	材料费	机械费	管理费	利润	其中:暂估价
								综合单价（元）			
69	011302001001	铝合金板条吊顶天棚（吊顶1） (1)0.8~1.0 mm厚铝合金条板面层 (2)条板轻钢龙骨 TG45×48（或 50×26），中距≤1200 mm (3)U形轻钢大龙骨[38×12×1.2,中距≤1200 mm,与钢筋吊杆固定 (4)φ6 钢筋吊杆,双向中距≤1200 mm,与板底预埋吊环固定。 (5)现浇混凝土板底预留 φ10 钢筋吊环,双向中距≤1200 mm（预制板可在板缝内预留吊环）	m²	444.345	130.9	25.75	95.89	0.31	7.11	1.84	
	A11-72	铝合金条板天棚龙骨	100 m²	4.443	3162.93	1451.74	1171.29	30.58	404.67	104.65	
	A11-109	铝合金条板天棚闭缝	100 m²	4.443	9928.19	1123.12	8419.17		306.61	79.29	
70	011302001002	岩棉吸声板吊顶天棚（吊顶2） (1)12 mm厚矿棉吸声板用专用黏结剂粘贴 (2)9.5 mm厚纸面石膏板（3000 mm×1200 mm）用自攻螺丝固定中距≤200 mm (3)U形轻钢横撑龙骨 U27×60×0.63，中距 1200 mm (4)U形轻钢中龙骨 U27×60×0.63，中距等于板材 1/3 宽度 (5)φ8 螺栓吊杆,双向中距≤1200 mm,与钢筋吊环固定 (6)现浇混凝土板底预留 φ10 钢筋吊环,双向中距≤1200 mm	m²	42.372	131.6	35.63	83.62	0.08	9.75	2.52	

表-09

工程量清单综合单价分析表

工程名称：1 号办公楼

序号	项目编码	项目名称及项目特征描述	单位	工程量	综合单价（元）	综合单价（元）					其中：暂估价
						人工费	材料费	机械费	管理费	利润	
71	A11-29	装配式 U 形轻钢天棚龙骨（不上人型）面层规格 600 mm×600 mm 平面	100 m²	0.424	4940.34	1521.23	2885.47	8.15	417.52	107.97	
	A11-76	天棚石膏板基层	100 m²	0.424	2974.31	1158.3	1418.01		316.22	81.78	
	A11-91	天棚矿棉板面层搁放在龙骨上	100 m²	0.424	5236.97	881.17	4053.03		240.56	62.21	
	桂 01130300200	窗井 6+0.76PVB+6 夹胶玻璃采光棚 参 06J505-1-（6/S14）	m²	13.822							
	B-	窗井 6+0.76PVB+6 夹胶玻璃采光棚	m²	13.822							
72	011406003001	内墙面刮腻子（内墙面 1） 刮双飞粉腻子两遍	m²	1310.124	11.15	7.15	1.55		1.95	0.5	
	A13-204	刮熟胶粉腻子内墙面两遍	100 m²	13.101	1115.46	714.71	155.17		195.12	50.46	
73	011406003002	天棚面刮腻子（天棚 1） 刮双飞粉腻子两遍	m²	46.251	12.89	8.44	1.55		2.3	0.6	
	A13-204	刮熟胶粉腻子内墙面两遍 如为梁、柱、天棚面挂腻子人工×1.18	100 m²	0.463	1288.31	843.36	155.17		230.24	59.54	
74	011407001001	刷（喷）内墙涂料（内墙面 1） 刷白色乳胶漆两遍	m²	1310.124	11.62	5.57	4.14		1.52	0.39	
	A13-210	乳胶漆内墙、柱、天棚抹灰面两遍	100 m²	13.101	1162.23	556.84	414.06		152.02	39.31	
75	011407002001	刷（喷）天棚涂料（天棚 1） 刷白色乳胶漆两遍	m²	46.251	11.62	5.57	4.14		1.52	0.39	
	A13-210	乳胶漆内墙、柱、天棚抹灰面两遍	100 m²	0.463	1162.23	556.84	414.06		152.02	39.31	

表-09

341

工程量清单综合单价分析表

工程名称：1 号办公楼

序号	项目编码	项目名称及项目特征描述	单位	工程量	综合单价（元）	人工费	材料费	机械费	管理费	利润	其中：暂估价
									综合单价（元）		
76	011503001001	竖条式不锈钢扶手栏杆（楼梯） （1）做法采用 11ZJ401W/1215/37 （2）不锈钢材质：201	m	9.321	174.56	54.24	87.94	10.23	17.6	4.55	
	A14-108	不锈钢管栏杆直线型竖条式（圆管）	10 m	0.932	1259.19	417.85	655.3	31.61	122.7	31.73	
	A14-119	不锈钢管扶手直形 φ60	10 m	0.932	354.93	89.23	206.46	21.27	30.17	7.8	
	A14-124	不锈钢弯头 φ60	10 个	0.2	613.41	164.74	82.43	230.45	107.89	27.9	
		单价措施项目									
		±0.00 以上建筑工程									
		分部分项工程									
77	010401004001	多孔砖墙 岩砖墙 （1）砖品种、规格、强度等级：多孔页 （2）墙体类型：直形墙 （3）墙体厚度：240 mm （4）砂浆强度等级、配合比：M5 水泥砂浆	m³	18.826	490.61	129.78	302.05	3.36	44.16	11.26	
	A3-11	混水 砖墙多孔砖 240 mm×115 mm×90 mm 墙体厚度 24 cm 换为【水泥砂浆中砂 M5】	10 m³	1.883	4905.18	1297.49	3019.9	33.64	441.54	112.61	

表-09

工程量清单综合单价分析表

工程名称:1号办公楼

序号	项目编码	项目名称及项目特征描述	单位	工程量	综合单价(元)	综合单价(元)					
						人工费	材料费	机械费	管理费	利润	其中:暂估价
78	010401004002	多孔砖墙 (1)砖品种,规格,强度等级:多孔页岩砖墙 (2)墙体类型:弧形墙 (3)墙体厚度:240 mm (4)砂浆强度等级,配合比:M5 水泥砂浆	m³	1.295	510.85	143.27	303.16	3.37	48.64	12.41	
	A3-11	混水砖墙多孔砖 240 mm×115 mm×90 mm 墙体厚度 24 cm 如为单面清水墙,清水柱时人工×1.1 换为【水泥砂浆中砂 M5】	10 m³	0.13	5088.94	1427.24	3019.9	33.64	484.57	123.59	
79	010402001001	砌块墙 (1)砌块品种,规格,强度等级:陶粒混凝土空心砌块 (2)墙体类型:直形墙 (3)墙体厚度:240 mm (4)砂浆强度等级,配合比:M5 水泥砂浆 (5)填充材料种类:C20 混凝土	m³	142.267	413.19	101.22	267.37	1.74	34.15	8.71	
	A3-61	陶粒混凝土空心砌块墙墙体厚度 24 cm 换为【水泥砂浆中砂 M5】	10 m³	14.227	4131.78	1012.21	2673.6	17.36	341.51	87.1	
80	010402001002	砌块墙 (1)砌块品种,规格,强度等级:陶粒混凝土空心砌块 (2)墙体类型:弧形墙 (3)墙体厚度:240 mm (4)砂浆强度等级,配合比:M5 水泥砂浆 (5)填充材料种类:C20 混凝土	m³	17.732	427.47	111.33	267.33	1.74	37.5	9.57	

工程量清单综合单价分析表

工程名称：1 号办公楼

序号	项目编码	项目名称及项目特征描述	单位	工程量	综合单价（元）	综合单价（元）					
						人工费	材料费	机械费	管理费	利润	其中：暂估价
81		陶粒混凝土空心砌块墙墙体厚度 24 cm 如为砌筑圆形（包括弧形）砖墙及砌块墙，半径≤10 m 者人工×1.1 换为【水泥砂浆中砂 M5】	10 m³	1.773	4275.13	1113.43	2673.6	17.36	375.08	95.66	
	A3-61										
	010402001003	砌块墙 （1）砌块品种、规格、强度等级：陶粒混凝土空心砌块 （2）墙体类型：直形墙 （3）墙体厚度：190 mm （4）砂浆强度等级、配合比：M5 水泥砂浆 （5）填充材料种类：C20 混凝土	m³	276.575	439.82	110.56	280.77	1.74	37.25	9.5	
82	A3-60	陶粒混凝土空心砌块墙墙体厚度 19 cm 换为【水泥砂浆中砂 M5】	10 m³	27.657	4398.15	1105.57	2807.74	17.36	372.48	95	
	010402001004	砌块墙 （1）砌块品种、规格、强度等级：陶粒混凝土空心砌块 （2）墙体类型：直形墙 （3）墙体厚度：90 mm （4）砂浆强度等级、配合比：M5 水泥砂浆 （5）填充材料种类：C20 混凝土	m³	1.234	539.22	133.24	348.06	1.73	44.77	11.42	
83	A3-58	陶粒混凝土空心砌块墙墙体厚度 9 cm 换为【水泥砂浆中砂 M5】	10 m³	0.123	5409.81	1336.76	3491.97	17.36	449.16	114.56	
	010404001001	台阶垫层 300 mm 厚 3：7灰土垫层分两层夯实	m³	2.304	201.06	59.99	114.78	0.93	20.21	5.15	

工程量清单综合单价分析表

工程名称：1 号办公楼

序号	项目编码	项目名称及项目特征描述	单位	工程量	综合单价（元）	人工费	材料费	机械费	管理费	利润	其中：暂估价
	A3-89	灰土垫层	10 m³	0.23	2014.07	600.95	1149.78	9.29	202.42	51.63	
84	010404001002	散水垫层 150 mm 厚 3：7 灰土垫层，宽出面层 300 mm	m³	26.338	201.42	60.1	114.99	0.93	20.24	5.16	
	A3-89	灰土垫层	10 m³	2.634	2014.07	600.95	1149.78	9.29	202.42	51.63	
85	010502001003	矩形柱 （1）混凝土种类：商品混凝土 （2）混凝土强度等级:C30	m³	118.49	550.52	52.85	466.65	8.39	18.03	4.6	
	A4-18	混凝土柱矩形（碎石）换为【碎石 GD40 商品普通混凝土 C30】	10 m³	11.849	5319.64	503.14	4589.21	12.59	171.07	43.63	
	A18-3	混凝土泵送输送泵车檐高 60 m 以内 换为【碎石 GD40 商品普通混凝土 C30】	100 m³	1.203	1827.59	249.6	761.67	702.54	90.45	23.33	
86	010502001002	矩形柱 （1）混凝土种类：商品混凝土 （2）混凝土强度等级:C25	m³	0.333	533.75	52.1	451.74	7.6	17.78	4.53	
	A4-18	混凝土柱矩形（碎石）换为【碎石 GD40 商品普通混凝土 C25】［泵车檐高 60 m］	10 m³	0.033	5221.08	503.14	4490.65	12.59	171.07	43.63	
	A18-3	混凝土泵送输送泵车檐高 60 m 以内 换为【碎石 GD40 商品普通混凝土 C25】	100 m³	0.003	1813.03	249.6	747.11	702.54	90.45	23.33	
87	010504001001	直形墙 （1）混凝土种类：商品混凝土 （2）混凝土强度等级:C30	m³	27.964	522.77	33.43	466.43	8.37	11.58	2.96	

工程量清单综合单价分析表

工程名称:1 号办公楼

序号	项目编码	项目名称及项目特征描述	单位	工程量	综合单价（元）	综合单价（元）					
						人工费	材料费	机械费	管理费	利润	其中:暂估价
	A4-28	墙混凝土（碎石 GD40 商品普通混凝土 C30）换为【碎石 GD40 商品普通混凝土 C30】[泵车檐高 60 m]	10 m³	2.796	5042.75	309	4587.58	12.38	106.6	27.19	
	A18-3	混凝土泵送泵车檐高 60 m 以内 换为【碎石 GD40 商品普通混凝土 C30】	100 m³	0.284	1827.59	249.6	761.67	702.54	90.45	23.33	
88	010505001001	有梁板 (1)混凝土种类:商品混凝土 (2)混凝土强度等级:C30	m³	456.735	529.72	35.03	471.22	8.27	12.11	3.09	
	A4-31	混凝土有梁板（碎石）换为【碎石 GD40 商品普通混凝土 C30】[泵车檐高 60 m]	10 m³	45.673	5114.38	325.3	4636.05	12.43	112.03	28.57	
	A18-3	混凝土泵送输送泵车檐高 60 m 以内 换为【碎石 GD40 商品普通混凝土 C30】	100 m³	4.567	1827.59	249.6	761.67	702.54	90.45	23.33	
89	010505006001	栏板 (1)混凝土种类:商品混凝土 (2)混凝土强度等级:C30	m³	5.508	759.42	200.93	467.73	7.02	66.72	17.02	
	A4-36	混凝土栏板（碎石）换为【碎石 GD40 商品普通混凝土 C30】[泵车檐高 60 m]	10 m³	0.551	7409.05	1983.66	4599.59	12.69	657.98	167.82	
	A18-3	混凝土泵送输送泵车檐高 60 m 以内 换为【碎石 GD40 商品普通混凝土 C30】	100m³	0.055	1827.59	249.6	761.67	702.54	90.45	23.33	
90	010505008001	雨篷、悬挑板、阳台板 (1)混凝土种类:商品混凝土 (2)混凝土强度等级:C30	m³	16.486	626.06	120.2	446.89	8.3	40.37	10.3	
	A4-38	混凝土悬挑板（碎石）[泵车檐高 60 m]	10 m³	1.649	6080.49	1176.71	4395.95	12.69	394.52	100.62	

表-09

346

工程量清单综合单价分析表

工程名称:1号办公楼

序号	项目编码	项目名称及项目特征描述	单位	工程量	综合单价(元)	综合单价(元)					
						人工费	材料费	机械费	管理费	利润	其中:暂估价
91	A18-3	混凝土泵送泵车檐高 60 m 以内 换为【碎石 GD40 商品普通混凝土 C20】	100 m³	0.165	1783.9	249.6	717.98	702.54	90.45	23.33	
	010506001001	直形楼梯 (1)混凝土种类:商品混凝土 (2)混凝土强度等级:C30	m²	49.628	128.04	21.02	96.08	1.99	7.13	1.82	
	A4-49	混凝土直形楼梯板厚 100 mm(碎石)【泵车檐高 60 m】	10 m²	1.632	1115.08	185.25	847.1	3.96	62.76	16.01	
	A4-49	混凝土直形楼梯板厚 100 mm(碎石)实际厚度:130 mm【泵车檐高 60 m】	10 m²	3.331	1302.55	214.14	992.81	4.56	72.54	18.5	
	A18-3	混凝土泵送泵车檐高 60 m 以内【碎石 GD20 商品普通混凝土】	100 m³	0.11	1783.9	249.6	717.98	702.54	90.45	23.33	
92	010501001001	台阶平台垫层 (1)100 mm 厚 C15 混凝土 (2)混凝土种类:商品混凝土	m³	2.781	472.01	30.96	427.09	0.76	10.52	2.68	
	A4-3	混凝土垫层(碎石)换为【碎石 GD40 商品普通混凝土 C15】	10 m³	0.278	4721.84	309.74	4272.44	7.57	105.25	26.84	
93	010502002001	构造柱 (1)混凝土种类:商品混凝土 (2)混凝土强度等级:C25	m³	17.769	545.66	66.99	449	1.26	22.64	5.77	
	A4-20	混凝土柱构造柱(碎石)换为【碎石 GD40 商品普通混凝土 C25】	10 m³	1.777	5456.29	669.86	4489.73	12.59	226.37	57.74	
94	010503004001	圈梁 (1)混凝土种类:商品混凝土 (2)混凝土强度等级:C25	m³	14.083	534.65	57.56	452.02	0.78	19.35	4.94	

表-09

工程量清单综合单价分析表

工程名称：1号办公楼

序号	项目编码	项目名称及项目特征描述	单位	工程量	综合单价（元）	综合单价（元）					其中：暂估价
						人工费	材料费	机械费	管理费	利润	
95	A4-24	混凝土圈梁（碎石）换为【碎石 GD40 商品普通混凝土 C25】	10 m³	1.408	5347.66	575.76	4521.14	7.82	193.57	49.37	
	010503005001	过梁(1)混凝土种类：商品混凝土(2)混凝土强度等级：C25	m³	5.094	556.26	68.93	456.83	1.27	23.29	5.94	
	A4-25	混凝土过梁（碎石）换为【碎石 GD40 商品普通混凝土 C25】	10 m³	0.509	5566.96	689.87	4571.92	12.69	233.04	59.44	
96	010507001001	散水、坡道 60 mm厚 C15 混凝土 撒 1:1水泥砂子，压实赶光	m²	103.439	64.16	13.59	44.28	0.58	4.55	1.16	
	A4-60	散水混凝土 60 mm 厚随捣随光面(碎石)	100 m²	1.034	6296.23	1342.69	4380.74	9.77	448.61	114.42	
	A18-3	混凝土泵送输送车檐高 60 m 以内 换为【碎石 GD40 商品普通混凝土 C15】	100 m³	0.071	1782.44	249.6	716.52	702.54	90.45	23.33	
97	010507004001	台阶(1)100 mm 厚 C15 混凝土(2)混凝土种类：商品混凝土	m³	0.768	525.92	60.25	437.71	2.03	20.66	5.27	
	A4-58	混凝土台阶（碎石）换为【碎石 GD20 商品普通混凝土 C15】	10 m³	0.077	5245.56	600.95	4365.68	20.3	206.07	52.56	
98	010507005001	扶手、压顶(1)混凝土种类：商品混凝土(2)混凝土强度等级：C25	m³	2.064	642.95	124.69	466.35		41.36	10.55	
	A4-53	混凝土压顶、扶手（碎石）换为【碎石 GD40 商品普通混凝土 C25】	10 m³	0.206	6442.01	1249.33	4672.59		414.4	105.69	
99	010515001001	现浇构件圆钢筋制安 φ10 以内	t	3.449	4601.62	709.14	3578.18	13.48	239.69	61.13	

表-09

348

工程量清单综合单价分析表

工程名称：1号办公楼

序号	项目编码	项目名称及项目特征描述	单位	工程量	综合单价（元）	综合单价（元）					
						人工费	材料费	机械费	管理费	利润	其中：暂估价
100	A4-236	现浇构件圆钢筋制安 φ10 以内	t	3.449	4601.62	709.14	3578.18	13.48	239.69	61.13	
	010515001003	现浇构件螺纹钢制安 φ10 以内	t	40.666	4925.19	878.83	3656.76	16.76	297.07	75.77	
	A4-240	现浇构件螺纹钢制安 φ10 以内	t	40.666	4925.19	878.83	3656.76	16.76	297.07	75.77	
101	010515001004	现浇构件螺纹钢制安 φ10 以上	t	81.628	4475.76	520.92	3596.91	99.6	205.83	52.5	
	A4-241	现浇构件螺纹钢制安 φ10 以上	t	81.628	4475.76	520.92	3596.91	99.6	205.83	52.5	
102	桂 010515011001	砌体加固筋	t	2.54	4794.33	877.34	3534.3	12.32	295.1	75.27	
	A4-318	砖砌体加固钢筋不绑扎	t	2.54	4794.33	877.34	3534.3	12.32	295.1	75.27	
103	010902001001	屋面卷材防水（屋面1）4 mm厚 SBS 防水卷材（自带保护层）一道	m²	618.847	41.39	4.69	34.74		1.56	0.4	
	A7-47	改性沥青防水卷材热贴屋面一层满铺	100 m²	6.188	4138.46	469.05	3474.15		155.58	39.68	
104	010904002001	楼（地）面涂膜防水（楼面2）(1)1.2 mm 厚聚合物水泥防水涂料，四周沿墙上翻150 mm (2)刷冷底子油一遍	m²	237.862	27.38	3.97	21.75		1.32	0.34	
	A7-130	聚合物水泥防水涂料涂膜 1.2 mm 厚平面	100 m²	2.379	2272.96	280.1	1876.25		92.91	23.7	
	A7-140	刷冷底子油防水第一遍	100 m²	2.379	462.75	116.34	297.98		38.59	9.84	
105	010904004001	散水楼（地）面变形缝	m	15.31	13.61	4.87	6.71		1.62	0.41	
	A7-194	沥青砂浆填缝	100 m	0.153	1362.45	487.58	671.89		161.73	41.25	

BIM 建筑工程计量与计价实训（广西版）

工程量清单综合单价分析表

工程名称：1号办公楼

序号	项目编码	项目名称及项目特征描述	单位	工程量	综合单价(元)	人工费	材料费	机械费	管理费	利润	其中：暂估价
106	011001001001	保温隔热屋面（屋面1）干铺聚苯乙烯板厚度50 mm	m²	588.262	30.41	8.15	18.83	0.03	2.71	0.69	
	A8-21	屋面保温挤塑聚苯板厚度50 mm	100 m²	5.883	3042.28	815.1	1883.24	3.26	271.45	69.23	
107	011001001002	保温隔热屋面（屋面1）1:8水泥珍珠岩找坡最薄处30 mm厚或结构找坡。	m²	588.262	38.33	5.76	30.17		1.91	0.49	
	A8-6	屋面保温现浇水泥珍珠岩1:8厚度100 mm	100 m²	5.883	3496.82	532.78	2742.25		176.72	45.07	
	A8-7	屋面保温现浇水泥珍珠岩1:8每增减10 mm	100 m²	5.883	335.11	42.98	274.23		14.26	3.64	
108	011001003001	外墙外保温胶粉聚苯颗粒厚度30 mm 涂料饰面 (1)刷素水泥浆一遍（内掺水重3%~5%白乳胶）(2)胶粉聚苯颗粒保温砂浆 (3)4 mm厚耐碱玻纤网布抗裂砂浆，内掺5%JX-Ⅱ防水剂	m²	1238.596	95.71	22.74	62.61	0.63	7.75	1.98	
	A8-64	外墙外保温胶粉聚苯颗粒厚度30 mm 面砖饰面	100 m²	12.386	9570.59	2274.13	6260.91	62.72	775.13	197.7	
109	011001003002	外墙外保温胶粉聚苯颗粒厚度30 mm 涂料饰面 (1)刷素水泥浆一遍（内掺水重3%~5%白乳胶）(2)胶粉聚苯颗粒保温砂浆 (3)4 mm厚耐碱玻纤网布抗裂砂浆，内掺5%JX-Ⅱ防水剂	m²	160.761	78.35	19.78	49.44	0.63	6.77	1.73	

工程量清单综合单价分析表

工程名称:1号办公楼

序号	项目编码	项目名称及项目特征描述	单位	工程量	综合单价(元)	人工费	材料费	机械费	管理费	利润	其中:暂估价
	A8-63	外墙外保温胶粉聚苯颗粒厚度 30 mm 涂料饰面	100 m²	1.608	7832.23	1977.73	4942.34	62.72	676.82	172.62	
110	桂 011701001001	扣件式钢管外脚手架双排 10 m 以内	m²	17.77	21.59	12	3.95	0.46	4.13	1.05	
	A15-5	扣件式钢管外脚手架双排 10 m 以内	100 m²	0.178	2155.66	1198.2	394.31	45.43	412.51	105.21	
111	桂 011701001002	扣件式钢管外脚手架双排 20 m 以内	m²	1587.039	22.93	12.3	4.99	0.37	4.2	1.07	
	A15-6	扣件式钢管外脚手架双排 20 m 以内	100 m²	15.87	2293.93	1230.06	498.94	37.32	420.39	107.22	
112	桂 011701002001	扣件式钢管里脚手架 3.6 m 以内	m²	1317.429	4.9	2.89	0.59	0.15	1.01	0.26	
	A15-1	扣件式钢管里脚手架 3.6 m 以内	100 m²	11.854	544.51	321.59	66.06	16.23	112.05	28.58	
113	桂 011701002002	扣件式钢管里脚手架 3.6 m 以上	m²	524.651	7.51	4.25	1.22	0.19	1.47	0.38	
	A15-2	扣件式钢管里脚手架 3.6 m 以上	100 m²	4.765	827.67	468.31	134.54	21.09	162.33	41.4	
114	桂 011701001003	弧形外脚手架 20 m 以内	m²	116.993	28.16	15.99	4.99	0.37	5.43	1.38	
	A15-6	扣件式钢管外脚手架双排 20 m 以内 如为圆形(包括弧形时)人工×1.3	100 m²	1.17	2816.57	1599.08	498.94	37.32	542.79	138.44	
115	桂 011701011001	楼板现浇混凝土运输道	m²	2485.673	10.66	5.39	2.17	0.6	1.99	0.51	
	A15-28	钢管现浇混凝土运输道楼板钢管架	100 m²	24.857	1064.63	538.71	216.62	60.04	198.61	50.65	
116	011703001001	建筑物垂直运输	m²	2485.673	18.42		16.46	1.56	0.4		

表-09

351

工程量清单综合单价分析表

工程名称:1号办公楼

序号	项目编码	项目名称及项目特征描述	单位	工程量	综合单价(元)	人工费	材料费	机械费	管理费	利润	其中:暂估价
	A16-4	建筑物垂直运输高度 20 m 以内框架结构塔吊、卷扬机 如采用泵送混凝土时机械[990904001]含量×0.8	100 m²	24.857	1842.82			1646.11	156.38	40.33	
117	01170200 2001	矩形柱 模板高度:3.6 m 以内	m²	669.104	41.16	22.44	8.55	0.58	7.64	1.95	
	A17-50	矩形柱胶合板模板钢支撑	100 m²	6.691	4116.38	2244.49	854.66	58.5	763.9	194.83	
118	01170200 2002	矩形柱 模板高度:3.74 m	m²	246.27	42.2	23.1	8.65	0.59	7.86	2	
	A17-50	矩形柱胶合板模板钢支撑 实际高度:3.74 m	100 m²	2.463	4167.8	2277.06	859.62	58.73	774.78	197.61	
	A17-60	柱支撑超过 3.6 m 每增加 1 m 钢支撑 单价×0.14	100 m²	2.463	51.41	32.57	4.96	0.23	10.88	2.77	
119	01170201 1001	直形墙 模板高度:3.6 m 以内	m²	212.826	34.73	16.15	11.07	0.56	5.54	1.41	
	A17-83	直形墙胶合板模板钢支撑	100 m²	2.128	3474.02	1615.38	1106.8	56.03	554.41	141.4	
120	01170201 1002	直形墙模板高度:3.74 m	m²	70.218	35.33	16.54	11.09	0.57	5.68	1.45	
	A17-83	直形墙胶合板模板钢支撑 实际高度:3.74 m	100 m²	0.702	3504.11	1635.09	1108.17	56.6	561.13	143.12	
	A17-87	墙支撑高度超过 3.6 m 每增加 1 m 钢支撑 单价×0.14	100 m²	0.702	30.1	19.71	1.37	0.57	6.73	1.72	
121	01170201 4001	有梁板 模板高度:3.6 m 以内	m²	2506.175	51.25	25.64	13.58	0.96	8.82	2.25	
	A17-91	有梁板胶合板模板钢支撑	100 m²	25.062	5124.44	2563.86	1357.72	95.69	882.17	225	
122	01170201 4002	有梁板 模板高度:3.74 m	m²	791.684	53.36	27	13.72	0.99	9.28	2.37	

工程量清单综合单价分析表

工程名称:1号办公楼

序号	项目编码	项目名称及项目特征描述	单位	工程量	综合单价(元)	综合单价(元)					
						人工费	材料费	机械费	管理费	利润	其中:暂估价
	A17-91	有梁板胶合板模板钢支撑 实际高度:3.74 m	100 m²	7.917	5229.99	2631.91	1364.62	97.29	905.28	230.89	
	A17-105	板支撑超过3.6 m 每增加1 m 钢支撑 单价×0.14	100 m²	7.917	105.54	68.05	6.9	1.6	23.1	5.89	
123	011702021001	栏板	m²	80.069	60.87	22.49	28.3	0.5	7.63	1.95	
	A17-107	栏板木模板木支撑	100 m²投影面积	0.801	6084.28	2248.19	2829.35	50	762.31	194.43	
124	011702023001	雨篷、悬挑板、阳台板 模板高度:3.6 m 以内	m²	127.088	115.19	55.12	34.75	1.67	18.84	4.81	
	A17-109	悬挑板直形木模板木支撑	10 m²投影面积	12.707	1152.07	551.3	347.54	16.75	188.42	48.06	
125	011702024001	楼梯	m²	49.628	135.92	73.29	26.58	3.91	25.61	6.53	
	A17-115	楼梯直形胶合板模板钢支撑	10 m²投影面积	4.963	1359.1	732.85	265.83	39.07	256.05	65.3	
126	011702003001	构造柱 模板高度:3.6 m 以内	m²	197.533	52.8	27.49	13.55	0.22	9.19	2.35	
	A17-58	构造柱胶合板模板木支撑	100 m²	1.975	5281.66	2749.85	1355.23	22.46	919.58	234.54	
127	011702008001	圈梁	m²	116.552	40.1	22.06	8.51	0.24	7.4	1.89	
	A17-72	圈梁直形胶合板模板木支撑	100 m²	1.166	4008.46	2205.22	850.55	24.47	739.59	188.63	
128	011702009001	过梁	m²	81.4	69.4	35.58	18.21	0.56	11.99	3.06	
	A17-76	过梁胶合板模板木支撑	100 m²	0.814	6940.24	3558.28	1821.45	55.92	1198.83	305.76	
129	011702027001	台阶	m²	7.68	35.62	19.12	8.04	0.35	6.46	1.65	

工程名称：1号办公楼

工程量清单综合单价分析表

序号	项目编码	项目名称及项目特征描述	单位	工程量	综合单价（元）	人工费	材料费	机械费	管理费	利润	其中：暂...
130	A17-122	台阶木模板木支撑	10 m² 投影面积	0.768	356.09	191.18	80.42	3.46	64.56	16.47	
	011702028001	扶手、压顶	m	121.27	33.59	17.71	7.98	0.37	6	1.53	
	A17-118	压顶、扶手木模板木支撑	100 延长米	1.213	3357.07	1770.25	797.73	36.81	599.4	152.88	
131	011702029001	散水	m²	103.439	0.99	0.49	0.3		0.16	0.04	
	A17-123	混凝土散水混凝土 60 mm 厚木模板木支撑	100 m²	0.139	737.76	364.57	221.42		120.93	30.84	
		±0.00 以上装饰装修工程									
		分部分项工程									
132	010801001001	木质夹板门 M1021	m²	180.6	345.24	12.18	328.88		3.32	0.86	
	A12-28	装饰成品门安装	100 m²	1.806	34523.39	1217.5	32887.55		332.38	85.96	
133	010801004001	木质乙级防火门 FM 乙 1121	m²	2.31	362.27	45.3	301.4		12.37	3.2	
	A12-81	防火门木质	100 m²	0.023	36384.34	4549.97	30271		1242.14	321.23	
134	010805002001	旋转门 M5021	樘	1	42735.04		42735.04				
补子目 3		旋转门	樘	1	42735.04		42735.04				
135	010807001001	塑钢窗	m²	330.42	229.71	36.63	179.96	0.4	10.11	2.61	
	A12-128	塑钢窗平开窗带亮	100 m²	3.304	22972.9	3662.8	17997.2	40.46	1010.99	261.45	
136	桂 010811001001	防火锁	把	1	148.67	34.32	102.56		9.37	2.42	
	A12-143	特殊五金地锁	把	1	148.67	34.32	102.56		9.37	2.42	

表-09

工程量清单综合单价分析表

工程名称：1号办公楼

表-09

序号	项目编码	项目名称及项目特征描述	单位	工程量	综合单价（元）	综合单价（元）					
						人工费	材料费	机械费	管理费	利润	其中：暂估价
137	桂010811001002	闭门器	套	1	119.85	12.87	102.56		3.51	0.91	
	A12-149	特殊五金闭门器明装	套	1	119.85	12.87	102.56		3.51	0.91	
138	桂010811001003	防火铰链	副	3	67.46	40.33	13.27		11.01	2.85	
	A12-151	特殊五金防火门防火铰链	副	3	67.46	40.33	13.27		11.01	2.85	
139	桂010811002001	门窗周边塞缝	m	1410.474	7.25	4.8	0.8		1.31	0.34	
	A12-166	门窗周边塞缝水泥砂浆 1:2.5	100m	14.105	725.48	480.48	79.91		131.17	33.92	
140	桂011201005001	墙面钉（挂）网 0.5 mm 镀锌铁丝网（网眼 25 mm ×25 mm）	m²	3229.356	10.89	6.41	2.19	0.06	1.77	0.46	
	A10-68	墙面钉（挂）网铁丝网	100 m²	32.294	1088.15	640.93	218.69	6.18	176.66	45.69	
141	011101001001	水泥砂浆楼地面（楼面 4）(1)20 mm厚1:2水泥砂浆抹面压光 (2)素水泥浆结合层一道	m²	260.04	22.14	7.8	11.16	0.37	2.23	0.58	
	A9-10	水泥砂浆整体面层楼地面 20 mm	100 m²	2.6	2214.3	780.27	1116.37	36.89	223.08	57.69	
142	011101003001	细石混凝土楼地面（楼面 2）最薄处 30 mm 厚 C20 细石混凝土找坡层抹平	m²	173.854	25.41	5.61	17.83	0.03	1.54	0.4	
	A9-4	细石混凝土找平层 40 mm	100 m²	1.739	2539.76	560.94	1782.09	2.97	153.95	39.81	
143	011101006001	平面砂浆找平层（屋面 1）20 mm 厚 1:3水泥砂浆找平层	m²	588.262	18.35	6.5	9.13	0.37	1.87	0.48	
	A9-1	水泥砂浆找平层混凝土或硬基层上 20 mm	100 m²	5.883	1835.21	649.86	912.5	36.89	187.48	48.48	

工程量清单综合单价分析表

工程名称：1 号办公楼

序号	项目编码	项目名称及项目特征描述	单位	工程量	综合单价（元）	综合单价（元）					
					综合单价（元）	人工费	材料费	机械费	管理费	利润	其中：暂估价
144	01110200 1001	石材楼地面（楼面 3） （1）20 mm 厚大理石铺实拍平，水泥浆擦缝 （2）30 mm 厚 1：4 干硬性水泥砂浆结合层 （3）素水泥浆合层一遍	m²	431.848	236.15	26	197.77	2.56	7.8	2.02	185.03
	A9-28	大理石楼地面不拼花水泥砂浆	100 m²	4.318	23617.36	2600.6	19778.7	256.4	779.96	201.7	18504.84
145	01110200 1002	石材楼地面 台阶入口平台 （1）20 mm 厚花岗岩面层，稀水泥浆擦缝 （2）撒素水泥面 （3）30 mm 厚 1：3 干硬性水泥砂浆结合层，向外坡 1% （4）水泥浆一道	m²	27.808	176.93	27.29	136.28	2.96	8.26	2.14	
	A9-48	花岗岩楼地面不拼花水泥砂浆　换为【水泥砂浆 1：3】	100 m²	0.278	17697.52	2730.16	13631.71	295.9	826.11	213.64	
146	01110200 3001	块料楼地面（楼面 2） （1）8~10 mm 厚 400 mm×400 mm 防滑砖砖铺实拍平，水泥浆擦缝 （2）20 mm 厚 1：4 干硬性水泥砂浆	m²	175.414	92.65	24.95	56.21	2.18	7.4	1.91	47.17
	A9-81	陶瓷地砖楼地面每块周长 1600 mm 以内水泥砂浆密缝	100 m²	1.754	9266.35	2495.06	5621.61	217.61	740.56	191.51	4717.05
147	01110200 3002	块料楼地面（楼面 1） （1）8~10 mm 厚 600 mm×600 mm 陶瓷地砖铺实拍平，水泥浆擦缝 （2）20 mm 厚 1：4 干硬性水泥砂浆 （3）素水泥浆结合层一遍	m²	1302.708	129.01	26.34	90.69	2.18	7.79	2.01	81.64

表-09

工程量清单综合单价分析表

工程名称:1号办公楼

序号	项目编码	项目名称及项目特征描述	单位	工程量	综合单价(元)	人工费	材料费	机械费	管理费	利润	其中:暂估价
148	A9-83	陶瓷地砖楼地面每块周长 2400 mm 以内水泥砂浆密缝	100 m²	13.027	12900.2	2634.06	9068.69	217.61	778.51	201.33	8164.13
	011105001001	水泥砂浆踢脚线(踢脚 3)(1)15 mm 厚 1:3 水泥砂浆(2)10 mm 厚 1:2 水泥抹面砂浆压光(3)高度:100 mm	m²	28.999	51.07	29.25	11.15	0.46	8.11	2.1	
	A9-15	水泥砂浆踢脚线	100 m²	0.29	5105.67	2924.73	1114.78	45.57	810.89	209.7	
149	011105002001	石材踢脚线(踢脚 2)(1)15 mm 厚 1:3 水泥砂浆(2)5~6 mm 厚 1:1 水泥砂浆加水重 20%建筑胶镶贴(3)10 mm 厚大理石板(4)高度:100 mm	m²	36.754	147.32	34.41	97.89	2.38	10.04	2.6	
	A9-37	大理石踢脚胸直形水泥砂浆	100 m²	0.368	14713.46	3436.29	9776.75	237.95	1003.07	259.4	
150	011105003001	块料踢脚线(踢脚 1)(1)17 mm 厚 1:3 水泥砂浆(2)3~4 mm 厚 1:1 水泥砂浆加水重 20%建筑胶镶贴(3)8~10 mm 厚面砖,水泥浆擦缝(4)高度:100 mm	m²	93.584	148.81	40.4	91.98	1.89	11.55	2.99	81.26
	A9-99	陶瓷地砖踢脚线水泥砂浆	100 m²	0.936	14877.27	4039.46	9196.21	188.78	1154.31	298.51	8124.3
151	011106001001	石材楼地面(楼面 3)(1)20 mm 厚大理石铺实拍平,水泥浆擦缝(2)30 mm 厚 1:4 干硬性水泥砂浆结合层(3)素水泥浆结合层一遍	m²	49.628	370.03	57.36	280.71	9.12	18.15	4.69	262.37
	A9-33	大理石楼梯水泥砂浆	100 m²	0.496	37023.64	5739.16	28086.74	912.3	1815.85	469.59	26251.47

表-09

工程量清单综合单价分析表

工程名称：1号办公楼

序号	项目编码	项目名称及项目特征描述	单位	工程量	综合单价（元）	综合单价（元）					其中：暂估价
						人工费	材料费	机械费	管理费	利润	
152	01110700 1001	石材台阶面 （1）20 mm 厚花岗岩面层，稀水泥浆擦缝 （2）撒素水泥面 （3）30 mm 厚 1：3 干硬性水泥砂浆结合层，向外坡 1% （4）水泥浆一道	m²	19.52	168.58	26.42	123.26	7.31	9.21	2.38	
	A9-54	花岗岩台阶直形水泥砂浆 换为【水泥砂浆 1：3】	100 m²	0.115	28615.49	4484.77	20922.23	1241.08	1563.16	404.25	
153	01120100 1001	墙面一般抹灰（外墙 5） （1）12 mm 厚 1：3 水泥砂浆 （2）8 mm 厚 1：2.5 水泥砂浆木抹搓平	m²	97.067	56.85	34.38	10.09	0.42	9.5	2.46	
	A10-24	外墙水泥砂浆砖墙（12＋8）mm 如设计墙面需钉网者人工×1.3	100 m²	0.971	5682.96	3436.55	1008.75	42.32	949.73	245.61	
154	01120100 1002	墙面一般抹灰（外墙 3） （1）12 mm 厚 1：3 水泥砂浆 （2）8 mm 厚 1：2.5 水泥砂浆木抹搓平	m²	174.127	56.83	34.36	10.09	0.42	9.5	2.46	
	A10-24	外墙水泥砂浆砖墙（12+8）mm 如设计墙面需钉网者人工×1.3	100 m²	1.741	5682.96	3436.55	1008.75	42.32	949.73	245.61	
155	01120100 1003	墙面一般抹灰（内墙 1） （1）15 mm 厚 1：1：6 水泥石灰砂浆 （2）5 mm 厚 1：0.5：3 水泥石灰砂浆	m²	3588.908	29.26	13.95	9.96	0.42	3.92	1.01	
	A10-20	内墙水泥砂浆砖墙（15+5）mm	100 m²	35.889	2927.49	1395.11	996.16	42.32	392.42	101.48	

工程量清单综合单价分析表

工程名称：1 号办公楼

序号	项目编码	项目名称及项目特征描述	单位	工程量	综合单价（元）	人工费	材料费	机械费	管理费	利润	其中：暂估价
156	011201001006	墙面一般抹灰（内墙面）挂钢丝网部分 （1）15 mm 厚 1：1：6 水泥石灰砂浆 （2）5 mm 厚 1：0.5：3 水泥石灰砂浆	m²	692.97	34.9	18.14	9.96	0.42	5.07	1.31	
	A10-20	内墙水泥砂浆砖墙（15+5）mm 如设计墙面需钉网者人工×1.3	100 m²	6.93	3489.83	1813.64	996.16	42.32	506.68	131.03	
157	桂 011204005001	石材墙面（墙裙 1） （1）15 mm 厚 1：3 水泥砂浆 （2）刷素水泥浆一遍 （3）4～5 mm 厚 1：1 水泥砂浆加水重 20%建筑胶镶贴 （4）10 mm 厚大理石，白水泥浆擦缝 （5）高度：1200 mm	m²	14.683	272.68	50.59	197.59	5.29	15.26	3.95	185.26
	A10-105	粘贴大理石水泥砂浆粘贴砖墙面	100 m²	0.147	27236	5053.62	19735.95	528.44	1523.9	394.09	18504.84
158	桂 011204005002	石材墙面（外墙 2） （1）30 mm 厚 1：2.5 水泥砂浆，分层灌浆 （2）20～30 mm 厚花岗岩石板（背面用双股 16 号钢丝绑扎与墙面固定）水泥浆擦缝	m²	100.178	239.43	61.21	147.83	6.97	18.61	4.81	
	A10-116	挂贴花岗岩砖墙面灌缝砂浆 30 mm	100 m²	1.002	23939.31	6120.11	14780.18	696.75	1861	481.27	

工程量清单综合单价分析表

工程名称：1号办公楼

序号	项目编码	项目名称及项目特征描述	单位	工程量	综合单价（元）	人工费	材料费	机械费	管理费	利润	其中：暂估价
159	桂011204007001	块料墙面（外墙1） (1)15 mm厚1:3水泥砂浆 (2)刷素水泥浆一遍 (3)4~5 mm厚1:1水泥砂浆加水重20%建筑胶镶贴 (4)8~10 mm厚200 mm×300 mm陶瓷面砖,白水泥浆擦缝	m²	1138.418	98.4	33.22	50.81	2.2	9.67	2.5	39.57
	A10-170	墙面、墙裙贴面砖水泥砂浆粘贴周长在1200 mm以内	100 m²	11.384	9839.95	3322.18	5081.12	219.67	966.93	250.05	3957.2
160	桂011204007002	300 mm×300 mm釉面块料墙面（内墙2） (1)15 mm厚1:3水泥砂浆 (2)刷素水泥浆一遍 (3)4~5 mm厚1:1水泥砂浆加水重20%建筑胶镶贴 (4)4~5 mm厚300 mm×300 mm釉面砖,白水泥浆擦缝	m²	626.539	98.4	33.22	50.81	2.2	9.67	2.5	39.57
	A10-170	墙面、墙裙贴面砖水泥砂浆粘贴周长在1200 mm以内	100 m²	6.265	9839.95	3322.18	5081.12	219.67	966.93	250.05	3957.2
161	011202001001	柱、梁面一般抹灰 (1)15 mm厚1:1:6水泥石灰砂浆 (2)5 mm厚1:0.5:3水泥石灰砂浆	m²	53.776	32.41	17.3	8.63	0.4	4.83	1.25	
	A10-15	独立砖柱混合砂浆矩形（15+5）mm	100 m²	0.538	3240.62	1729.73	862.61	40.15	483.18	124.95	
162	011209001001	带骨架幕墙 ZJC1	m²	218.778	567.83	128.71	371.56	17.37	39.88	10.31	
	A10-340	铝合金玻璃幕墙明框	100 m²	2.188	56777.41	12870	37152.28	1736.38	3987.54	1031.21	

表-09

360

工程量清单综合单价分析表

工程名称:1号办公楼

序号	项目编码	项目名称及项目特征描述	单位	工程量	综合单价(元)	综合单价(元)					其中:暂估价
						人工费	材料费	机械费	管理费	利润	
163	011301001001	天棚抹灰(天棚1)(1)钢筋混凝土板底面清理干净(2)5 mm厚1:1:4水泥石灰砂浆(3)5 mm厚1:0.5:3水泥石灰砂浆	m²	1502.54	23.57	12.71	6.14	0.26	3.54	0.92	
	A11-5	混凝土面天棚混合砂浆现浇(5+5)mm	100 m²	15.025	2356.42	1270.7	614.12	26.04	354.01	91.55	
164	011301001002	天棚抹灰(天棚1)(1)钢筋混凝土板底面清理干净(2)5 mm厚1:1:4水泥石灰砂浆(3)15 mm厚1:0.5:3水泥石灰砂浆	m²	61.938	23.55	12.7	6.14	0.26	3.54	0.91	
	A11-5	混凝土面天棚混合砂浆现浇(5+5)mm	100 m²	0.619	2356.42	1270.7	614.12	26.04	354.01	91.55	
165	011302001001	铝合金板条吊顶天棚(吊顶1)(1)0.8~1.0 mm厚铝合金条板面层(2)条板轻钢龙骨TC45×48(或50×26)中距≤1200 mm(3)U形轻钢大龙骨[38×12×1.2,中距≤1200 mm,与钢筋吊杆固定(4)φ6钢筋吊杆,双向中距≤1200 mm,与板底预埋吊环固定(5)现浇混凝土板底预留φ10钢筋吊环,双向中距≤1200 mm(预制板可在板缝内预留吊环)	m²	607.638	130.91	25.75	95.9	0.31	7.11	1.84	
	A11-72	铝合金条板天棚龙骨	100 m²	6.076	3162.93	1451.74	1171.29	30.58	404.67	104.65	
	A11-109	铝合金条板天棚闭缝	100 m²	6.076	9928.19	1123.12	8419.17		306.61	79.29	

工程量清单综合单价分析表

工程名称：1 号办公楼

序号	项目编码	项目名称及项目特征描述	单位	工程量	综合单价（元）	人工费	材料费	机械费	管理费	利润	其中：暂估价
166	011302001002	岩棉吸声板吊顶天棚（吊顶 2） （1）12 mm 厚矿"棉吸声板用专用黏结剂粘贴 （2）9.5 mm 厚纸面石膏板（3000 mm×1200 mm）用自攻螺丝固定中距≤200 mm （3）U 形轻钢黄撑龙骨 U27×60×0.63，中距 1200 mm （4）U 形轻钢中龙骨 U27×60×0.63，中距等平板材 1/3 宽度 （5）φ8 螺栓吊杆，双向中距≤1200 mm，与钢筋吊环固定。 （6）现浇混凝土板底预留 φ10 钢筋吊环，双向中距≤1200 mm	m²	130.39	131.52	35.61	83.57	0.08	9.74	2.52	
	A11-29	装配式 U 形轻钢天棚龙骨（不上人型）面层规格 600 mm×600 mm 平面	100 m²	1.304	4940.34	1521.23	2885.47	8.15	417.52	107.97	
	A11-76	天棚石膏板基层	100 m²	1.304	2974.31	1158.3	1418.01		316.22	81.78	
	A11-91	天棚矿"棉板面层搁放在龙骨上	100 m²	1.304	5236.97	881.17	4053.03		240.56	62.21	
167	桂 011303002001	玻璃钢雨棚二层	m²	27.72	1800		1800				
	补子目 2	玻璃钢雨棚	m²	27.72	1800		1800				
168	011406003001	内墙面刮刮腻子（内墙面 1）刮双飞粉腻子两遍	m²	4281.878	11.15	7.15	1.55		1.95	0.5	
	A13-204	刮熟胶粉腻子内墙面两遍	100 m²	42.819	1115.46	714.71	155.17		195.12	50.46	
169	011406003002	天棚面刮腻子（天棚 1）刮双飞粉腻子两遍	m²	1502.54	12.88	8.43	1.55		2.3	0.6	

工程量清单综合单价分析表

工程名称：1 号办公楼

序号	项目编码	项目名称及项目特征描述	单位	工程量	综合单价(元)	人工费	材料费	机械费	管理费	利润	其中:暂估价
170	A13-204	刮熟胶粉腻子内墙面两遍 如为梁、柱,天棚面挂腻子人工×1.18	100 m²	15.025	1288.31	843.36	155.17		230.24	59.54	
	011407001001	喷(刷)外墙涂料(外墙3)(1)喷或滚刷底涂料一遍(2)喷或滚刷涂料两遍	m²	160.761	35		35				
	补子目4	喷(刷)外墙涂料(外墙3)	m²	160.761	35		35				
171	011407001002	刷(喷)内墙涂料(内墙面1)刷白色乳胶漆两遍	m²	4281.878	11.64	5.57	4.16		1.52	0.39	
	A13-210	乳胶漆内墙、柱、天棚抹灰面两遍	100 m²	42.819	1163.9	556.84	415.73		152.02	39.31	
172	011407002001	刷(喷)天棚涂料(天棚1)刷白色乳胶漆两遍	m²	1502.54	11.64	5.57	4.16		1.52	0.39	
	A13-210	乳胶漆内墙、柱、天棚抹灰面两遍	100 m²	15.025	1163.9	556.84	415.73		152.02	39.31	
173	011503001001	金属扶手、栏杆、栏板 900 mm 高不锈钢栏杆	m	83.232	165.97	51.14	90.02	5.39	15.43	3.99	
	A14-108	不锈钢管栏杆直线型竖条式(圆管)	10m	8.323	1259.19	417.85	655.3	31.61	122.7	31.73	
	A14-120	不锈钢管扶手直形φ76	10m	8.323	400.58	93.52	244.96	22.3	31.62	8.18	
	A14-125	不锈钢弯头 φ76	10个		664.5	172.46	115.36	236.25	111.58	28.85	
174	011503001002	竖条式不锈钢扶手手栏杆(楼梯)(1)做法采用11ZJ401W/1215/37(2)不锈钢材质:201	m	26.62	175.23	54.42	88.03	10.48	17.72	4.58	

表-09

工程量清单综合单价分析表

工程名称：1号办公楼

序号	项目编码	项目名称及项目特征描述	单位	工程量	综合单价（元）	人工费	材料费	机械费	管理费	利润	其中:暂估价
									综合单价（元）		
175	A14-108	不锈钢管栏杆直线型竖条式（圆管）	10 m	2.662	1259.19	417.85	655.3	31.61	122.7	31.73	
	A14-119	不锈钢管扶手直形 φ60	10 m	2.662	354.93	89.23	206.46	21.27	30.17	7.8	
	A14-124	不锈钢弯头 φ60	10 个	0.6	613.41	164.74	82.43	230.45	107.89	27.9	
	011503008001	玻璃栏板 大堂上空 900 mm高玻璃栏杆	m	14.4	900		900				
	补子目 1	900 mm高玻璃栏杆	m	14.4	900		900				

总价措施项目清单与计价表

工程名称:1号办公楼 　　　　　　　　　　　　　　　　　　　　　　第 1 页　共 2 页

序号	项目编码	项目名称	计算基础	费率(%)或标准	金额(元)	备注
		±0.00 以下建筑工程			86766.75	
		建筑工程			86766.75	
1	桂011801001001	安全文明施工费	∑分部分项及单价措施项目人工费+材料费+机械费（157443.66）+（809034.56）+（80391.97）	7.36	77051.53	∑分部分项及单价措施项目人工费+材料费+机械费
2	桂011801002001	检验试验配合费		0.11	1151.59	∑分部分项及单价措施项目人工费+材料费+机械费
3	桂011801003001	雨季施工增加费		0.53	5548.55	∑分部分项及单价措施项目人工费+材料费+机械费
4	桂011801004001	工程定位复测费		0.05	523.45	∑分部分项及单价措施项目人工费+材料费+机械费
5	桂011801005001	暗室施工增加费		25.00	2491.63	
		±0.00 以下装饰装修工程			38966.75	
		建筑工程			38966.75	
6	桂011801001001	安全文明施工费	∑分部分项及单价措施项目人工费+材料费+机械费（387004.83）+（1142600.96）+（63865.13）	7.36	94390.93	∑分部分项及单价措施项目人工费+材料费+机械费
7	桂011801002001	检验试验配合费		0.11	1410.73	∑分部分项及单价措施项目人工费+材料费+机械费
8	桂011801003001	雨季施工增加费		0.53	6797.17	∑分部分项及单价措施项目人工费+材料费+机械费
9	桂011801004001	工程定位复测费		0.05	641.24	∑分部分项及单价措施项目人工费+材料费+机械费
		±0.00 以上装饰装修工程			102012.19	
		建筑工程			102012.19	

注:以项计算的总价措施,无"计算基础"和"费率"的数值,可只填"金额"数值,但应在备注栏说明施工方案出处或计算方法。

表-11

总价措施项目清单与计价表

工程名称：1 号办公楼 　　　　　　　　　　　　　　　　　　　　　　　　　第 2 页　共 2 页

序号	项目编码	项目名称	计算基础	费率(%)或标准	金额(元)	备注
10	桂 011801001001	安全文明施工费	∑ 分部分项及单价措施项目人工费＋材料费＋机械费（75468.59）＋（175224.1）＋（2627.65）	7.36	18645.11	∑ 分部分项及单价措施项目人工费＋材料费＋机械费
11	桂 011801002001	检验试验配合费		0.11	278.66	∑ 分部分项及单价措施项目人工费＋材料费＋机械费
12	桂 011801003001	雨季施工增加费		0.53	1342.65	∑ 分部分项及单价措施项目人工费＋材料费＋机械费
13	桂 011801004001	工程定位复测费		0.05	126.67	∑ 分部分项及单价措施项目人工费＋材料费＋机械费
14	桂 011801005001	暗室施工增加费		25.00	18573.66	
		±0.00 以上建筑工程			103240.07	
		建筑工程			103240.07	
15	桂 011801001001	安全文明施工费	∑ 分部分项及单价措施项目人工费＋材料费＋机械费（396738.22）＋（852820.43）＋（17654.09）	7.36	93268.28	∑ 分部分项及单价措施项目人工费＋材料费＋机械费
16	桂 011801002001	检验试验配合费		0.11	1393.96	∑ 分部分项及单价措施项目人工费＋材料费＋机械费
17	桂 011801003001	雨季施工增加费		0.53	6716.33	∑ 分部分项及单价措施项目人工费＋材料费＋机械费
18	桂 011801004001	工程定位复测费		0.05	633.62	∑ 分部分项及单价措施项目人工费＋材料费＋机械费
		合计			330985.76	

注：以项计算的总价措施，无"计算基础"和"费率"的数值，可只填"金额"数值，但应在备注栏说明施工方案出处或计算方法。

表 11-1

其他项目清单与计价汇总表

工程名称:1号办公楼

序号	项目名称	金额(元)	备注
	±0.00 以下建筑工程		
1	暂列金额		明细详见表-12-1
2	材料(工程设备)暂估价	—	明细详见表-12-2
3	专业工程暂估价		明细详见表-12-3
4	计日工	16650.14	明细详见表-12-4
5	总承包服务费		明细详见表-12-5
	±0.00 以下装饰装修工程		
1	暂列金额	500000	明细详见表-12-1
2	材料(工程设备)暂估价	—	明细详见表-12-2
3	专业工程暂估价		明细详见表-12-3
4	计日工	16650.14	明细详见表-12-4
5	总承包服务费		明细详见表-12-5
	±0.00 以上建筑工程		
1	暂列金额		明细详见表-12-1
2	材料(工程设备)暂估价	—	明细详见表-12-2
3	专业工程暂估价		明细详见表-12-3
4	计日工	16650.14	明细详见表-12-4
5	总承包服务费		明细详见表-12-5
	±0.00 以上装饰装修工程		
1	暂列金额	500000	明细详见表-12-1
2	材料(工程设备)暂估价	—	明细详见表-12-2
3	专业工程暂估价	800000	明细详见表-12-3
4	计日工	16650.14	明细详见表-12-4
5	总承包服务费		明细详见表-12-5
	合计	1866600.56	

注:材料暂估单价进入清单项目综合单价,此处不汇总。

表-12

暂列金额明细表

工程名称:1 号办公楼

序号	项目名称	计量单位	暂列金额(元)	备注
	±0.00 以下装饰装修工程			
1	暂列金额	元	500000	
1.1	暂列金额	元	500000	
	±0.00 以上装饰装修工程			
1	暂列金额	元	500000	
1.1	暂列金额	元	500000	
	合计		1000000	

注:此表由招标人填写,如不能详列,也可只列暂定金额总额,投标人应将上述暂列金额计入总价中。

表-12-1

材料（工程设备）暂估单价及调整表

工程名称：1号办公楼

第 1 页 共 1 页

序号	材料名称、规格、型号	计量单位	数量		暂估（元）		确认（元）		差额±（元）		备注
			暂估数量	确认数量	单价	合价	单价	合价	单价	合价	
	±0.00 以下建筑工程										
	±0.00 以下装饰装修工程										
1	陶瓷墙面砖 300 mm×300 mm	m²	167.856		38.05	6386.92					
2	陶瓷地面砖 400 mm×400 mm	m²	43.87		46.02	2018.9					
3	陶瓷地面砖 600 mm×600 mm	m²	212.8925		79.65	16956.89					
4	陶瓷踢脚砖	m²	13.668		79.65	1088.66					
5	大理石板（地面用）	m²	290.1809		181.42	52644.62					
	±0.00 以上建筑工程										
	±0.00 以上装饰装修工程										
6	陶瓷墙面砖 300 mm×300 mm	m²	1835.496		38.05	69840.62					
7	陶瓷地面砖 400 mm×400 mm	m²	179.785		46.02	8273.71					
8	陶瓷地面砖 600 mm×600 mm	m²	1335.2675		79.65	106354.06					
9	陶瓷踢脚砖	m²	95.472		79.65	7604.34					
10	大理石板（地面用）	m²	512.2072		181.42	92924.63					
11	大理石板（墙面用）	m²	14.994		181.42	2720.21					
	合计 366813.56										
	其中：甲供材										

注：此表由招标人填写"暂估单价"，投标人应将上述材料、工程设备暂估单价计入工程量清单综合单价报价中。如为甲供材需在备注中说明"甲供材"。
材料、工程设备暂估价、确认价均应为除税价格，结算价格差额只计取增值税。

表-12-2

369

专业工程暂估价及结算价表

工程名称:1号办公楼 第 1 页 共 1 页

序号	工程名称	工程内容	暂定金额(元)	结算金额(元)	备注
	±0.00 以上装饰装修工程				
3	专业工程暂估价		800000		
3.1	幕墙工程(含预埋件)		800000		
	合计		800000		

注:此表"暂估金额"由招标人填写,投标人应将"暂估金额"计入投标总价中。结算时按合同约定结算金额填写。专业工程暂估金额为不包含增值税(可抵扣进项税额)的费用。

表-12-3

计日工表

工程名称:1号办公楼　　　　　　　　　　　　　　　　　第 1 页　共 2 页

编号	项目名称	单位	暂定数量	综合单价(元)	合价(元)
	±0.00以下建筑工程				
一	人工				
	木工	工日	10	337.5	3375
	瓦工	工日	10	351	3510
	钢筋工	工日	10	378	3780
二	材料				
	砂子(中粗)		5	242.47	1212.35
	水泥		5	758.63	3793.15
三	施工机械				
	载重汽车	台班	1	979.64	979.64
	±0.00以下装饰装修工程				
一	人工				
	木工	工日	10	337.5	3375
	瓦工	工日	10	351	3510
	钢筋工	工日	10	378	3780
二	材料				
	砂子(中粗)		5	242.47	1212.35
	水泥		5	758.63	3793.15
三	施工机械				
	载重汽车	台班	1	979.64	979.64
	±0.00以上建筑工程				
一	人工				
	木工	工日	10	337.5	3375
	瓦工	工日	10	351	3510
	钢筋工	工日	10	378	3780
二	材料				

注:①此表项目名称、暂定数量由招标人填写,编制招标控制价时,单价由招标人按有关计价规定确定。

②投标时,单价由投标人自主报价,按暂定数量计算合价计入投标总价中。

③计日工单价包含除增值税以外的所有费用。

表-12-4

计日工表

工程名称:1号办公楼

编号	项目名称	单位	暂定数量	综合单价(元)	合价(元)
	砂子(中粗)		5	242.47	1212.35
	水泥		5	758.63	3793.15
三	施工机械				
	载重汽车	台班	1	979.64	979.64
	±0.00 以上装饰装修工程				
一	人工				
	木工	工日	10	337.5	3375
	瓦工	工日	10	351	3510
	钢筋工	工日	10	378	3780
二	材料				
	砂子(中粗)		5	242.47	1212.35
	水泥		5	758.63	3793.15
三	施工机械				
	载重汽车	台班	1	979.64	979.64
	合计				66600.56

注:①此表项目名称、暂定数量由招标人填写,编制招标控制价时,单价由招标人按有关计价规定确定。

②投标时,单价由投标人自主报价,按暂定数量计算合价计入投标总价中。

③计日工单价包含除增值税以外的所有费用。

表-12-4

规费、增值税计价表

工程名称:1号办公楼 　　　　　　　　　　　　　　　　　　　　　第 1 页　共 2 页

序号	项目名称	计算基础	计算费率（%）	金额(元)
	±0.00 以下建筑工程			168441.68
	建筑工程			168441.68
1	规费清单计价合计	1.1+1.2+1.3+1.4+1.5+1.6+1.7		53624.07
1.1	养老保险费		17.22	27111.8
1.2	失业保险费		0.34	535.31
1.3	医疗保险费	$\sum$（分部分项人工费+单价措施人工费）	10.25	16137.98
1.4	生育保险费	（91386.25+66057.41＝157443.66）	0.64	1007.64
1.5	工伤保险费		0.90	1416.99
1.6	住房公积金		1.85	2912.71
1.7	工程排污费	$\sum$（分部分项人材机+单价措施人材机）（882013.78+164882.06＝1046895.84）	0.43	4501.65
2	增值税	分部分项及单价措施工程费+总价措施项目费+其他项目费+税前项目费+规费（1118710.21+86766.75+16650.14+0+53624.07＝1275751.17）	9.00	114817.61
	±0.00 以下装饰装修工程			102070.2
	建筑工程			102070.2
1	规费清单计价合计	1.1+1.2+1.3+1.4+1.5+1.6+1.7		24635.52
1.1	养老保险费		17.22	12995.69
1.2	失业保险费		0.34	256.59
1.3	医疗保险费	$\sum$（分部分项人工费+单价措施人工费）	10.25	7735.53
1.4	生育保险费	（75468.59+0＝75468.59）	0.64	483
1.5	工伤保险费		0.90	679.22
1.6	住房公积金		1.85	1396.17
1.7	工程排污费	$\sum$（分部分项人材机+单价措施人材机）（253330.24+0＝253330.24）	0.43	1089.32
2	增值税	分部分项及单价措施工程费+总价措施项目费+其他项目费+税前项目费+规费（280132.9+38966.75+516650.14+0+24635.52＝860385.31）	9.00	77434.68
	±0.00 以上建筑工程			272118.95
	建筑工程			272118.95

表-15

规费、增值税计价表

工程名称:1 号办公楼　　　　　　　　　　　　　　　　　　　　　　　　第 2 页　共 2 页

序号	项目名称	计算基础	计算费率（%）	金额(元)
1	规费清单计价合计	1.1+1.2+1.3+1.4+1.5+1.6+1.7		126260.2
1.1	养老保险费		17.22	66642.23
1.2	失业保险费		0.34	1315.82
1.3	医疗保险费	∑（分部分项人工费+单价措施人工费）（209343.66+177661.17＝387004.83）	10.25	39668
1.4	生育保险费		0.64	2476.83
1.5	工伤保险费		0.90	3483.04
1.6	住房公积金		1.85	7159.59
1.7	工程排污费	∑（分部分项人材机+单价措施人材机）（1282485.51+0＝1282485.51）	0.43	5514.69
2	增值税	分部分项及单价措施工程费+总价措施项目费+其他项目费+税前项目费+规费（1374502.33+103240.07+16650.14+0+126260.2＝1620652.74）	9.00	145858.75
	±0.00 以上装饰装修工程			395401.14
	建筑工程			395401.14
1	规费清单计价合计	1.1+1.2+1.3+1.4+1.5+1.6+1.7		129231.43
1.1	养老保险费		17.22	68318.32
1.2	失业保险费		0.34	1348.91
1.3	医疗保险费	∑（分部分项人工费+单价措施人工费）（396738.22+0＝396738.22）	10.25	40665.67
1.4	生育保险费		0.64	2539.12
1.5	工伤保险费		0.90	3570.64
1.6	住房公积金		1.85	7339.66
1.7	工程排污费	∑（分部分项人材机+单价措施人材机）（1267232.09+0＝1267232.09）	0.43	5449.1
2	增值税	分部分项及单价措施工程费+总价措施项目费+其他项目费+税前项目费+规费（1409547.46+102012.19+1316650.14+0+129231.43＝2957441.22）	9.00	266169.71
	合计			938031.97

表-15

发包人提供主要材料和工程设备一览表

工程名称:1号办公楼　　　　　　　　　　　　　　　　　　　编号:

序号	材料(工程设备)名称、规格、型号	单位	数量	单价(元)	交货方式	送达地点	备注
	±0.00以下建筑工程						
1	碎石GD40商品普通混凝土C15	m³	98.3226	421.36			
2	碎石GD40商品普通混凝土C25	m³	2.1307	441.75			
3	碎石GD40商品普通混凝土C30	m³	519.5112	451.46			
4	碎石GD20商品防水混凝土C30	m³	8.2938	476.7			
5	碎石GD40商品防水混凝土C30	m³	171.1829	476.7			
	±0.00以下装饰装修工程						
	±0.00以上建筑工程						
6	碎石GD40商品普通混凝土C15	m³	10.0386	421.36			
7	碎石GD40商品普通混凝土C25	m³	39.9246	441.75			
8	碎石GD40商品普通混凝土C30	m³	626.984	451.46			
9	碎石GD20商品普通混凝土C15	m³	0.7816	421.36			
	±0.00以上装饰装修工程						

注:此表由招标人填写,供投标人在投标报价、确定总承包服务费时参考。

表-21

主要材料及价格表

工程名称:1号办公楼   第 1 页 共 4 页

序号	材料编码	项目名称及规格、型号等特殊要求	单位	数量	单价(元)
		±0.00 以下建筑工程			
1	010101002	螺纹钢筋 HRB335φ10 以上(综合)	t	1.119	3658
2	010103001	螺纹钢筋 HRB400φ10 以内(综合)	t	11.8796	3473
3	010103002	螺纹钢筋 HRB400φ10 以上(综合)	t	69.18	3381
4	010902001	圆钢 HPB300φ10 以内(综合)	t	2.0236	3465
5	021107001-1	聚苯乙烯板	m³	12.0768	324.79
6	030143001	对拉螺栓	kg	2167.768	5.23
7	031311001	电焊条	kg	547.5824	6.59
8	041301001	页岩标准砖 240 mm×115 mm×53 mm	千块	16.0561	631.07
9	041510012	陶粒混凝土空心砌块 190 mm×190 mm×190 mm	块	1200.353	2.74
10	041510016	陶粒混凝土空心砌块 390 mm×190 mm×190 mm	块	4324.103	2.88
11	041510018	陶粒混凝土实心配块	m³	6.4141	615.38
12	043103006	碎石 GD20 商品普通混凝土 C35	m³	36.54	452.43
13	043104002	碎石 GD40 商品普通混凝土 C15	m³	98.3226	421.36
14	043104005	碎石 GD40 商品普通混凝土 C30	m³	519.5112	451.46
15	043110003	碎石 GD20 商品防水混凝土 C30	m³	8.2938	476.7
16	043111003	碎石 GD40 商品防水混凝土 C30	m³	171.1829	476.7
17	050306002	周转枋材	m³	6.7843	920.35
18	350103001	胶合板模板 1830 mm×915 mm×18 mm	m²	288.5985	28.32
19	350202001	模板支撑钢管及扣件	kg	713.5987	4.87
20	BCCLF1	地下室底板卷材防水	m²	905.02	60
		±0.00 以下装饰装修工程			

主要材料及价格表

工程名称:1号办公楼

序号	材料编码	项目名称及规格、型号等特殊要求	单位	数量	单价(元)
1	040102001	普通硅酸盐水泥 32.5 MPa	t	22.5685	485.84
2	040301001	砂(综合)	m³	60.2467	174.76
3	070103004	陶瓷墙面砖 300 mm×300 mm	m²	167.856	38.05
4	070501004	陶瓷地面砖 400 mm×400 mm	m²	43.87	46.02
5	070501006	陶瓷地面砖 600 mm×600 mm	m²	212.8925	79.65
6	070501013	陶瓷踢脚砖	m²	13.668	79.65
7	080101001	大理石板(地面用)	m²	290.1809	181.42
8	090502005	铝合金条板	m²	390.5397	59.83
9	090502006	铝合金靠墙条板	m	129.6023	12.82
10	090502007	铝合金插缝板	m²	191.1379	55.56
11	100302001	铝合金大龙骨 T 形 h45	m	432.215	5.56
12	100304003	铝合金条板龙骨 h35	m	419.3303	3.16
13	110101001	木质防火门(成品)	m²	6.3245	311.11
14	110102001	装饰门(成品)	m²	37.8	324.79
15	111105001	塑钢平开窗带亮(成品)	m²	7.278	185.47
16	112603002	插接件	个	1506.177	1.03
17	120506001	大理石踢脚板(直形)	m²	19.584	85.47
18	130301001	乳胶漆	kg	377.2148	14.1
19	144101005	建筑胶	kg	1215.6173	0.96
20	150502001	矿棉板	m²	44.52	38.46
		±0.00 以上建筑工程			

主要材料及价格表

序号	材料编码	项目名称及规格、型号等特殊要求	单位	数量	单价(元)
1	010103001	螺纹钢筋 HRB400φ10 以内(综合)	t	42.496	3473
2	010103002	螺纹钢筋 HRB400φ10 以上(综合)	t	85.3013	3381
3	010902001	圆钢 HPB300φ10 以内(综合)	t	6.1088	3465
4	040301004	中砂	m³	53.8729	179.61
5	040908002	抗裂砂浆	kg	15053.2352	2.74
6	041510012	陶粒混凝土空心砌块 190 mm×190 mm×190 mm	块	3985.3737	2.74
7	041510016	陶粒混凝土空心砌块 390 mm×190 mm×190 mm	块	14356.7487	2.88
8	041510017	陶粒混凝土空心砌块 390 mm×240 mm×190 mm	块	6576	3.45
9	041510018	陶粒混凝土实心配块	m³	33.7106	615.38
10	043104003	碎石 GD40 商品普通混凝土 C20	m³	16.9849	422.33
11	043104004	碎石 GD40 商品普通混凝土 C25	m³	39.9246	441.75
12	043104005	碎石 GD40 商品普通混凝土 C30	m³	626.984	451.46
13	050306002	周转枋材	m³	25.9764	920.35
14	133319001	改性沥青防水卷材 SBS-Ⅰ型聚酯胎 3.0 mm 厚	m²	746.3966	24.34
15	144117001	胶粉料	kg	7173.6233	3.08
16	150901001	珍珠岩	m³	78.0697	153.85
17	151301002	聚苯颗粒	m³	49.4733	196.58
18	151303102	挤塑聚苯板(XPS)50 mm	m²	600.066	16.32
19	350103001	胶合板模板 1830 mm×915 mm×18 mm	m²	746.8151	28.32
20	350202001	模板支撑钢管及扣件	kg	2304.1032	4.87
		±0.00 以上装饰装修工程			

主要材料及价格表

序号	材料编码	项目名称及规格、型号等特殊要求	单位	数量	单价(元)
1	015101001	铝合金型材(综合)	kg	2186.7747	19.66
2	032105001	批挡铁丝网	m²	3552.34	1.59
3	040102001	普通硅酸盐水泥 32.5 MPa	t	111.0362	485.84
4	040301001	砂(综合)	m³	284.685	174.76
5	060502002	钢化镀膜玻璃 6 mm	m²	208.5602	111.11
6	070103004	陶瓷墙面砖 300 mm×300 mm	m²	1835.496	38.05
7	070501004	陶瓷地面砖 400 mm×400 mm	m²	179.785	46.02
8	070501006	陶瓷地面砖 600 mm×600 mm	m²	1335.2675	79.65
9	070501013	陶瓷踢脚砖	m²	95.472	79.65
10	080101001	大理石板(地面用)	m²	512.2072	181.42
11	080301002	花岗岩板(墙面用)	m²	102.204	119.66
12	090502005	铝合金条板	m²	534.0804	59.83
13	090502007	铝合金插缝板	m²	261.3895	55.56
14	110102001	装饰门(成品)	m²	180.6	324.79
15	111105001	塑钢平开窗带亮(成品)	m²	312.2941	185.47
16	130301001	乳胶漆	kg	1608.6417	14.16
17	170508017	不锈钢管 φ25×1.5201 材质	m	692.0111	8.4
18	BCCLF12	旋转门	樘	1	42735.04
19	BCCLF2	900 mm 高玻璃栏杆	m	14.4	900
20	BCCLF6	玻璃钢雨棚	m²	27.72	1800